智能制造系列丛书

智能制造人机交互：
需求、原理、技术及应用

吴晓莉　著

机械工业出版社

在数字工业新生态愿景下，工业智能、工业互联网、工业元宇宙等新技术、新理念正成为智能制造协同融合的关键驱动力。本书从人机交互视角解读智能制造的内在需求和技术瓶颈，充分融合认知机理、可视化与交互的耦合性，展开智能制造人机交互的需求、原理、技术及应用研究，通过工业集成化信息系统的人机交互实现人、机、物全要素互联的智能生产。

本书可为工业大数据与智能系统方向的研究人员，处于或面临智能化转型的大中型制造企业提供人机融合思路、人机交互设计理论及系统测评方法，也可供智能制造工程、工业工程和工业设计工程等专业的学生参考学习。

图书在版编目（CIP）数据

智能制造人机交互：需求、原理、技术及应用/吴晓莉著. —北京：机械工业出版社，2024.2
（智能制造系列丛书）
ISBN 978-7-111-74956-1

Ⅰ.①智… Ⅱ.①吴… Ⅲ.①智能制造系统–人-机系统–研究
Ⅳ.①TB18

中国国家版本馆 CIP 数据核字（2024）第 041090 号

机械工业出版社（北京市百万庄大街22号　邮政编码100037）
策划编辑：雷云辉　　　　　　　　　　责任编辑：雷云辉　周海越
责任校对：王荣庆　丁梦卓　闫　焱　　封面设计：马精明
责任印制：邓　博
北京盛通印刷股份有限公司印刷
2024年6月第1版第1次印刷
184mm×260mm · 18印张 · 364千字
标准书号：ISBN 978-7-111-74956-1
定价：139.00 元

电话服务　　　　　　　　　　网络服务
客服电话：010-88361066　　　机 工 官 网：www.cmpbook.com
　　　　　010-88379833　　　机 工 官 博：weibo.com/cmp1952
　　　　　010-68326294　　　金 书 网：www.golden-book.com
封底无防伪标均为盗版　　机工教育服务网：www.cmpedu.com

　　到 2035 年，制造业将会逐渐在制造装备、原材料、零部件及生产设施上广泛植入智能终端，通过"智能数据"的可视化与交互，实现自动的信息交换与触发行动，驱动生产系统的智能化，最终形成人、机、物、料、法、环等制造要素虚实协同的工业元宇宙模式。面对所形成的多元空间协作，以及制造全场景互联所带来的冲突与异构问题，人机交互技术是探寻生产、供应及服务链互联互通的关键，进而促进实现以虚促实、以虚强实的协同及开放与互联的智能制造系统。

　　人机交互是设计、评估和实现供人们使用的交互式计算机系统并研究相关现象的交叉性学科。从人机交互层面分析与系统直接交互的"人"——决策者、拥有"人工智能"的信息系统与物理系统所形成的智能交互模式，其关键在于人与生产制造信息元的交互，进而达成人、机、物的沟通共享、实时告警和协同作业。可以认为，系统的运作、监管和决策完全取决于信息输入端的表征方式，即决策者在执行排查、调度、应急通信等任务时，完全依赖可视化与交互进行感知、分析、判断、预测与决策。人机交互过程的信息获取行为表现出任务驱动的多目标认知加工过程，需要搜索任务目标、提取目标信息链、过滤干扰信息元、认读并辨别任务目标信息，进而执行决策，完成人机交互。

　　本书针对多学科交叉的共性难题——智能制造人机交互，通过交互设计、工效学、信息系统、生物技术和认知加工等学科知识在智能制造领域的理论体系迁移与转化，探寻制造业运用智能技术赋能发展与转型升级的科学技术路径。通过多学科共性导向和交叉融合，创建系统的人机交互原理及测评方法体系。

　　《智能制造人机交互：需求、原理、技术及应用》一书的问世，将为解决智能制造中人机交互的设计原理、认知机理与测评技术提供思路和方法，并通过典型行业中制造车间的管理信息系统、数据集成管控平台等大量案例，展示智能制造的人机交互信息可视化方案，为正在进行"智改数转"的制造企业提供科学的理论方法和技术支撑。希望本书对从事智能制造人机交互研究的学者和工程师有所帮助和启发。

华中科技大学

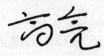

前 言 | Preface |

工业智能转型作为新一轮产业革命，以数据驱动、智能技术、万物互联和虚实结合作为核心支撑，推动着信息科技带动相关产业发生巨变。新一代信息通信网络技术与工业制造深度融合的全新工业生态、新型应用模式愿景描绘出了工业全要素链、全产业链、全价值链智慧、协同开放、服务、互联的未来工业元宇宙模式。面对工业场景生产任务繁多、场景多变和层次多样等特点，全面推进工业智能转型面临的重大难题和严峻挑战是人、信息系统、物理系统的人机协同共生问题。

通过人机交互与信息可视化来提升工业场景协同融合的技术，是全面推动工业制造深度融合的关键技术。本书围绕工业智能转型中的制造系统可视化与交互问题，以生产、运营和监管流程看板，多屏显示信息等可视化的智能交互模式为视角，充分融合认知机理、可视化表征的耦合性，展开智能制造人机交互的需求、原理、技术及应用研究，通过车间管理集成化信息平台的人机交互实现人、机、物全要素互联的智能生产。从多学科交叉融通，建立智能制造人机交互方法论，探索该方法在工业制造数据智能管控、人机协同交互中的应用，实现对智能化生产过程的实时交互与绩效评估。

本书分为需求、原理、技术、应用和展望篇，共 11 章。

需求篇提出了智能制造的人机交互需求，从智能制造的人、信息系统、物理系统与人机交互协同的研究进展及发展的角度，提出多元空间系统的协同融合需求，并探讨如何推进工业制造信息集成化及人机协同的发展。

原理篇梳理了智能制造人机交互原理与认知机理，内容包括规范工业信息布局、动效、图符、数据编码等方面的设计原则，建立与人机交互相关联的视觉搜索、注意捕获和视觉标记等典型实验范式，将相关认知原理与智能制造人机交互嫁接起来。

技术篇构建了智能制造人机交互的测评技术、人机交互工作负荷测评实验和基于注意捕获范式的认知测评实验，形成系统的认知测评方法、工具并开展相关实验。

应用篇呈现了多个智能制造人机交互应用案例，从典型的智能制造系统入手展开人机交互设计，并基于典型智能车间集成化工业物联网需求，提出集成多层展示的工业数据集成化信息中心方案。

展望篇展现了复杂数字工业新生态下的智能制造。智能制造的未来需要通过人机交互的全面提升，让读者看到以虚促实、以虚强实的协同开放、服务、互联的工业新业态，走向工业元宇宙。

本书得到国家自然科学基金"时序性结构信息流与多模态生理认知耦合的工业信息可视化表征机制"（52175469）、江苏省重点研发计划"智能制造实时监控下信息交互界面可视化方法及其产业化"（BE2019647）、国家社会科学基金后期资助项目"智能制造的人机系统交互与认知绩效"（20FGLB046）及中央高校基本科研重大研究基础专项（30920041114）的共同资助。

在本书的撰写过程中，来自人因与信息系统交互研究团队的张蓝、晏彪、王琳琳、张伟伟、李奇志、邹义瑶、徐盼盼、严寒、吴新兵、唐雨欣、徐璐璐、黄晓丽、齐增斌、张科、方泽茜、牛佳然、陈玉风、韩炜毅、刘潇、杜婧银、江晓曼和武愈涵等研究学者和同学们在资料收集、分析论证、案例研究、图表制作等方面提供了大量帮助。本书案例中部分引用了天合光能股份有限公司、梅特勒-托利多测量技术有限公司等相关企业的 MES、SAP 等制造系统界面。同时，书中部分内容参考了有关专家、学者的著作，谨在此一并表示衷心的感谢。

受人力、水平和其他条件所限，书中难免有疏忽遗漏之处，敬请各位同仁、读者批评指正。

吴晓莉

目 录 | Contents |

原理篇：智能制造人机交互原理与认知机理

技术篇：智能制造人机交互测评技术和实验

应用篇：智能制造人机交互应用案例

展　望　篇

需求篇

智能制造的人机交互需求

工业智能转型中的人机交互需求

1.1 智能制造与人机交互的关系

随着信息物理系统（Cyber Physical Systems，CPS）、大数据智能、分布式智能、自主智能、人机增强智能应用的深入，物理系统不断走向自主。自主智能制造意味着生产线上鲜有操作员工乃至无操作员工，即所谓的无人工厂（Fully-Automatic Factory，Zero-Labor Factory）或黑灯工厂（Dark Factory）。智能工厂（Smart Factory）作为无人工厂的 2.0 版本，正在以物联网为核心完善智能生产布局，体现出全面感知、协同优化、预测预警、科学决策的能力。

2021 年，工业和信息化部、国家发展和改革委员会等八部门印发《"十四五"智能制造发展规划》，提出开展智能制造示范工厂建设行动，面向企业转型升级需要，建设智能场景、智能车间和智能工厂，打造智慧供应链，开展多场景、全链条、多层次应用示范。在我国制造业转型升级趋势下，正在实现 70% 以上制造业企业数字化、网络化，建成 500 个以上引领行业发展的智能制造示范工厂。到 2035 年，需要在制造装备、原材料、零部件及生产设施上广泛植入智能终端，通过"智能数据"的可视化和交互，进行自动信息交换，自动触发行动，得到产品和工艺流程的实时优化反馈，逐渐驱动生产系统的智能化，达成人、机、物、料、法、环制造要素的协同管控。

在此战略部署中，国内领头制造业探索黑灯工厂，且已取得降本增效的积极成效。据悉，华为在匈牙利 Páty 的未来工厂通过部署基于 5G 技术的自动化解决方案，效率平均提高了 30%，部分流程提高了 40%；小米智能工厂在生产管理、机械加工、包装储运等过程完成了智能机器自主，效率比目前最先进的人工生产线高出 25%；天合光能股份有限公司构建了基于物联网（Internet of Things，IoT）平台的一站式软件即服务（Software as a Service，SaaS）应用的智慧能源云平台，实现云、管、边、端的数据流和业务流的高效闭环，能够面向能源+物联网多应用场景提供调控管理、运维检修、能源交易、优化运营等光伏智能优配管理，实现了对光伏、储能、风机和配电统一数据的采集、监视与控制。

工业智能转型成效不断显现，这些典型案例表明智能制造作为国家先进制造产业的重点突破方向，推动着工业制造向数字化、智能化转型升级。通过对工业互联网平台、制造业"双创"、产业数字化转型和网络化协同制造等方面的延伸，"工业数据""信息集成""数字孪生"等关键技术要素逐渐占据主导，推动制造系统向"未来工厂""智能车间"等智能转型目标推进发展，为中国经济升级、提质增效提供了强大动力。

新一代工业智能面临的重大难题和严峻挑战是智能制造环境下物理世界与信息世界的融合，关键是人、信息系统、物理系统的协同共生。在人机协同共生的理念下，将从生产、运营、监管角度需求的流程看板，多屏显示的操控、指挥等信息可视化的感知融合交互模式，实现信息共享、准时配送、协同作业的自动化、透明化、可视化、精益化特性。日本基于信息物理系统提出了"社会 5.0"，在工业价值链参考架构（Industrial Value Chain Reference Architecture，IVRA）中将"人"视为信息和物理世界映射过程中的重要元素，尤其突出执行力和现场人员作用，即人与信息物理系统的实时交互、共享作业。在工业智能转型，特别是工业互联的智能制造大型生产实时调度与制造过程全流程监控中，如何通过人与信息物理系统的感知融合，提高人机互融，达成"信息高效传输和人精准决策的协同共生"？该重大难题和严峻挑战的解决对于维系智能制造全流程中工业互联运行实时交互的高效性和稳定性，以及加快促成网络化协同制造、个性化定制制造和服务型制造等新模式有着举足轻重的作用，也是快速推进中国作为第四次工业革命领军者的工业智能转型升级的重要核心问题。

1.1.1　智能制造发展需求

伴随着第四次工业革命带来的智能化时代，生产、工作、教育、交通等多种人类活动已经逐渐跨入了人机协同、人机融合的智能交互阶段。由于人类的生活、社会和经济活动数字化的潜在能力，主要的工业国家和地区都制定了发展战略和计划。德国提出以信息物理系统为主要特征的工业 4.0，日本将工业 4.0 称为"工业智能化"，美国将工业 4.0 称为"再工业化"。美国通用电气公司提出以工业互联网（Industrial Internet）为特征的新一轮工业革命。

国务院发布《中国制造 2025》国家行动纲领，提出"信息化与工业化深度融合"战略，全面推进工业智能的转型升级；深化"互联网+先进制造业"发展工业互联网的指导意见；为抢抓人工智能发展的重大战略机遇，加快建设创新型国家和世界科技强国，制定《新一代人工智能发展规划》。由中国企业数字化联盟发布的《工业互联网白皮书（2021）》也探讨了如何开启万物互联及全面智能化时代。工业和信息化部发布的《"十四五"信息化和工业化深度融合发展规划》推进了制造业数字化转型行动、两化融合标准引领行动、工业互联网平台推广工程、系统解决方案能力提升行动以及产业链供应链数字化升级行动。中国工程院周济强调智能制造的实质是设计、构建和应用各种不同用途、不同层次的人-信息-物理系统（Human-Cyber-Physical Systems，HCPS）。其实，不管是信息物理系统、互联网+、工业互联网，还是从其他不同视角提出的新工业革命称谓，都是致力于人、物理世界与信息世界的融合，关键是人、机、物的协同共生。

随着互联网、大数据、人工智能等技术的迅猛发展，智能制造正加速向新一代智能制造迈进。智能化、复杂化、数字化、系统化、监控化、自动化的智能制造人机交互系统正逐渐取代简单人力，成为新时代的生产制造追求。以人机互融为发展目标，可以大大提高系统处理不确定性、复杂性问题的能力，极大改善制造系统的感知决策能力。例如，大型生产实时调度、制造过程全流程实时监控、交通枢纽监控、核电控制、环境监测、航空驾驶操纵等重大系统领域正在全面实施智能控制与生产，完全以数字化、智能化的工业控制系统进行运作、监管和决策，智能工厂成为"中国制造2025"的突破口、主战场。

1.1.2 从工业互联视角看智能制造

工业互联网是推动第四次工业革命的重要引擎。200年前的机械操作基本依靠人工完成，如水利、畜牧业的动力设备和蒸汽时代的机械调速器；20世纪70年代起，电子计算机的发展使得可编程逻辑控制器（Programmable Logic Controller，PLC）得以应用；20世纪80年代，随着传感器出现在工业产线，现场总线被广泛应用，通常的现场总线架构包含物理层、数据链路层、应用层；21世纪初，实时以太网统一了现场总线的物理层与数据链路层，降低了生产系统中现场总线的成本；目前工业网络中的一种结合时间敏感网络的开放性生产控制架构OPC UA over TSN，覆盖了会话层与表示层，TSN的网络机制与配置管理可理解为以太网、网络层与传输层的覆盖，同时满足了工业4.0、边缘计算等新任务发展语义互操作的迫切需求。据2021年全球工业互联网大会统计，工业互联网在采矿、电力、钢铁、装备、电子等行业开展了1600个在建项目，工业互联网的实践涵盖了40个工业经济大类。尤其在新冠疫情期间，工业软件创新有力支撑了疫情防控和复工复产，是工业软件和信息技术服务业实现快速发展、系统解决方案能力提升的实力展示。软件是新一代信息技术的灵魂，是数字经济发展的基础，是制造强国、网络强国、数字中国建设的关键支撑。工业和信息化部对我国软件和信息技术服务业提出了"产业基础实现新提升，产业链达到新水平，生态培育获得新发展，产业发展取得新成效"的发展目标，可见工业软件对工业互联网产业集群数字化，最终实现制造业数字化、网络化、智能化的重要意义。

工业软件是智能制造的核心。基于智能制造实践的多维度视角，我国智能制造现行的部分标准、技术、人才等已不能适应新时期的发展要求，有必要从政策标准、核心技术、支撑要素等方面精准施策，以推动智能制造高质量发展。具体而言，应加强顶层设计，强化战略布局，突破关键核心技术，健全制度保障，强化关键要素支撑。智能制造的发展是我国制造业生产效率提升、生产力高速发展的重要切入点，而依托于工业软件的工业互联网技术是智能制造模式的核心技术特征。我国工业软件基础技术自主化严重不足，关键技术瓶颈突出，技术创新体系和产业生态亟待优化。不同于一般软件，工业软件是指专用于或主要用于工业领域，以提高工业企业研发、制造、管理水平和工业装备性能的软件。工业软件市场可细分为研发设计软件、生产控制软件、信息管理软件以及嵌入式软件。工业软件在智能制造领域的应用正处于关键变革期，如关键核心技术的国产化应用、高端技术的研发、工业软件安全保障、融合应用模式等。

1.1.3 从人机交互视角看智能制造

新一代智能制造进一步突出了人的中心地位，智能制造将更好地为人类服务。在新工业革命愿景下，智能制造将代替人类绝大多数体力劳动和相当一部分脑力劳动；人作为制造系统创造者和操作员的能力和水平将得到极大提高，人类智慧的潜能将得以极大释放，人类得以花更多时间从事创造性工作；社会资源与能源的消耗和浪费得以减少，制造业的资源配置向信息/知识密集的方向转化，制造业将朝可持续方向发展，将人机系统交互引入智能制造的研究意义可见一斑。尤其智能制造人机交互系统的突出特点表现为柔性化、智能化和高度集成化，这使其与人交互任务执行的信息界面变得更加庞杂和智能化。提高智能化控制系统的交互效率，对于维系智能制造企业生产运行的安全性和稳定性有着举足轻重的作用，也是快速推进智能转型的重中之重。

将人机交互引入智能制造，离不开多学科的共性导向和交叉融通。在智能制造环境下，大型生产实时调度、制造过程全流程实时监控等重大系统安全生产与任务绩效，特别是制造执行系统实施工序、生产流程、产品检测、预警监视等实时信息的呈现，已成为智能制造、信息科学、系统科学、工效学、设计学等多学科交叉领域安全、高效生产共同关注的热点和焦点问题。通过人与信息物理系统的感知融合达成"信息高效传输和人精准决策的协同共生"，对于维系重大工业系统运行的高效性和稳定性有着举足轻重的作用。将人机交互引入智能制造，需要对人机交互方式进行深入探索，包括如何建立智能制造中人机交互的协同模式并寻找协同模式的解决方法，如何探索人机交互认知理论在智能制造生产、运营、监管方面的知识嫁接，如何将信息可视化，从视觉认知角度进行智能制造相关系统的信息呈现，如何寻找科学有效的认知绩效测评方法，并最终应用在实际案例中。科学的人机系统交互及任务绩效评估方法是对智能制造环境下任务驱动的复杂信息系统高效传输、精准决策的关键。

1.1.4 智能制造人机交互需求解析

研究智能制造人机交互，关键点解析将聚焦在人机交互过程的信息获取行为上，即任务执行人员与人机交互系统共同执行分析、推理、判断、构思和决策的人机交互智能活动。以某公司电池组人机交互系统为例，智能流水线作业的人机交互需求如图 1-1 所示。该系统涉及电池分选、焊接、层压、测试、分装和清洗等全套工艺流程，需要从源头对产品生产流程的过程参数全记录，各工序生产显示界面中可以实时监控信息，有异常第一时间响应并调整解决。操作员在执行生产、调度等任务时，任务完成的绩效取决于视觉信息呈现的合理性，然而智能制造系统呈现出的信息结构关系错综复杂，并以动态、多变的形式展示给使用者（任务执行者），系统输出指令具有行为顺序的多样性、层次性、策略性、信息流向性、相互依赖性等特点，其人机交互过程的信息获取行为表现出操作员任务驱动的多目标认知加工过程，需要执行任务目标搜索、目标信息块提取、过滤干扰信息块、认读并辨别任务目标信息，从而执行决策完成信息交互。相比于普通操控车间，智能制造环境下的人机交互过程突显了任务执行的高难度、环境的复杂性，增加了任务执行者认知的复杂性。由于人机交互系统信息呈现的不合理性，任务执行者将面临难以理解的信息符号、混杂的信息结构、无法寻找的任务程序、信息间断（阻断）的任务执行、大量的信息干扰等。因此，智能制造实时监控下的人机交互系统，特别是企业呈现生产、管理需求的大型看板和多屏显示的信息系统，突显出不可预测性与高危性，微小的差错就容易导致任务失败，从而带来安全生产隐患，甚至造成重大生产事故。

图 1-1　智能流水线作业的人机交互需求

那么智能制造系统中，目标信息块的布局是否符合多任务、多目标的时序性，多模块信息结构和多变量信息单元是否具有有序度的层级化结构？不同信息区块的视野位置与任务驱动的视觉流向有怎样的联系？目标搜索任务中信息呈现方式与生理反应指标存在怎样的关联效应？这3个问题的解决，能够建立智能制造系统中信息呈现的视觉规律，这将会极大地改善系统中的人（任务执行者、操作员或管理层）获取信息、知识推理、判断决策的认知绩效，有效促进人、机、物的协同共生。智能制造环境下的生产过程需要自动化、透明化、可视化、精益化，产品检测、质量检验和分析、生产实时监控需闭环集成，实现信息共享、准时配送、协同作业。这就需要一个人机交互终端——智能制造人机交互界面，例如智能制造云平台、智能物联、智能工厂等，通过数据智能驱动车间协作，在实时监控人机交互中呈现出全流程、全透明的信息贯穿运作，从而使操作员与生产运营层面的车间智能运作充分融合，协助实现生产制造现场的可视化。智能制造人机交互在企业的生产安全、生产效率、节约成本等方面发挥着巨大的作用。

1.2　智能制造人机交互研究进展

1.2.1　工业智能转型的内涵、需求及研究进展

以智能化为核心的第四次工业革命方兴未艾，全球产业结构和发展方式发生深刻变革，数字技术加速创新突破，成为促进数字经济蓬勃发展、重塑产业竞争力的关键引擎。从"再工业化"到"主宰的未来工业"，智能制造作为制造业和信息技术深度融合的产物，随着互联网的纵深发展以及云计算和物联网等新一代信息技术的出现，它的诞生和演变随着信息化发展产生了一系列变革，人们从不同角度提出多种制造模式：企业2.0、语义网络化制造、云制造、制造物联等。周济总结了智能制造在演进发展中的3种范式转变：20世纪80年代以来的第一代智能制造——数字化制造（Digital Manufacturing）；20世纪末的第二代智能制造——互联网+制造（Smart Manufacturing）；新一代智能制造——数字化、网络化、智能化制造（Intelligent Manufacturing）。如今新时代智能制造应该是智慧制造，它作为新一轮工业革命的主导生产模式，是一个涉及多学科交叉的复杂系统工程，是以智能技术为代表的新一代信息技术在制造全生命周期的应用中所涉及的理论、方法、技术和应用。

当代物联网、云计算、大数据和人工智能等新一代信息技术进步正在催生数字孪生（Digital Twins，DT）的繁荣。数字孪生一词可追溯到由Michael Grieves教授2003年在密歇根大学产品生命周期管理（Product Lifecycle Management，PLM）课程中提出的"与物理产品等价的虚拟数字化表达"。数字孪生为全产业链开辟了一条物理活动与虚拟世界同步的新途径，从根本上改变了现有的制造系统和业务模式。工业互联网的概念可追溯到2012年美国通用电气公司发表的白皮书 *Industrial Internet：Pushing the Boundary of Minds and Machines*，其中指出：工业互联网要延展机器与人的边界。工业互联网下的制造系统间实际上存在 3 条关联回路，即机器设备构成的物理系统回路、监控物理系统的虚拟回路和监管信息物理生产系统（Cyber Physical Production System，CPPS）的组织回路，在这些关联回路中需要考虑物理系统里是否有人作业，即是否处于"人在回路里（Human in the Loop）"的状态。无人工厂或黑灯工厂是一种配备较少操作员工甚至无操作员工的智能制造生产模式。新型的无人工厂形成"智能工厂-智能产品-智能数据"闭环，实现自然的人机互动，重塑传统制造工厂模式下人与生产设备之间操控与被动反应的机械关系，驱动生产系统走向智能化。在制造系统中，车间作为生产效率与产品质量的重要环节，其智能转型可以说应用场景覆盖到产品生产的全流程，智能车间的打造不仅是一系列新技术或新系统的单纯应用，而且需要全局的概念与系统的思维，以信息数字化及数据流动为主要特征，在考虑计划调度、生产工艺、物料配送、精益生产、安全环保等各种因素的同时，对生产资源、设备、设施以及过程进行精细、精准、敏捷、高效的管理与控制。

在技术不断渗透制造系统的过程中，凭借智能化、复杂化、数字化、系统化、监控化、自动化的智能制造人机交互系统的数据整合优势，进一步实现人作为决策者、评估者、实施者、检验者和创造者在制造系统中的关键作用。从简单的人机交互（Human-Computer Interaction）向协作性的人机协同（Human-Machine Synergy）关系转变，在长期复杂的工况条件下紧密地协调，延伸至人机融合（Human-Machine Integration）甚至达到人机共生（Human-Machine Symbiosis）。随着国家战略新阶段"智改数转"要求的提出，制造业的智能化改造和数字化转型虽然已经受到大多数制造企业的重点关注，但根据腾讯研究院 2021 年调查问卷数据显示，"智改数转"仍处于起步或者初期转型阶段。调研认为，大多数制造企业已经认识到数字化转型不能单打独斗，而是需要积极联合数字科技企业与产业链上下游企业，多方联合共同构建数字生态共同体。另外，即使已经实现数字化的大部分制造企业，也存在严重的信息孤岛效应，智能化水平局限于一个产线、一个厂区，无法实现全局纵览，"智改数转"的推行需求逐渐被明确。从制造系统内的主体间关系来看，为了实现工业系统在产品研发、制造和管理流程，以及供应链的全方面智能化转型，智能制造系统需要对交互中的情境因素时刻保持敏感，与人的关系从工具性的关系向协作性的关系转变，这一阶段的人机交互已经超越了狭义的交互范畴，需要真正实现"人-机-环"三者的有机融合，从而催生出新型人机关系。当智能技术为机器带来了自主性（Autonomy）之后，人与机器各自具有的能动性程度（Degree of Agency），在制造系统中的人机如何有机结合、融合协作，就成了人机协同中的关键研究需求。朱利奥·托诺尼（Giulio Tononi）的整合信息论（Integrated Information Theory，IIT）表明，一个有意识的系统必须是信息高速整合的。所以，人和机器之间需要建立高速、有效的双向信息集成交互关系，无论是物理界面（即智能系统的界面与外形线索所传达的信息）还是认知信息界面

（即智能系统执行任务过程中的感知、认知和决策的信息媒介），需要实现人机双向透明、互通重要信息，让人类对智能系统的思考逻辑和执行任务的过程和行为有充分的理解。目前，全国工业互联网基础设施体系正在加紧建设，将构建以数据资源为核心的生产制造体系，系统平台的协同共进格局、工业互联网应用的深化与拓展、生态协作是至关重要的。进入纵深阶段的工业互联网建设为了解决工业制造企业间存在巨大差异的问题，为了真正实现"跨行业、跨领域"，以"全要素"作为关键词，不再只是简单解决流程的问题，而是从原材料开始到生产环节再到流通环节，对供应链、产业链有更多的控制和连接，来支持新工业结构的建成。工业智能为创新提供大量的场景，创新载体从单个制造企业向跨领域多主体转变，创新流程从线性链式向网络式协同转变，创新领域由技术创新向技术创新、管理创新、商业模式创新等多种模式相结合转变。以具有跨界、融合、协同特征的新型创新载体为核心的全球制造业创新生态系统正在形成。

1.2.2 智能制造中的人机交互

进入 21 世纪以来，移动互联、超级计算、大数据、云计算、物联网等新一代信息技术的历史性进步，迫使制造业急需一场革命性的产业升级。国务院在 2015 年发布"中国制造 2025"和"互联网+"等国家战略，实现"中国制造 2025"要实施五大工程：智能制造工程、制造业创新中心建设工程、工业强基工程、绿色制造工程、高端装备创新工程。其中，最核心的是实施智能制造工程。广义上的智能制造是一个不断演进的大系统，是新一代信息技术与先进制造技术的深度融合，贯穿于产品、制造、服务全生命周期的各个环节，以及相应系统的优化集成，实现制造的数字化、网络化、智能化，不断提升企业的产品质量、效益、服务水平，推动制造业创新、绿色、协调、开放、共享发展。周济认为，智能制造是为了实现特定的价值创造目标，由相关的人、信息系统以及物理系统有机组成的综合智能系统，即人-信息-物理系统（Human-Cyber-Physical System，HCPS），单元级 HCPS 的技术构成如图 1-2 所示，其中物理系统是主体，信息系统是主导，人是主宰。

从各国智能制造架构现状来看，德国、美国、中国、日本对于智能制造/工业互联网的体系架构如下：①德国的工业 4.0 概念作为智能制造来研究，于 2015 年从层次结构、类别（功能）、生命周期和价值链 3 个维度构建了工业 4.0 参考架构模型（Reference Architecture Model Industries 4.0，RAMI 4.0）；②美国国家标准技术研究院（National Institute of Standards and Technology，NIST）从产品、生产系统、业务 3 个维度以及制造金字塔构建了智能制造的生态系统；③美国工业互联网联盟（Industrial Internet Consortium，IIC）于 2015 年发布跨行业的工业互联网参考架构（Industrial Internet Reference Architecture，IIRA）；④我国工业和信息化部与国家标准化管理委员会于 2015 年联合发布了《国家智能制造标准体系建设指南（2015 年版）》，从系统层级、智能特征和生命周期 3 个维度构建

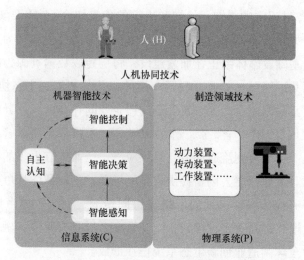

图 1-2　单元级 HCPS 的技术构成

智能制造系统架构，并于 2018 年更新架构；⑤我国工业互联网产业联盟先后发布了两个版本的《工业互联网标准体系》，构建包括网络、平台、安全三大功能的工业互联网体系架构；⑥日本价值链促进会于 2016 年参照德国 RAMI 4.0 发布了工业价值链参考架构（Industrial Value Chain Reference Architecture，IVRA），于 2018 年将 IVRA 更新为 IVRA-Next，从资产、活动、管理的角度对智造单元（Smart Manufacturing Unit，SMU）进行详细的定义，并在更宽泛意义上提出了一种虚拟空间与现实空间高度融合的社会形态——社会 5.0。

从智能制造发展阶段来看，智能制造作为制造业和信息技术深度融合的产物，它的诞生和演变随着信息化发展产生了一系列变革。随着互联网的纵深发展以及云计算和物联网等新一代信息技术的出现，人们从不同角度提出 4 种制造模式：企业 2.0（Enterprise 2.0）、语义网络化制造、云制造、制造物联。智能制造的演化发展经历了数字化制造，"互联网+制造"和数字化、网络化、智能化制造三个阶段，涵盖各学科的交叉发展，需要通过标准化手段来统一认识和引领产业发展。如果说 20 世纪 80 年代的智能制造依赖人类专家知识进行决策，那么 21 世纪之后的新一代智能制造得益于大数据智能发展，被称为智慧制造。相关学者认为，社会 5.0>IIRA>工业 4.0=智能制造。

从人-信息-物理系统的演变特点来看，在系统构成角度，智能制造的演变是由人、信息系统和物理系统协同集成的人-信息-物理系统的演变而来的，人-信息-物理-社会系统的概念逐渐得到重视。第二代智能制造最本质的变化是从第一代的人-物理系统（Human-Physical Systems，HPS）（二元）发展成为人-信息-物理系统（三元），而新一代智能制造的主体是智能产品和装备，主线是智能生产，主题是智能服务。以智能机床的 HCPS 2.0 为例，相关学者研究指出单元级 HCPS 2.0 智能机床的信息系统具有智能感知、自主学习认知、智能决策和智能控制等技术特征，并分析了 HCPS 2.0 的智能协作模式，如图 1-3 所示。还有学者提出了基于大数据的智能活动、智能制造能力、知识管理和智能联盟 4 个系统为智能制造的管理框架。

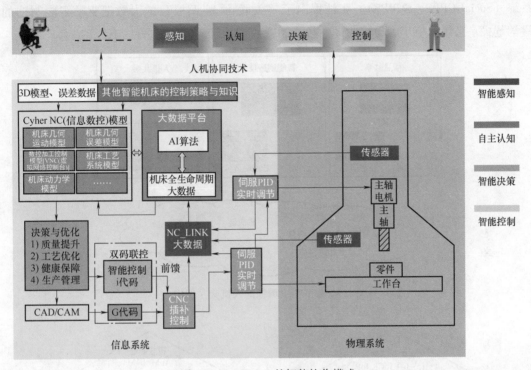

图 1-3　HCPS 2.0 的智能协作模式

从人、机、物协同模式的研究概况来看，一个实现信息共享、准时配送、协同作业的智能控制，应高效获取信息并进行交互与决策，这需要信息交互界面体现出"信息相互交流和沟通，彼此间的信息流通、更新和共享"。智能工厂作为智能制造技术的重要实现载体，其目标是通过网络实物系统、大数据、云计算、增材制造、智能制造装备等智能制造关键技术在工厂中的实际应用，使信息物理系统、制造设备、人达到高度同步融合，优化配置生产要素，使供应链、工厂和加工单元的效率达到最高，对环境的不良影响最小，实现优质、高效、柔性、绿色的生产制造。针对数字孪生技术，相关学者等研究了提高机器效率和操作安全性的灵活交互模式，基于设计数据、制造数据和服务数据提出了数字孪生增强（DT-Enhanced）的人机交互架构，如图 1-4 所示。相关学者研究强调人-信息-物理系统是人类操控能力的扩展，人机互融是人类身体、感觉和认知能力的进一步增强，他们基于客户个性化定制的柔性制造模式和云制造的网络化敏捷制造模式，分析了美国通用电气公司卓越工厂制造模式、日本山崎马扎克"iSMART"工厂概念，探讨了新一代信息技术与智能制造先进生产模式的深度融合方式，提出推进智慧院所和智能车间建设的新一代信息技术应用的具体建议。姚锡凡将务联网（Internet of Services，IoS）、物联网、内容知识网（Internet of Content/Knowledge，IoCK）、人际网（Internet of People，IoP）与制造融合，提出了智慧制造模式，如图1-5所示，再进一步与社会系统融合，形成社会信息物理生产系统（Social CPPS，SCPPS）。张洁提出了"关联-预测-调控"的大数据驱动智能制造的科学范式，系统分析了大数据驱动的智能制造的科学范式、理论方法与使能技术。

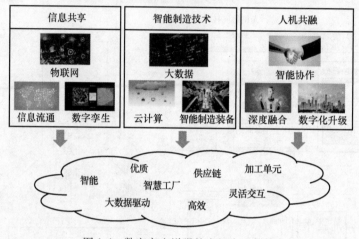

图1-4　数字孪生增强的人机交互架构

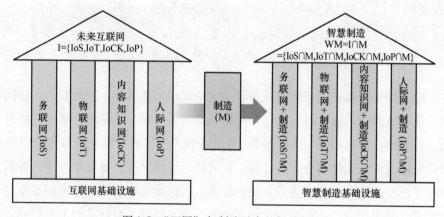

图1-5　"四网"与制造融合的智慧制造

从工业软件角度看智能制造，工业技术软件化推广、产业基础能力提升、系统解决方案能力提升、产业链供应链数字化升级是近几年的研究热点。研究发现了我国工业软件发展在底层核心技术攻关、关键系统开发等方面的不足。有学者从行业层面统一规划、协同发展，以智能制造的船舶行业自主工业软件发展为例，提出了船舶工业软件体系发展设想。相关学者强调智能制造作为信息空间和物理空间的数据流自动处理系统，包含硬件、工业网络、工业云服务平台和工业软件4个方面，而工业软件涉及设计、制造、应用、建模分析、资源配置和生产运行的科学决策，是智能制造的大脑，其难点在于综合数据和硬件特点，运用先进理念和突破性技术制作的应用程序，目的是应对生产过程的复杂状况。有学者结合中国煤炭学会发布的标准 T/CCS01—2020《智能化煤矿（井工）分类、分级技术条件与评价》的分级分类条件与评价标准，设计智能化矿井建设应用架构与协同信息架构，最后结合数据驱动的业务模式，提出智能化矿井建设技术框架体系及其实施路线图。相关学者从数据作为重要生产资料的视角，认为在数据生成、连接、融通、集成、运用与消费的实践过程中，网络结构不再表现为流动空间凌驾于地方空间，而是流动空间对地方空间的拟真与整合。相关学者针对智慧矿山建设过程中存在的信息孤岛、数据质量和网络信息安全问题，基于智慧矿山场景的工业互联网技术架构，构建智慧矿山工业 PaaS（平台即服务）操作系统，覆盖设计、建设、生产、运营、安全、运销等全产业链条，具备端到端的服务能力，形成"智慧矿山大脑"，优化和赋能智慧矿山建设的全要素、全流程和全产业链应用场景。

综上所述，智能制造人机系统作为智能升级的核心，已具备了智能交互转型的技术革新。人机融合，简单地说就是充分利用人、设备、网络的优点形成一种新的智能形式。为解决制造技术与智能技术的跨界深度融合所面临的挑战，人的思维需进一步向人工智能思维转变，即加强人机交互协同模式与认知理论在智能制造的生产、运营、监管、服务的知识嫁接相关领域的研究，以人类与信息物理系统紧密合作与深度融合为目标，最终达到人机共生的和谐状态。

下面介绍人机交互的相关概念。

1. 人机交互技术

1960 年，利克莱德（Licklider）首次提出人机共生，强调人机交互的重要性。20 世纪 80 年代，美国计算机学会（Association of Computing Machinery，ACM）人机交互专业组织（Special Interest Group on Computer-Human Interaction，SIGCHI）提出了人机交互的概念，指出人机交互是设计、评估和实现供人们使用的交互式计算机系统并研究相关现象的交叉性学科。1999 年，美国总统信息技术顾问委员会（President's Information Technology Advisory Committee，PITAC）的《21 世纪的信息技术》报告中指出，"人机交互和信息处理"是 21 世纪 4 项重大信息技术之一。2001 年 12 月，美国电气与电子工程师协会-计算机分会（Institute of Electrical and Electronics Engineers-Computer Society，IEEE-CS）和 ACM 公布的计算机学科教学计划将计算机学科划分为 14 个主领域，其中人机交互排名第 9。2016 年，我国《国家自然科学基金"十三五"发展规划》指出人机交互应是今后重点研究的课题。国内外越发认识到人机交互对智能制造人-信息-物理系统的关键意义，纷纷在此领域投入大量精力开展相关研究。在人工智能技术的驱动下，开始出现伙伴式的人机智能协同（Human-Intelligent System Collaboration）关系。有学者认为人机智能协同并不是代替了人机交互，而是对其概念和研究范畴的延伸与发展。

在人-信息-物理系统不断发展的同时，其特征与要求产生了时空动态、协调和智能的进步。在 2020 年中国人类工效学学会会议上，薛澄岐提出人机融合、智能人机交互、自然人机交互将成为未来人机交互技术的三大发展方向。近年来国内外学者对人机交互研究方法，特别是交互策略、可视化呈现原则、信息结构、信息编码形式等相关领域展开了具有一定参考价值的研究。

2. 人机交互系统

从人机交互策略与研究方法看，在数字化、智能化驱动下国内外有了一定的研究成果。Henning 等学者强调人与智能系统的动态交互有助于实现人与工作空间的协作，促进人类能力与机器人优势的融合。Paul 等学者从元可视化、表征能力和异构数据集的角度，讨论了让用户参与深入、轻松的界面认知处理的必要性，提出了 5 个研究策略。Zhang 等学者结合动态模型理论，提出了一种基于交叉目标选择任务的轨迹预测模型，和通过实验轨迹曲线探索用户界面的决策布局方法。Wang 等学者针对多任务性能优化方法和个性化辅助技术，开发了一种基于性能的时间佩特里网（Timed Petri Nets，TPN）模型来评估多任务期间的心理工作量（Mental Workload，MW）。Arjun 等学者探讨了如何将系统生成的数据事实视为交互式部件，以帮助用户解释可视化并传达他们的发现。还有相关学者通过对人机交互理论的研究，将用户参与、用户控制、界面设计、信息反馈、系统反应迅速、帮助系统、容错性与安全性以及界面修改等归纳为人机界面设计的准则，并通过对空间局限性的信息进行可视化的研究，提出空间局限性信息的交互设计方法，同时提出信息的交互策略。

新一代智能制造的人-信息-物理系统交互进一步突出了人的中心地位。德国《工业 4.0 战略计划实施》报告中指出，无论是作为生产过程中的操作员、维护人员，还是生产计划员或程序员，人类将继续在生产过程中扮演关键角色。Friedhelm 等学者通过实验分析了系统控制过程中的人为因素。Habuchi 等学者通过将信息界面分成功能区的方式来考察信息的分类、用户经验和功能区 3 种要素，发现用户习惯偏好和视觉设计因素会对视线产生影响。还有相关学者提出对数字界面的设计要从操作员的行为特性出发，使用"以人为本"的人因工程设计原则，分析用户行为，基于用户需求设计车载交互界面。

针对智能制造人机交互系统，国内外学者也有相应的研究成果。对于数据流，Cheshire 等学者以伦敦公交系统为例，阐述了对大数据意义的理解并展示了数据流在不同时间尺度下的描述方法。Khairi 等学者研究在复合现实环境下如何实现异构数据集的数据可视化。Schrammel 等学者主要从数据挖掘和信息可视化领域寻找处理大量信息的方法，探索信息可视化新出路。Paul 等学者基于复杂数字界面中的信息复杂度过载现象，建立了图式决策模式，对信息进行编码，分析了信息结构与任务执行时间的关系。吴晓莉、晏彪等学者揭示了信息元之间的联系，区分各对象之间的引力大小，将引力模型应用于智能交互系统的信息呈现。还有相关学者研究了节点图谱、文本聚类两种数据流可视化的设计方法，就交互界面的数据流可视化提出了图形设计规则。视觉信息结构作为人机交互界面的"骨架"，极大地影响着操作员的认知效率、决策效率和人机交互的流畅程度。相关学者从信息熵入手，通过有序度熵理论算法分析信息结构的优劣性；从信息结构角度对界面进行重新解构和重构，提出了使海量信息有序化呈现的最佳方法；从点、线、面、体4个维度合理优化了信息实体可视化结构。还有学者建立了高维数据与可视化结构结合的设计方法。

3. 人机交互设计

在人机交互设计领域，尤其是可视化呈现的设计原则、流程与方法，国内外有了一定的研究成果。Card 等学者在 1999 年提出信息可视化（Information Visualization）的概念，认为信息可视化就是利用计算机支持、交互式、可视化的数据信息显示来扩大认知。Christopher、Rahul 等学者利用图形排序算法对视觉相似性矩阵数据进行可视化分析，提出了一个基于 Web 的可视化平台 Ecoxight，该平台可提供多部分、多属性、动态和地理空间生态系统数据的多个协调视图，探讨信息系统的可视化交互方式。Bauerly、Dong、Annie 等学者建立了汽车导航界面呈现的实验模型和仿真环境，从对比方法、界面元素和可视化等方面进行了深入研究。Basole、Balakrishnan 等学者研究以节点为基础的多种视图方式，以期望实现多关联项大数据的可视化。Chanyoung 等学者采用层次信息可视化方法，寻找在有限的屏幕空间上进行复杂信息的界面设计呈现。还有相关学者通过监控任务界面的信息表征，研究了信息呈现与界面布局的设计方法；从大数据的信息特征以及人的认知特征探究大数据可视化的呈现；从信息呈现方式的易读性与用户的认知绩效、视觉认知规律与交互操作习惯等方面提出可视化交互设计方法。

从人机交互设计的编码形式看，国内外学者在语义编码、色彩编码、特征编码、位置编码、布局编码等角度开展了一系列研究。Fisiak 等学者指出语言对比研究可以分为理论对比语言学和应用对比语言学，理论对比的出发点是语言中普遍存在的属性、概念或范畴。Fauconnier 等学者指出语义比认知范畴更具有共性特征，从语义共性出发对比两种语言在意义构建、语言编码和表达方式上的异同可改变从微观到宏观的研究路径。Dowsland 等学者指出布局问题是指给定一个布局空间和若干待布物体，将待布物体合理地摆放在空间中需要满足必要约束，并达到某种最优指标。Kim 等学者提出按队列、方位、放置的显示界面布局思路。Van 等学者在交互界面的设计中提出了有关颜色的视觉分层方法，认为基于视觉特性的可视化图层编码方法比其他编码方法效果更显著。Evans 等学者指出转喻和隐喻作为人类思维和语言运行的基本方式，是意象图式的转换机制。Chaturvedi 等学者利用拓扑集群扩展了基本的元素布局方案，提出网络社区的空间效率可视化方案。

Kathrin、Danielle 等学者分别利用颜色和位置相结合及尺寸和颜色相结合的编码形式等进行视觉特征编码感知差异化研究。薛澄岐、李晶、汪海波、张晶等分析了智能人机系统的融合决策机制，通过认知容量实验，得到了不同压力下的颜色、形状编码阈值，根据不同压力建立信息编码准则，开展了针对智能制造人机系统交互界面的色彩编码、信息布局编码、图像复杂度、功能语义和层次结构等信息可视化方法研究。周蕾等学者量化了人机界面的美度指标，以视觉通路理论为基础研究了数字界面布局的设计方法，通过函数与实例验证了界面布局感性映射模型。

综上所述，新一代智能人机交互模式追求人、机、物的深度融合，对人机交互设计方法的研究具有关键意义。国内外学者基于多学科交叉理论，在人机交互策略、用户研究、信息结构、可视化呈现方法等领域积累了一定的研究基础，与智能制造人机系统深度结合的数据流规律与信息结构模型、信息可视化等内容需进一步探索。

1.2.3 人机交互相关的认知理论、测评方法

在认知科学领域，现代认知心理学从 20 世纪 50 年代以后逐渐成为心理学研究的重要内容，其研究的核心部分是信息加工，信息加工在 20 世纪六七十年代成为认知心理学的热点研究对象。信息加工指人类所看见、听见和感觉到的信息都需要在大脑中经过一系列的加工（感知、辨别、搜索、匹配等）程序。Kirwan 等学者提出了人工可靠性管理系统（Human Reliability Management System，HRMS）和人为误差数据信息合理性（Justification of Human Error Data Information，JHEDI）的认知模型。Alan 等学者提出了认知摩擦理论，指人类在认知复杂信息系统规则时遇到的阻力。Andreas 等学者讨论了时间缓冲在视觉信息认知过程中的作用。Johnson 等学者应用系统的任务分析方法，捕捉和审查在航空航天部件视觉检查中应用的隐性知识和技能，有效进行了隐性知识的提取。Diego 等学者发现神经元有各种各样的编码强度组合感知和记忆的方向，视觉特征的感知和记忆表征可以联结隐性知识的显性转化。Ajrawi 等学者提出了一个系统结构排列整合无意识知识的创新工具，该方法被用来揭示关系、结构、交互、隐性知识的相关模式。Eirin 等学者强调智能制造人机交互界面的核心是识别、感知与可视化技术，以用户友好的可视化方法实现生产数据的实时自动化分析是工业设备的决策基础。Guo 等学者从异构网络的多模态数据融合角度，探索时间注意过滤器融合视听特征的工作过程，提出关于数据融合的预测分类模型可以保留信息情感流的视觉特征。

在视觉认知理论应用领域，国内外学者针对视觉优先选择（Prioritizing Selection）现象及其机制、独立操纵预搜索范式等，从位置、特征、范畴、空间结构方面开展了一系列视觉搜索研究。Watson 等学者提出了视觉标记是对先出现项目的位置做标记，从而使后出现的项目获得优先选择；将预搜索和空间视觉搜索相结合，创立经典预搜索范式，包括单

特征搜索、联合搜索和预搜索 3 种实验条件；研究基于位置抑制的视觉标记的探点探测任务模式。学者 Theeuwes 认为当新旧分心物数量的变化无关或者旧分心物数量的优先级明显低于新分心物时，将对应产生完整或部分的预览效应。在后续的研究中，相关学者采用多目标追踪和点探测刺激觉察任务相结合的实验范式，探究目标与非目标数量变化对多目标追踪的选择性抑制效应。Humphreys、Agter、Atchley 等学者针对颜色、图形特征与自上而下加工方式，发现了图形识别中的预览效应与颜色抑制效应。相关学者以字母和数字为材料，考察了等亮度条件下新、旧项目的范畴关系对预搜索的影响，观察到当旧项目为数字而靶子为字母，或旧项目为字母而靶子为数字时，对应产生了完整或部分的预览效应，证实了预览中存在基于范畴的抑制。还有学者采用虚拟现实技术将 Posner 经典二维平面中的线索化范式应用到三维空间，通过两个实验操纵了注意沿着不同方向进行直线转移的方式，考察了注意在三维空间深度位置上进行定向/重定向而产生的晚期抑制效应。

在多模态生理测评领域，国内外积累了大量科学的心理学范式以及生理测评的分析方法，为智能制造人机交互的测评研究提供可靠的实验手段。Christina 等学者通过对比眼动数据得出被试在极简化和抽象化界面上花费的视觉注意量更少，能够快速获得导航成功。视觉系统是人类获取外部信息最重要的通道，能够客观反映出人脑的信息加工机制。薛澄岐、吴晓莉、牛亚锋、金涛等学者在脑电实验的基础上提出了衡量被试态势感知（Situation Awareness, SA）的新范式，根据战斗机飞行员在不同飞行任务困难实验下的眼动数据和脑波信号，寻找较优的信道报警方式。尤其在眼动测评指标方面，国内外学者多年来进行了大量研究。Yarbus 认为目标对象承载的信息越多，双眼停留其上的时间就越长，Janisse 认为瞳孔大小的改变量是体现资源分配和认知负荷的重要指标。在此基础上，相关学者从认知负荷的视角，将视觉搜索机制和眼动生理评估有效结合起来，提出了基于搜索深度-搜索广度和内敛度-发散度等数字界面眼动认知评价模型，开发了一个面向数字界面的质量评估模型。还有学者通过实验探索不同文本信息设计形式和搜索目标位置对用户搜索过程认知效果的影响，观察到注视点数目反映出搜索目标在中间及左上方、信息层级间色彩有差异时的搜索绩效较高。还有学者以信息特征及呈现方式作为变量，验证了瞳孔幅度变化与凝视/扫视指标的一致性效应。

在多属性决策和优选排序综合评价数学计算模型研究中，层次分析法（Analytic Hierarchy Process, AHP）、Vague 集函数和优选度排序法（Technique for Order Preference by Similarity to Ideal Solution, TOPSIS）得到了研究人员的广泛应用。3 种计算方法使用领域有所不同，分属多属性决策思路中的不同流程，常组合使用。相关学者运用层次分析法和优选度排序法从安全、技术、经济 3 个维度建立了小型坚硬隧道开挖沟槽设计方案评价指标体系；结合层次分析法和灰色关联法，构建了一种发电厂设备运行状态的综合评估方法；并基于注视轨迹、注视点数量、注视时间和瞳孔直径 4 个眼动评价指标，运用 Vague 集函数对石油钻机司钻控制台人机界面布局方案进行了评价；以眼动追踪技术为基础，结合改进后的层次分析法和熵权法，对购物类应用程序（Application，APP）界面设计方案眼动指标进行综合赋权和标准化处理，筛选出最优设计方案。

常用的生理电信号除脑电信号、眼电信号（EOG），还有表面肌电信号（sEMG）。日本筑波大学的 HAL（硬件抽象层）物理系统利用表面肌电信号对穿戴者的运动意图进行识别。Hamaya 等学者让用户按照自身的运动意图来执行任务，将用户的表面肌电信号作为当前外部物理系统辅助人进行系统决策的成本工具。中国科学院深圳研究院设计了一个脑机接口（BCI）来控制外部物理系统，通过脑电信号解码和多模态认知方法来实现整个系统运动模式的切换，同时利用表面肌电信号来控制外骨骼系统对用户运动的实时跟踪。

综上所述，国内外学者从感知融合、显隐性知识转化、视觉抑制机制、多模态生理测评等方面，为人、机、物要素的感知融合积累了一定的科学依据。眼动、脑波、肌电等多模态生理认知评估方法在智能制造人机系统交互的应用尚不成熟，需深入结合探讨。本书将基于前人的方法，讨论智能制造人机系统实时、高效交互的视觉认知理论与信息获取的认知过程，建立生理实验范式和视觉信息流的生理反应关联效应。

1.3　本书内容总体概览

从工业制造到工业智造的演进，是数字化、网络化、智能化技术与制造基础的深度集成融合，是长期且复杂的过程。随着《"十四五"智能制造发展规划》《国家智能制造标准体系建设指南（2021 版）》等相关政策文件的推出，智能制造成为国家先进制造产业的重点突破方向。新一代工业智能面临的重大难题和严峻挑战是物理世界与信息世界的融合，关键是人、机、物的协同共生。日本提出了"社会 5.0"，强调了人与信息物理系统实时交互的重要作用，人是沟通信息与物理世界的重要元素。在我国的工业智能转型中，特别是大型生产实时调度与制造过程全流程监控、核电厂实时跟踪告警、武器装备作战指令实时传输、高铁通信指挥实时调度等重大工业，实现人与信息物理系统在感知与决策层面的协同共生，能够有效促进重大工业系统高效、稳定运行，大力推动中国工业智能领域的转型升级。

科学的人机交互设计及认知测评方法是对智能制造工业数据高效传输、精准决策的关键，这需要多学科共性导向和交叉融通。本书充分融合认知机理、可视化与交互的耦合性，展开智能制造人机交互的需求、原理、技术及应用研究，通过工业集成化信息系统的人机交互实现人、机、物全要素互联的智能生产，并对智能制造过程全流程实时监控的认知绩效评估，从而更好地实现对智能制造系统资源的利用和开发。

本书针对多学科领域交叉的共性难题——智能制造人机交互，通过交互设计、工效学、信息系统、生物技术、认知加工等分科知识在智能制造领域的理论体系迁移和嫁接，探寻制造业多行业、多领域运用智能技术来升华与发展的科学渠道，探索制造技术与智能技术的跨界深度融合机制，通过多学科共性导向和交叉融通，促进分科知识融通发展，创建系统的人机交互原理、方法与认知绩效测评体系，为工业制造智能化转型研究提供理论支持与智能制造系统信息可视化设计方法，打开我国自主研发制造系统的新格局，从而提高人-信息-物理系统的认知绩效和操作效率，保证系统性能的全面发挥和精准实施，推进中国工业智能转型。

本书共分为需求、原理、技术及应用 4 篇和展望篇。

（1）需求篇：智能制造的人机交互需求　需求篇分为 2 章，主要阐述了协同融合需求下的智能制造人机交互（第 1、2 章）。

该篇从智能制造与人机交互的关系、人机交互需求、人机交互研究进展方面阐述，介绍了智能制造的人、信息系统、物理系统与人机交互协同的研究进展及发展，提出多元空间系统的协同融合需求，并探讨如何推进工业制造信息集成化以及人机协同的发展。

（2）原理篇：智能制造人机交互原理与认知机理　原理篇分为 2 章，包括智能制造系统的人机交互设计原则（第 3 章）、视觉认知原理及相关实验范式（第 4 章）。

该篇结合智能制造系统的信息特征，归纳了工业信息布局、动效、图符、数据编码等方面的设计原则；通过知识迁移，将认知科学的实验范式引入智能制造人机交互信息处理的过程分析，梳理出与人机交互相关联的视觉搜索、注意捕获和视觉标记等典型实验范式，形成人机交互视觉认知原理在智能制造生产、运营和监管的知识嫁接。

（3）技术篇：智能制造人机交互测评技术和实验　技术篇分为 3 章，包括智能制造人机交互的测评技术（第 5 章）、人机交互工作负荷测评实验（第 6 章）和基于注意捕获范式的认知测评实验（第 7 章）。

该篇梳理了人机交互认知测评技术研究现状，通过归纳认知负荷、态势感知等相关认知绩效测评理论，形成了人机交互测评方法与流程，并开展工业数据相关的认知测评实验；探究不同认知难度工业数据呈现形式与生理指标的关联性，检测人机交互认知任务操作难度的脑力负荷；对工业监控界面信息色彩编码展开视觉认知绩效实验，测评了不同工业数据图符色彩编码的注意捕获水平。

（4）应用篇：智能制造人机交互应用案例　应用篇分为 3 章，包括 MES 的人机交互设计（第 8 章）、工业制造 SAP 系统的人机交互设计（第 9 章）和 PCB 车间数字化集成工业平台设计（第 10 章）。

该篇从工业制造典型的 MES、SAP 系统展开人机交互系统的信息呈现案例，结合 MES

用户分析，运用引力模型得出制造系统信息元的引力分布，提出 MES 人机交互的信息呈现方案；分析 SAP 系统不同用户层级的任务模型，提出符合工业制造管理的信息呈现方案；基于 PCB 车间集成化工业物联网需求，提出集成多层展示的数字集成化信息中心方案。

（5）展望篇　第 11 章的走向工业元宇宙展现了复杂数字工业新生态下的人机交互。智能制造将实现以虚促实、以虚强实的协同开放、服务、互联的工业新业态，从工业互联网向工业元宇宙进阶。

1.4　本章小结

本章介绍了智能制造人机交互对工业制造智能化转型的关键作用，提出人、机、物全要素协同共生的重要意义，从工业互联、人机协同等方面阐述了智能制造的国内外发展进展，总体概括了智能制造人机交互的需求。

智能制造人机交互的提出

2.1 智能化进程中的人机交互

2.1.1 信息时代的发展

"信息时代"的自由兴起与加速发展是基于前沿技术与时事政策等多方面背景支持形成的未来趋势，是经过数代技术变革与历史沉淀的必然结果。工业革命开启了现代文明的始端，从"蒸汽时代"到"电气时代"，人们的生活方式发生了翻天覆地的变化。20 世纪后半期，西方国家开始大力重视科学技术的发展，计算机、空间技术和生物工程等发明应用作为重点要素，推动了世界范围内的各种高科技行业的发展，社会进入了"信息时代"。21 世纪初，以人工智能、无人控制、虚拟现实等为主的全新技术革命，使整个工业生成体系提升到一个新的水平，由工业革命建立的传统工业向以信息技术为基础的信息产业转变，穿插在人、机、物各个领域空间，与医疗、交通、物流、远程服务等智慧生活的各个方面深度融合，实现社会形态的变迁。伴随数字化进阶、通信技术进步以及人工智能的普及，信息时代在稳步占据现实世界的同时，不断地拓展外延至新的思维空间，其发展变革如图 2-1 所示。

近年来，以 5G、物联网、人工智能、数字孪生、云计算、边缘计算等智能技术群形成的"核聚变"效应，推动了万物互联（Internet of Everything）迈向万物智能（Intelligence of Everything），为设计创新的视野开辟了新的视角。日本多摩美术大学校长建畠晢提出："技术发展必定会推动艺术的多样性，同时让越来越多的人关注艺术，观众享受艺术的方式也在发生转变。"如今，新兴"元宇宙"浪潮在打造虚拟和现实呼应共生社会的道路上，关联和串联更多的交叉技术与应用，带来生产力的巨大提升，多维度沉浸式涵盖了更多的领域，包括虚拟现实、混合现实、全息影像，还包括区块链提供的数字身份与数字资

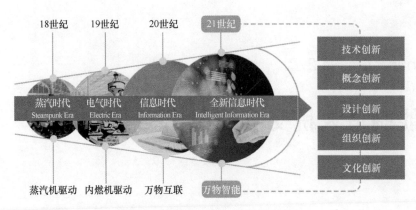

图 2-1　"信息时代"的发展变革

产体系等。以数字化、信息化、智能化为代表的技术群正牵引着设计创新走向前沿转型与高质量发展，从而实现更多技术综合集成的创新。

2.1.2　人机智能协同的兴起

根据《现代汉语词典》的注释，"智能"一词原义为智慧和能力，是指人的智慧和行动，包括辨析、判断、发明创造的能力。根据《辞海》的注释，"智能化"是指让机械设备等具有类似人的智慧和能力的措施，如从机器设备的控制规则或方法提炼中一定的算法程序，借助计算机或控制器在复杂环境下自主、无人干预地实现既定目标，实现自动化的更高级阶段。因此"智能"可理解为实现智能控制、管理、决策、指挥的过程。以人工智能（Artificial Intelligence，AI）为例，它是通过计算机或机器的智能模仿人解决问题，并完成目标。一般而言以上特点独属于人类，然而越来越多的机器或系统随着新一代信息网络技术的崛起也具备了上述特点，这样智能特点的赋予过程可以理解为"智能化"。

在英文中，"智能"常作为形容词，可译为 Intelligent 和 Smart。根据《牛津高阶英汉双解词典（第 9 版）》的注释，Intelligent 和 Smart 都可说明计算机、程序等的智能化，其中 Intelligent 一般用于形容软件或系统，Smart 则用于形容机器或硬件设备。1956 年，约翰·麦卡锡在美国达特茅斯会议上首次提出的人工智能的概念，将其定义为能够和人一样进行感知、认知、决策、执行的人工程序或系统。"智能"一词获得了历史性关注，基于大量学者在智能机器（Smart Robot）以及智能系统（Intelligent System）等方向上的探索，"智能"已经拓展延伸到制造、交通、医疗、文化等行业领域，未来将进一步促进智能协同、科技融合的发展趋势。

在我国，"智能化"一词最早出现在机械工程领域，即对机械设备具有拟人特征以及自我控制、学习能力的形容。"智能化"的讨论范畴不仅包含自然科学和工程技术，还涉及许多社会科学领域，如人文、哲学、宗教和艺术等，从世界上最早的兵书之一《孙子兵法》的英文名字 *The Art of War* 中可见，好的智能有时候不仅是技术还是艺术，也就是非科学的部分。发展至今，"智能"被认为是一种认识客观事物和运用知识解决问题的综合能力，具有人的特性，经创新驱动衍生至"自然人""机器人"或"智能体"，在体系和空间层面将会被分解至更复杂的全息交感系统等，能够通过自我学习积累知识，对外界刺激做出反应，并且适应环境。"智能化"是人工智能科学技术在社会生活领域广泛应用的过程，利用信息技术实现各领域、行业、城市甚至国家的进步。

随着人工智能技术的迅猛发展，人类社会从信息化时代向智能化时代转变，人机协同、人机融合的智能时代已经到来。"协同"一词最早来源于古希腊语，其本义为协调、同步、和谐，意味着开放系统中的子系统之间通过相互作用发生集体效应。随着人工智能技术性能的增强和人机交互密切程度的提升，人机协同向更高级形态发展。Licklider 等学者展开人机关系发展的探索，提出人机交互方式最终会达到"人机共融"阶段，实现人机共同决策、共同控制复杂情境。Harrison 等学者提出了人机交互的 3 个研究方向：人与系统物理属性的关系、人对系统的认知过程、人与系统之外情境的关系。Lesh 等学者认为机器的思考方式和状态与人类是类似的，可以帮助人类完成辅助工作。大量研究展现了人们对人机关系的探索。人工智能技术为机器带来了自主性，当人与机器都具有了能动性，人机关系逐渐从人视智能系统为工具的从属关系转变为人机系统之间双向多重互动的协作关系。

人机协同、人机融合是一种在人机交互的过程中，强调充分利用人和机器优点的新智能形式。在信息输入的初期，将智能硬件传感器采集的客观数据以及人感知到的主观数据进行有效结合，融合人的认知方式以及计算机优秀的计算能力，在信息处理阶段形成新的理解，最终协调人在决策中起到的价值效应以及计算机迭代的智能算法，形成人机交互、决策的协同运作以及智能决策，从而产生人+机器效用大于人或机器单独效用的效果。人机融合是一种由人、机、环境系统相互作用而产生的新型智能形式，它既不同于人的智能也不同于人工智能，它是一种物理性与生物性相结合的新一代智能科学体系。刘伟提出人机混合智能概念其示意图如图 2-2 所示。人类基于后天获得的认知能力实现对外界环境感知的分析，其认知过程可分记忆层、意图层、决策层、感知与行为层，形成意向性思维；机器使用智能传感数据实现对外部环境的感知分析，其认知过程分为知识库、目标层、任务规划层、感知与执行层，形成形式化思维。相同的架构表明人类和机器可以在相同的级别之间混合，并且可以在不同的级别之间创建因果关系，人类的意向性思维与机器的形式化思维之间可以通过人机融合实现转换与交流。

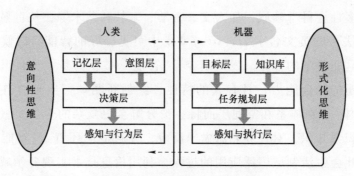

图 2-2 人机混合智能的示意图

2.1.3 智能化设计创新发展需求

设计是技术的催化剂，产品在不同的使用环境及转移、转化过程中，原有的技术参数将重新调整、设定，这个过程必将推动技术的创新，带来全新的领域。世界经济合作与发展组织将新型的创新驱动力总结为知识资本，由科技、设计、软件和品牌4个方面构成。设计创新已经变得更加综合，面对新技术、新内容和新服务的应用需求，方法范式也从中得到了概念厘定与关系构建，并日益扩展其知识体系外延，体现出跨界思维、创意机制共生、沉浸感知协同等视角的设计创新研究进展。

然而，现有针对智能化设计创新的研究仍然有许多待完善空间，智能化设计创新在新的时代发展中需要得到进一步推进与深化，从时代性、交叉性、完善机制和集成范式4个方面作为方向引导，需要根植于技术、学科、感官、媒介等进行融通深化。智能化设计创新方法深化空间体系如图2-3所示。

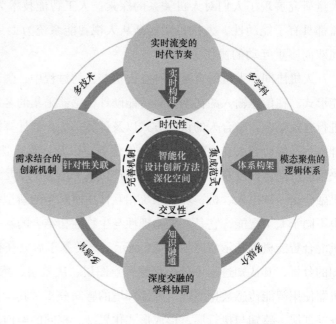

图 2-3 智能化设计创新方法深化空间体系

1）"智能协同"创新驱动新形势下设计对象需要时代需求性。"智能协同"创新驱动新形势下的设计形态特征在不断发生变化，"以人为中心"的设计理念增添了新的范畴，这里的"人"在智能化创新驱动下，衍生为"自然人""机器人"或

"智能体"。从系统层面可分解为自然人、机器人、信息系统与物理系统，从空间层面也扩展到包括人类空间、信息空间、物理空间，设计对象在"智能+"的创新驱动下成为巨大全息交感的复杂系统。

2）学科交叉的智能化设计创新方法需要协作融合性。设计创新是一个不断在拓展的领域，这种拓展是为了响应技术革新以及满足随之而来的新需求。因此，在具有相同的研究目标和研究对象的基础上，需要将多学科领域内丰富的设计知识作为设计过程提供创新源泉和核心驱动力，从交叉学科知识融通的角度投入更多的精力，更加深层次地融通发展。

3）范式集成的智能化设计创新方法需要体系逻辑化。设计创新目前处于规模空前的状态，随着产品、通信、系统、数字文化、互联网等产业的角逐发展，其特征内涵、研究范式和实践创新方法在不断地被迭代，然而，普适意义上的发展关注点大多分散，探讨了详尽的智能化多模态优势，许多重要的逻辑问题尚未得以辨析，缺少聚焦驱动力。因此，亟需结构化的逻辑体系建立，提升设计成果、服务体验与赋能产业发展的精准度与效率，从而形成智能驱动设计创新的新模式。

4）需求结合的智能化设计创新方法需要机制创新化。在设计创新过程中，设计者是创新方法的主体，多学科知识交叉是创新方法的源泉，体系化的创新设计组织框架将从资源、监督和保障等多方面为创新设计保驾护航。但就整体而言，智能技术在此领域的平移运用过程中缺乏有效创新机制，有效创新机制一方面能更具针对性地输送给设计者所需的多学科知识，另一方面能提供所需的设计和评价工具，有效创新机制的缺乏将导致设计与需求之间形成一种相对隔绝的状态，无法提出清晰的解决问题痛点的技术路径，从而增加新的设计负担。

2.1.4　智能协同下的人机交互

随着信息技术的快速发展，当今的我们置身于数字化、智能化的信息时代。而智能技术的发展促进了人机关系的变化，使人们进一步重视人的作用与机器的效能，思考如何实现人机之间的高效匹配，进而引发了人机交互、设计学领域的思考。人机交互的发展，特别是人机系统设计、交互设计、服务体系设计等方向与其他学科的交叉融合变得越来越紧密。从事人机交互的设计学研究，需要考虑认知科学、计算机科学、人因工程、生物医学、神经科学、信息工程、人工智能等多学科的交叉融合，这是赋有挑战性的知识嫁接。《设计认知：研究方法与可视化表征》（第2版）一书中阐述，设计认知正在融合认知科学、脑科学、神经科学、信息科学等旁系学科，并逐渐向设计学进行知识迁移。设计认知这是一个不断摒弃传统方式、更新科学技术、探索人类大脑认知的与时俱进的研究方向，它能够作为设计学的臂膀，助这个年轻的学科展翅；它也为旁系学科如工业工程、智能制造、人因工效等提供可行的分析方法。

从人脑智能的角度讲，人类需要具备准确地从大量信息流中获取有用信息、形成正确认知、迅速做出决策的能力。人脑智能、智能协同的人机融合，关键是人处理信息的脑认知加工——这将是未来人机交互研究的重点。人机交互将要迎接各个行业的智能转型，并应用人工智能工具完善信息流的实时更新、传输与共享，设计必须跟上技术的步伐，甚至引领技术前行。例如在信息可视化研究领域，智能化指挥、监视、控制等的信息系统，完全应用于战场、核电、航天、工业、交通等重大领域。不同层面的人（操作层、管理层、决策层等不同人物）进行人脑智能交互，这时人的感知决策任务聚集到了顶峰。设计认知需担此大任，改善整体系统运作的人机交互模式，提出优良的信息可视化设计，这正是符合人脑认知的人机融合模式。

当然，人类也在同时步入无人操作的智能机器人时代，无人驾驶、陪护机器人等智能模式正在替代人类的行为。那么，设计认知的研究对象是否会缺失？答案是否定的。机器人发展到完全智能化模式，是模拟了自然人的认知行为。将来自然人-机器人交互、机器人-机器人交互、人-机（机器人）的互理解性，都将全面展开认知行为的多模态研究，这也是人机交互与工效学将要更加深入的课题。

我国首届神经设计学学术会议提出了设计、工效、决策的脑科学跨界思维，围绕"人因、设计、脑科学"展开工业装备信息系统人机互融交互的感知决策、神经测评指标及设计方法。中国人类工效学学会于 2020 年成立了设计工效学分会，在 2021 年第 20 次管理工效学学术会议暨首届设计工效学学术会议中提出了设计工效学的学术宗旨，指出设计工效学的研究是把用户作为着眼点，运用工效学的技术和手段，结合设计学的理论基础，从人的生理、心理、感知、认知、组织等方面的特性研究出发，提出产品设计、人机界面、交互方式、用户体验等领域设计与优化的理论、方法、原则等，最终实现人-机-环境的最佳匹配，使人高效、安全、健康、舒适地工作与生活。

2.2　智能制造的人、信息系统、物理系统

智能制造是一个大概念，其内涵伴随着信息技术与制造技术的发展和融合而不断前进。从系统构成看，新一代智能制造是为了实现一个或多个制造价值创造目标，由相关的人、拥有人工智能的信息系统以及物理系统有机组成的综合智能系统。其中，物理系统是主体，是制造活动能量流与物质流的执行者，是制造活动的完成者；拥有人工智能的信息系统是主导，是制造活动信息流的核心，帮助人对物理系统进行必要的感知、认知、分析决策与控制，使物理系统以尽可能最优的方式运行；人是主宰，一方面人是物理系统和信息系统的创造者，即使信息系统拥有强大的"智能"，这种"智能"也是人赋予的，所解

决的问题、目标和方法等都由人掌控，另一方面人是物理系统和信息系统的使用者和管理者，系统的最高决策和操控都必须由人牢牢把握。从根本上说，无论是物理系统还是信息系统都是为人服务的。

系统集成将智能制造各功能系统和支撑系统集成为新一代智能制造系统。系统集成是新一代智能制造最基本的特征和优势，新一代智能制造内部和外部均呈现出前所未有的系统大集成特征。

1）制造系统内部大集成：企业内部设计、生产、销售、服务、管理过程等实现动态智能集成，即纵向集成；企业与企业之间基于工业智联网与智能云平台，实现集成、共享、协作和优化，即横向集成。

2）制造系统外部大集成：制造业与金融业、上下游产业的深度融合形成服务型制造业和生产型服务业共同发展的新业态。智能制造与智能城市、智能农业、智能医疗等交融集成，共同形成智能生态大系统——智能社会。

如果说数字化、网络化制造是新一轮工业革命的开始，那么新一代智能制造的突破和广泛应用将推动形成这次工业革命的高潮，重塑制造业的技术体系、生产模式、产业形态，并将引领真正意义上的工业 4.0，实现第四次工业革命。四次工业革命的演变如图 2-4 所示。

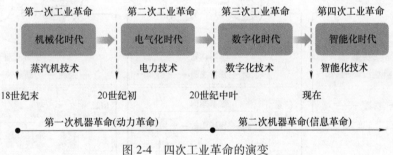

图 2-4　四次工业革命的演变

2.3　人-信息-物理系统的协同融合

人类与制造系统的关系经历了数次进化，从持续了百万年的简易工具生产系统，到两次工业革命动力机器的发明创造，人和物理系统（如机器）两大部分所组成的制造系统大量替代了人的体力劳动，因此称为人-物理系统。其后随着计算机、通信和数字控制等信息化技术的发明和广泛应用，制造系统进入了数字化制造时代。与传统制造相比，数字化制造最本质的变化是在人和物理系统之间增加了一个信息系统（Cyber System），从原来的人-物理二元系统发展成为人-信息-物理三元系统。20 世纪中叶以后，数字化制造集成了人、信息系统和物理系统的各自优势，其能力尤其是计算分析、精确控制以及感知能力等都得到极大的提高，被定义为第一代智能制造，即 HCPS 1.0。20 世纪末，互联网技术的迅速发展推动了制造业从数字化制造向数字化、网络化制造转变，其本质上是"互联网+数字化制造"，仍然是基于人、信息系统、物理系统三部分组成的人-信息-物理系统，可定义为第二代智能制造，即 HCPS 1.5。21 世纪以来，互联网、云计算、大数据等群体性信息技术的跨越集中汇聚在新一代人工智能的战略性突破上，为面向新一代智能制造的 HCPS 2.0 增加了基于新一代人工智能技术的拥有学习认知能力的信息系统。从第一代、第二代智能制造系统向新一代智能制造系统的演变（见图 2-5），实质上也是从 HCPS 向 HCPS 2.0 的演变，本质变化是加入的信息系统被赋予了认知和学习能力，通过集成人、信息系统和物理系统的各自优势，人的智慧与机器的智能相互启发性地增长，呈现出深度学习、跨界融合、人机协同、群体智能等新特征，将拥有更加泛在、更具潜力的应用空间。

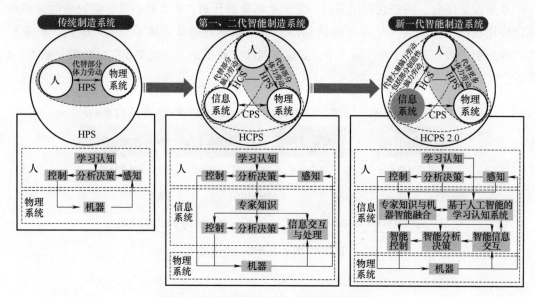

图 2-5　智能制造人-信息-物理系统的演变

从系统功能的角度看，智能制造场景下的人-信息-物理系统主要高度集成了各环节配置；从系统管理的角度看，智能制造场景中的人、机、料、法、测、环（5M1E）作为对全面质量管理理论中的 6 个影响产品质量的主要因素，对制造产业内的工序标准化、质量改进、管理改进和设计方案验证等环节起到重要作用。其中人（Man）处于中心地位，结合机器（Machine）、材料（Material）、方法（Method）、测量（Measurement）和环境（Environment）五大因素的关联关系，支撑了制造流程中的数个复杂场景，从而系统性、全面性地考虑制造系统的特性要因。从空间结构的角度看，智能制造系统始终是由人、信息系统和物理系统协同集成的有机综合智能系统，其中物理系统存在于物理世界中，是制造活动的完成者；拥有人工智能的信息系统处在信息空间之中作为制造活动信息流的核心，帮助人对物理系统进行必要的感知、认知、分析决策与控制；人作为信息系统和物理系统的使用者和管理者，系统的最高决策和操控都必须由人主宰。人类社会、物理世界、信息空间，这三元世界之间的关联与交互，决定了工业制造信息化、智能化的特征和程度。

2.4　多元空间的系统协同融合

新一代智能制造本质上是先进制造知识工程，各行各业各种制造系统通过数字化、网络化、智能化技术的赋能，使制造领域知识的产生、利用和传承发生革命性变化，进而升华成为更高层面更加先进的人-信息-物理系统，实际上也重现了一个智能体的运行过程：状态感知、实时分析、自主决策、精准执行、学习提升且循环上升，其中环节缺一不可，而从不同角度切入，存在着不同的协同融合侧重方向。结合数字空间虚实结合的发展方向，数字化向深层次发展，需要解决大量的不确定性问题。李培根认为利用数字孪生集合各类新兴技术，将数字世界与物理世界融合，为工业设备等提供完整的生命周期数据，已逐渐成为工业互联网发展的一个重要趋势。结合资源互联产业全链的发展方向，信息物理系统作为一个整体，实现了端到端的工业数据、设备、产品、系统和服务的全面连接和管理。制造中的信息物理系统是自动化制造模式的交互式和响应式平台，通过跨设备、跨系统、跨厂区、跨地区的全面互联互通，实现全要素、全产业链、全价值链的全面连接，构建数据驱动的工业生产制造体系和服务体系。结合人机智能协同融合的发展方向，智能制造面临的许多问题具有不确定性和复杂性，单纯的人类智能和机器智能都难以有效解决。人机协同的混合增强智能是新一代人工智能的典型特征，也是实现面向新一代智能制造的HCPS 2.0 的核心关键技术，主要涉及认知层面的人机协同、决策层面的人机协同、控制层面的人机协同以及人机交互技术等方面。与人共融，就是能在同一自然空间里工作，能够紧密地协调，让机器把人的符号化、学习、预见、自我调节以及逻辑推理能力与机器的精准、力量、重复能力、作业时间、环境耐受力结合在一起。

智能制造人-信息-物理系统间多维度、多空间的协同融合将对人与机器的分工产生革命性变化，如图 2-6 所示，人、机、环境系统的相互作用将构造一个和谐的生态系统，在这个生态系统中，人类和机器彼此合作，将人类的认知优势与智能机器独有的能力结合起来，通过自主交流、共情和需求驱动型协作，打造出对环境能够自适应的智能团队，与人建立可信赖的关系。

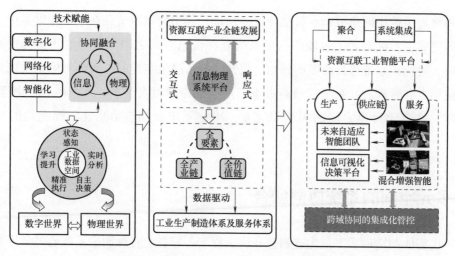

图 2-6　智能制造多元空间的系统协同融合

2.5　协同融合需求下的智能制造人机交互

我国先后发布《中国制造 2025》《深化"互联网+先进制造业"发展工业互联网的指导意见》《新一代人工智能发展规划》等一系列战略规划，全面推进工业智能的转型升级。周济认为新一代工业智能面临的重大难题和严峻挑战是物理世界与信息世界的融合，关键是人、机、物的协同共生。

从多智能体系统（Multi-Agent System，MAS）的构成来看，智能体需要交互和协同来共同完成一个复杂任务。由于各智能体成员的活动是独立和自治的，需要一定的一致性手段来解决各个智能体成员在达到自身目标任务时的矛盾和冲突。钱学森提出了复杂巨系统，并强调各个系统与外部环境进行物质、能量和信息交换的重要性。从复杂系统的构成来看，制造要素互联的多智能体系统是由一些相互关联、相互作用、相互影响的生产系统、供应链系统、服务系统等组织构成并具有强交互功能的整体，如图 2-7 所示。因此，协同融合需求下的智能制造是一个立体感知、全域协同、精准判断、持续进化、开放的智能系统。

在工业互联、人机互融环境下，这个多智能体系统呈现出的信息结构关系错综

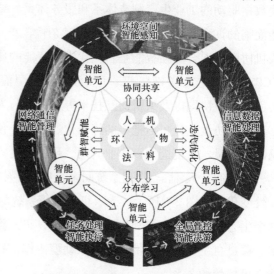

图 2-7　制造要素互联的多智能体系统

复杂，并以动态、多变的形式展示给任务执行者；系统输出指令（信息元）具有行为顺序的多样性、层次性、策略性、信息流向性、相互依赖性等特点。例如，智能工业物联的车间协作环境下，在实时监控人机交互界面中呈现出全流程、全透明的信息贯穿运作，才能使操作员与生产运营层面的车间智能运作充分融合，协助实现生产制造现场的可视化；再如，在武器装备信息化作战平台中，需要将智能融合辅助决策的目标规划、任务规划和行动规划的信息实时传输呈现在人机交互界面上，指挥作战人员通过可视化的信息获取执行探测、传输、控制、指导对抗等系列任务。可见，人机交互过程的信息获取行为表现出操作员（指挥员）任务驱动的多目标认知加工过程，需要执行任务目标搜索、目标信息链提取、过滤干扰信息元、认读并辨别任务目标信息，从而执行决策、完成人机交互。

人、机、物、料、法、环制造要素形成的复杂制造环境中，作为全要素中的"人"，通过 AR（增强现实）/MR（混合现实）穿戴式沉浸体验设备，由自然人转变为智能体参与管控决策。可以认为，引入穿戴式的智能协同赋予了自然人更多"智能"，与机、物、料等制造要素形成了多智能体系统，从而形成生产系统、供应链系统、服务系统等达成多智能体协同的全局管控决策。未来协同融合的智能制造人机交互如图 2-8 所示。

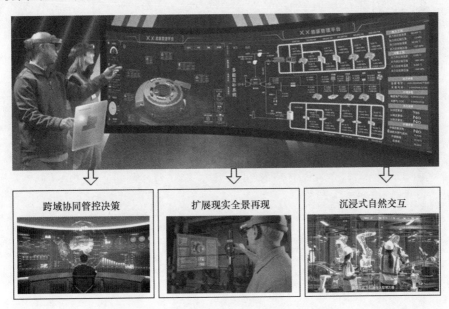

图 2-8　未来协同融合的智能制造人机交互

2.6　本章小结

本章从智能化信息时代人机交互智能协同趋势出发，阐述人、信息系统、物理系统以及多元空间在智能制造领域的协同融合背景，提出协同融合需求下的智能制造人机交互。

原理篇

智能制造人机交互原理与认知机理

智能制造系统的人机交互设计原则

3.1 人机交互界面设计原则

Ben Shneiderman 和 Catherine Plaisant 在《用户界面设计》一书中提出了界面设计需要遵循的 8 条 "黄金规则"。这些规则来源于经验，并经过 30 多年的改进，在使用时需要针对特定的设计领域进行确认和调整。它们并不完整，但已经能被广大设计者很好地接受。这 8 条黄金规则如下：

（1）争取保持一致性　在类似的环境中应保持动作序列一致；在提示、菜单和帮助屏幕中应使用相同的术语；应始终使用一致的色彩、布局、大小写和字体等。异常情况如要求确认、删除命令或命令没有回显，应可理解且数量有限。

（2）满足普遍可用性需要　应认识到不同用户和可塑性设计的要求，使内容的转换更便捷。新手到专家的年龄范围、残疾情况和技术等差别，能丰富指导设计的需求范围。为新用户添加特性（如注解）和为专家用户添加特性（如快捷方式和更快的节奏），能够丰富界面设计，并提高可感知的系统质量。

（3）提供信息反馈　应对每个用户的动作提供信息反馈。对于常用和少用的动作，其响应适中；对于不常用和主要的动作，其响应则应更多。

（4）设计对话框以反馈结束信息　应把动作序列组成几组，每组有开始、中间和结束 3 个阶段。一组动作完成后的信息反馈，能给予操作员完成任务的满足感、轻松感，给出丢弃他们头脑中应急计划的信号和准备下一组动作的指示。例如，电子商务网站把用户从选择产品一直移送到结账，完成交易后以一个清楚的确认页面结束。

（5）预防错误　应尽可能设计用户不会犯严重错误的系统。例如，将不适用的菜单选项设置为灰色，不允许在数值输入区域出现字母。如果用户犯错，界面应监测错误并提供简单、有建设性且具体的说明。例如，如果用户输入了无效的邮政编码，界面应指导用户修改出错的部分，使他们不必重新输入整个姓名-地址表格。错误的动作应该让系统状态保持不变，或者界面应给出如何恢复状态的说明。

（6）允许动作回退　应尽可能允许动作回退。这个特性能够减轻焦虑（因为用户知道错误能够撤销），而且能够鼓励用户探索不熟悉的选项。可回退的单元可能是一个动作、数据输入任务或完整的任务组，如一个名字-地址块的数据输入任务。

（7）支持内部控制点　有经验的用户强烈渴望掌管界面且界面响应他们动作的感觉，他们不希望熟悉的行为发生意外或者改变，并且会因为乏味的数据输入、难以获得必需的信息和不能生成他们希望得到的结果而感到烦闷。

（8）减轻短期记忆负担　由于人类利用短期记忆进行信息处理的能力有限（人类能够短期记忆 5~9 个信息块），这就要求在设计的界面中避免出现用户必须记住一个屏幕上的信息，然后在另一个屏幕上使用这些信息的情况。例如，手机不应要求重新输入电话号码、网站位置应保持可见、多页显示应加以合并，以及应给复杂的动作序列分配足够的培训时间。

这 8 条黄金规则基本概括了在界面设计中设计者应该遵从的一些规则。然而当设计对象是智能制造系统时，设计者还需要根据系统特性进行相应的扩展与补充，数字化、智能化的任务监控界面需要将系统抽象信息界面转化为操作员易识别、易理解的信息可视化界面，其中包含多个类型的信息要素。工业信息界面的设计需使操作员容易理解信息内容、确定任务优先级、注意到必需的信息以及能够帮助操作员更快地对警报做出反应，减少人为事故，更好地理解操作过程等。

本章将从工业信息界面的基础设计要素——布局要素、动效要素、图符要素以及数据信息编码要素出发，总结归纳工业信息界面的一般性设计原则。随后，结合对不同要素的特征分析，提出智能制造工业信息布局、动效、图符、数据表征等的优化设计原则，指导工程师和设计师进行智能制造系统的人机交互设计。

3.1.1　人机交互界面布局设计原则

布局指对事物的全面规划和安排。1992 年 Dowsland 首次定义了布局问题（Packing Problem），它是指给定一个布局空间和若干物体，将物体合理地摆放在空间中，满足必要的约束，并达到某种最优指标。Bousse 学者将布局定义为规定和实施界面组件的放置规则。数字界面布局设计是以一定的方式将界面元素进行排列和分布，使其达到某种最优指标。那么界面布局设计的根本就是给定一个待布局空间和若干界面元素，将这些界面元素以合理的位置、合适的大小排布在界面中，满足人的视觉认知规律，达到快速有效传递信息的目的。

工业制造系统的显示器与操控模块布局位置对操作员应有直观、明确的呈现，较为典型的制造系统界面分为 3 部分：标题菜单、图形显示区域和按键区域，如图 3-1 所示。重要、关键或使用频率最高的显示器应安排在最佳的视区内；最重要和最频繁使用的操控模块应安排在最易触及的地方，一般应在相关显示器的下方或右方，以免操作操控模块的手挡住显示器；应急的功能部件（如警告灯、应急开关等）应位于最容易看到和到达的地方。以此类推，在操作区域中还存在表示不同功能的按键，这些按键外形与型号的表示也应采用固定的标准。

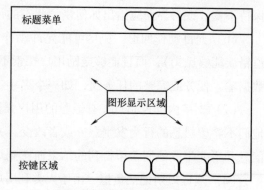

图 3-1　典型的制造系统界面

人机交互界面布局设计指导准则可归纳为以下 5 点：

（1）强调重要元素　在用户所需处理的各项任务中，权重最高的任务应置于界面的视觉中心，使用户的关注点停留在此处，即最重要的信息应引起用户足够多的重视。可以从两个层面进行梳理：对于重要、不紧急的常用任务，应布局在用户的视觉中心或视觉热区，使用户一眼就能看到并进行相关的操作；对于重要且紧急的非常用任务，应布局在视觉中心的附近，使任务被触发或者用户主动处理时，能够快速被找到。同时，利用格式塔理论，结合对比、接近等手法从视觉层面上形成强调。心理学研究表明，一般界面的上部和左部为用户的视觉中心。应注意的是，对于不同的界面布局形式，其视觉中心可能不同。

（2）按层级排布元素　在排布界面元素时，应将界面元素从最重要到最不重要进行排列，组织上的每一层都要提供合理的视觉结构，这主要包括两方面：一是构建逻辑路径，二是对称和平衡。界面布局必须采用正确而有效的逻辑路径，用户可以沿该路径与界面互动。布局的层级原则如图 3-2 所示，首先将最重要的元素排布在视觉中心，其次将次重要的元素按一定依据，如操作频率、使用习惯等，放置在适当的位置，最后将剩余最不重要的元素进行排布。这样的布局顺序保证了重要元素的优先权，从策略上使得设计者对界面元素进行重新思考，而不仅仅停留在美观和视觉平衡的层面。

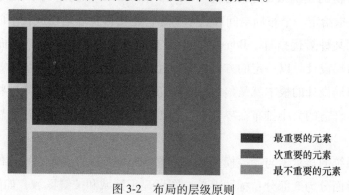

■　最重要的元素
■　次重要的元素
■　最不重要的元素

图 3-2　布局的层级原则

（3）注重元素均衡　从视觉平衡的观点来看，对称是组织界面的一个有用工具，如果不对称，界面会显得失衡。界面中常用的两种对称方式为垂直轴对称和对角线对称。在界面包含多个元素的情况下，可以依照界面中元素的重要程度与其所占面积成正比的原则进行排布，即越重要的元素所占面积越大。注重均衡主要体现在两个方面：一是让界面元素变得有序，帮助用户寻找和把握信息和内容，达到认知均衡；二是注意界面元素的大小、比例、间距、空白等因素，取得视觉均衡。认知均衡需要结合相关的视觉规律，从逻辑、任务时序等方面着手，并根据不同的数字界面选择合理的方式，形成流畅的视觉流程，如图 3-3 所示；视觉均衡通过对形式美法则、格式塔理论的灵活运用加以实现。

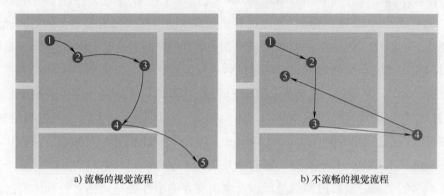

a) 流畅的视觉流程　　　　　　　　　　b) 不流畅的视觉流程

图 3-3　视觉流程优劣对比

（4）合适的元素数量　在人机交互界面布局设计中，要根据用户需求来控制内容元素，不要把所有的信息同时呈现在界面上，合理规划元素放置区域与留白区域，如图 3-4 所示。

用户通常在工作模式下使用工业信息界面，这说明此时用户的首要目标是完成特定任务。数字界面应能够保证用户顺利、高效地完成任务，同时不引起

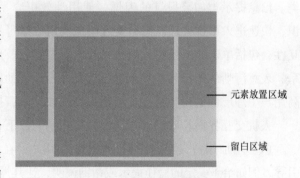

元素放置区域

留白区域

图 3-4　允许留白的界面布局

用户困惑或者分散用户的注意力。合理控制视觉元素，集中呈现与任务相关的部分，可以避免与任务无关的元素对用户造成干扰，保证工作顺利完成。此外，适当的界面元素会让用户觉得恰如其分，避免拥挤与堆砌造成的不舒适，提高用户满意度。

（5）结合用户习惯　用户在使用人机交互界面的过程中会形成一定的行为习惯。对用户而言，部分界面元素固定呈现在界面中的某个位置，当突然改变其位置时，用户可能会找不到或者需要花费很多精力去寻找，从而转移了用户注意力，造成认知资源的浪费。因此，在界面布局设计中应该适当考虑并保留用户的习惯。

3.1.2 人机交互界面动效设计原则

动态交互不仅是界面的重要支持元素，也是与用户交互的基础。相比于静态的界面，动态交互应更符合人类的自然认知体系，有效降低用户的认知负载。设计者考虑到屏幕上元素的变化过程、前后界面与元素的变化逻辑及层次结构之间的变化关系，界面整体就会变得更加清晰自然。有效恰当的动效在界面中所起到的作用无疑是显著的，在工业制造系统的动态元素设计中需更加谨慎和有效地使用动效。

用户体验与界面设计师 Issara Willenskomer 总结出了在动态交互中支持可用性的因素，称其为"动效设计的 12 项原则"，它表达界面元素在实时和非实时事件下的行为动作，通过可预期性、连续性、叙述性、关联性 4 种方式提升用户对动效可用性的体验，具体设计原则从时间相关动效、加强元素自身的延续性、元素层级关系及元素与空间的关系 4 个角度进行分析。2017 年 Google 从 Material Design（材料设计）方面提出了 4 点原则：动效快速响应用户操作、动效自然的运动状态、运动物体对周围物体产生影响考虑与感知环境、用户传递目的性信息。2020 年 Material Design 又增加了系统相关动效原则，从提供有效信息（Informative）、聚焦（Focused）、富有表现力（Expressive）这 3 个方面，对操作可用性与操作结果的关系、重要内容的呈现以及突出交互的个性表达风格进行具体阐述。

在工业制造系统的界面动效设计中，动效要素基本可以分为信息提示类与交互响应类。信息提示类如警报灯的闪烁，使用动效更容易吸引用户的注意，提供更好的环境意识，快速进入事件处理状态；交互响应类可以通过多种视觉化的表现形式来体现信息的交互性，包括单击时的信息元颜色、投影、位置以及形态的改变，或者通过上下文、层级关系、表意清晰的图符和标签来进行信息显示，帮助用户高效地理解界面中的信息内容，提高用户生理层面的视觉捕捉，从而提高操作绩效，提升用户的交互体验。

人机交互界面动效设计指导准则可归纳为以下 3 点：

（1）增加用户交互熟练度 对于新手用户，在界面交互设计中要为其提供循序渐进的引导，例如给予一定的操作提示或帮助说明，让其慢慢熟悉系统，建立良好的心理暗示，增强交互流程的熟悉度；对于专家用户，在界面交互设计中可以给予其更多的自由选择空间，例如为其提供快捷键、热键设置等功能，提高他们对复杂信息系统的把控能力和操作效率。

（2）增强交互高效性

1）优化任务模块，建立合理的人机交互任务流。在智能制造系统人机交互过程中，人机交互的高效性直接体现在用户执行系统任务的效率上，对复杂任务进行模块优化并建立合理的任务流是保障任务高效完成的方法。优化的对象是复杂信息系统中经常要执行的任务模块，通过分析它的执行过程，寻找其中的冗余动作，然后根据人的认知习惯合并，减少其中不必要的动作，或使之自动化执行，从而简化人机交互的对话过程，降低用户信息处理的认知负荷，减少所需的认知时间，提高用户信息处理的质量。

合理任务流是指在任务模块优化的基础上，将一个任务划分为多个子任务，并按照一定的逻辑性流程将这些子任务串接起来。采用此类任务流对用户有一定的交互引导性，可以提高人机交互的效率。

2）在交互系统中提供必要的容错和恢复机制。人都会出错，工业制造系统的复杂性决定了用户会出现一定的误操作，在用户出现错误时，信息系统给予及时提醒，检测、报告错误，提出改正方法，并引导用户进行纠错，这样的机制有助于提高交互的有效性。此外，人性化的交互系统还需要具备恢复功能，允许用户取消和重复已执行的操作。

在对系统的操作过程中可能出现一些突发状况，比如监控对象故障，这时可以采用色彩突变、动态提示等形式，让用户在第一时间注意到，引导用户对故障信息进行及时处理。图 3-5 所示为某交互系统界面的错误提示。

图 3-5　某交互系统界面的错误提示

3）运用多通道交互技术。多通道交互（Multi-Modal Interaction，MMI）是近年来迅速发展的一种人机交互技术，它适应了"以人为中心"的自然交互准则。多通道界面将自然语言理解、手势输入、姿势理解、视线跟踪等多种输入通道综合起来，从中提取用户交互语义，识别出最终交互目的，提高人机交互的高效性。目前的交互系统大部分是单通道人机交互系统，用户只使用鼠标和键盘进行操作，具有一定的局限性，而多通道交互技术整合鼠标、键盘及其他输入通道，如语音、手势、手写和眼动等，允许用户利用多个通道的并行和协作与计算机交互，用户可以在不同通道自然地表达不同的交互信息，大大提高了交互效率。

（3）增强信息系统人机交互直观性

1）运用隐喻。隐喻是界面直觉化设计的一种方法，在数字界面信息呈现中借助隐喻可以将很多不熟悉、晦涩难懂的信息通俗化、简单化。隐喻交互是指将人日常生活中熟悉的交互模式映射到复杂信息系统的人机交互中，从而得出符合人心智模型的交互模式。在复杂信息系统的人机交互中恰当地运用隐喻有利于用户对复杂信息系统信息的理解，减轻用户的认知负荷，提高人机交互效率。

在人机交互中，视觉隐喻最为常见。例如，在界面中将垃圾桶隐喻为文件的回收站。在工业制造系统的人机交互中，还可以运用听觉隐喻来表现相关信息，从而减轻视觉通道的压力，可以用在物理事件（如玻璃杯摔碎可以隐喻为界面文件的损毁）、空间事件（如救护车声音的由远而近可以隐喻为界面信息的由远及近）、动态变化（如暖瓶中的水从逐渐装满到溢出可以隐喻为界面信息的状态变化）和结构异常（如汽车正常和故障时的发动机声音可以隐喻为界面信息的正常和故障状态）等方面。

2）运用可视化交互。工业制造系统界面中的信息量庞大、结构复杂，可视化交互可以实现复杂信息系统中大量信息的有效呈现与高效交互。可视化交互包含两个过程：一是将大量抽象信息转成视觉图形；二是通过人机交互，用户控制转化过程的各个阶段以获取信息。

3.1.3　人机交互界面图符设计原则

图符的英文为 Icon，这个词源于希腊文的 Eikon 一词，它的原意是图形。图符的概念被引入计算机特别是移动终端领域后，通常用来指代图片、图像，或者表示某种特定概念的符号。从广义的概念来说，图符可以理解为一种视觉符号，具有象征意义，可以传达信息并易于识别和记忆。

工业制造系统的人机交互界面中通常会运用色彩编码进行一些信息的区分，有一些色彩具有固定的含义，在进行图符设计时，需要考虑色彩运用的局限性，避免对用户产生误导。图符设计是渗透于交互设计与视觉设计两者之间的。首先，图符是视觉设计的一部分，图符的整体设计、细节绘制都会影响整个界面的视觉效果；同时，图符的主要作用在于让用户快速熟悉该软件的功能，减少软件使用阻力，提高工作效率。因此，图符在工业制造系统的数字界面中有着举足轻重的地位。一套图符不仅需要自身整体风格一致，而且需要与界面整体的风格相匹配，不同的界面风格需要特定的图符与之配套，才可以达到界面的和谐。一套图符不仅要视觉上和谐，而且要使用上方便明了，这正是图符设计的重点。

人机交互界面图符设计需要遵循以下 4 个设计原则：

（1）一致性　当同一程序或系统中的图符重复出现时，在语义层面上应保持一致；同一套图符要保证其风格和外观呈现方式一致。

（2）可分辨性　同一程序或系统中的图符之间应该具有可分辨性，图符样式需要多样化，以便易于区分；同一图符在不同状态下的展现效果应能被及时辨认；图符在使用环境中应与包括背景在内的其他对象之间具有分辨性。

（3）易理解性　图符能够高度还原在程序或系统中的含义，便于用户识别理解。

（4）可学习性　图符在初次使用中需要具有可学习性，便于新手用户理解与使用。

3.1.4　人机交互界面数据信息编码设计原则

数据信息的呈现设计将数据通过视觉元素的表达和重组，获得包含原始数据信息的视觉呈现方式，在数据呈现方式的视觉设计中，设计者必须将需要可视化的数据编码成直观、易于大多数用户理解的可视化元素图。

在使用映射数据信息的视觉元素时，需要遵守视觉编码的如下特征原则：

（1）遵循视觉特征　用户经常把一个参考点和另一个物体的长度描述为一个物体的长度相对于参考点的变化，然而准确判断的前提是物体使用相同的参照物或者相互对齐。在数据呈现方式设计中，设计者需要充分考虑到人类感知系统的上述现象，尽量减少误导用户的可视化元素。视觉通道不仅控制标记的视觉特征，同时也包含对数据的数值信息的编码。通过感知系统将标记的视觉通道通过视网膜传递到大脑，人可以处理并还原其中包含的数据信息。在将数据点映射到图形时，基于数据的类别、顺序和数值特性，自行匹配出合适的视觉变量。

（2）注重表现力与有效性　根据视觉通道的表现力和有效性可以对其在不同数据功能类型的选择优先级进行比较，视觉通道表现力排序见表 3-1。由于视觉通道在编码数据信息时具有不同特点，根据视觉通道的表现力和有效性对其排序，选择合适的视觉通道或组合显示整个数据中包含的信息，有助于用户方便快捷地读取数据。

表 3-1　视觉通道表现力排序

数据功能类型	视觉通道表现力比较
分类	位置>色调>形状>图案
分组	包含>连接>相似>接近
定量/定序	坐标轴位置>长度>角度>面积>亮度/饱和度>长度>面积
具体数值	高度>长度>面积

（3）展示功能与数据的关联性　在进行数据呈现方式设计时，要先确定数据要展示的功能，在这一功能下，设计要素按优先级从高到低进行选择。Stephen Few 在 *Visual Business Intelligence* 中归纳了在比较、联系、分布、构成 4 种展示功能下可以选取的数据呈现方式，如图 3-6 所示。

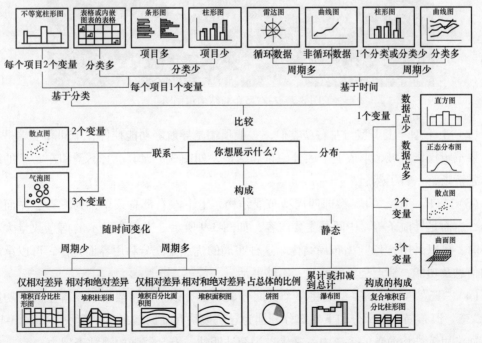

图 3-6　4 种展示功能下可以选取的数据呈现方式

3.2 工业信息布局设计原则

3.2.1 工业信息布局分类

工业制造系统的任务信息结构较为复杂、信息量大且呈现形式不统一，通过对工业信息系统中信息结构的表征形式进行分析梳理，使其在界面上合理呈现，是帮助用户有效获取信息、完成操作的一种手段。工业制造系统的人机交互界面布局根据信息排列形式基本分为以下 5 种：

（1）左右型 一般左右型界面的左面是导航等功能控件，右面是正文或主要编辑操作区域，形成左右区分的布局结构，如图 3-7 所示。此类布局的优点在于能够整合复杂的结构，让用户按照从左至右的视觉顺序浏览并快速理解内容。

图 3-7 左右型布局结构示例图

（2）上下型 上下型与左右型类似，一般顶端是导航等功能控件，中间和下端是正文或主要编辑操作区域，形成上下区分的布局结构，如图 3-8 所示。上下型和左右型的结构都非常清晰，一目了然。

（3）"口"型 "口"型即四周型布局结构，上下左右都有菜单排列，一般左面是主菜单，右面是导航条等，中间是主要内容，如图 3-9 所示。当需要显示的信息数量大、种类多时，可以采用"口"型布局结构。这种布局的优点是充分利用界面特性，可以承载最多的信息及功能，缺点是界面拥挤、不够灵活。

（4）"三"型 "三"型是将整个页面分成 3 部分以上，一般用于没有主次的功能界面。"三"形布局上半部分和下半部分分别为导航模块和辅助信息显示模块，如图 3-10 所示，通常用于结构简单的系统中，其优点为简洁明快，有足够强的视觉表现力。

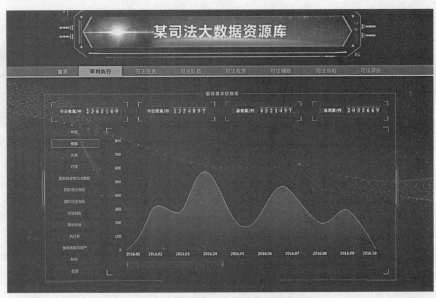

图 3-8 上下型布局结构示例图

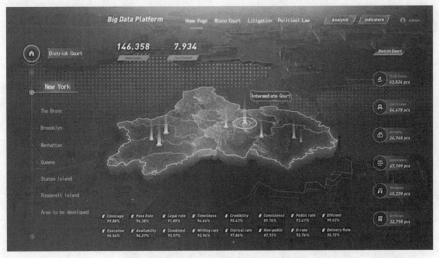

图 3-9 "口"型布局结构示例图

（5）对称比较型 对称比较型是在左右型或上下型的基础上将两个部分以颜色区分，如图 3-11 所示，它的优点是视觉冲击力强，缺点是很难将两部分结合。

根据以上 5 种基础形式，再结合工业制造系统自身的信息架构和功能属性进行合理的变化和拓展，使信息在界面上合理呈现。随着交互技术的更新、时代流行趋势的发展和人的审美变化，布局形式同样也会不断地发生变化。在智能制造系统的界面设计中，应考虑各个模块界面的特点，根据具体系统的功能要求选择不同的布局形式，还需要对界面信息进行归纳，减少信息冗余，降低视觉负荷，以便用户获取信息和进行操作。

图 3-10　"三"型布局结构示例图

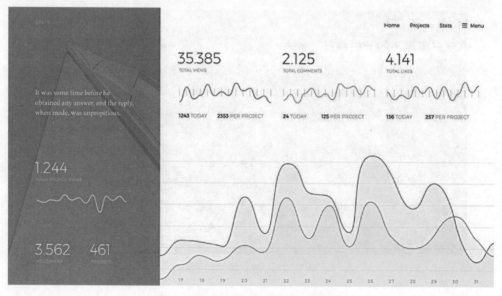

图 3-11　对称比较型布局结构示例图

3.2.2　工业信息布局特征分析

1. 信息布局的层级结构特征

传统平铺型界面低密度、高空间的信息呈现方式很难满足复杂系统人机交互的需求，多维信息集成化显示是提高界面大数据呈现的认知阈限与缓解空间压力的有效途径。当前

的多维信息集成主要表现为界面信息的分区与分层化显示，以组合的呈现形式降低用户的

认知负荷，形成高密度、低空间的信息呈现方式，如图 3-12 所示。界面信息的层级结构在用户搜索和认知信息的过程中，能够为用户提供明确的查找路径，降低信息搜索和理解的复杂度。

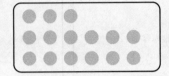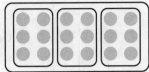

图 3-12　分层组织结构信息呈现示意图

信息层级结构的形式可以指导界面导航、一二级标题与主要内容的陈列关系，信息元素间通过布局的呈现形式体现逻辑关系，如图 3-13 所示。在以任务为主的工业制造系统中，布局的层级结构有利于用户采用正确而有效的逻辑路径，使用户可以沿该路径与界面互动，避免花费大量时间进行无效的信息查找。

图 3-13　展现信息层级结构的导航栏

2. 信息布局界面的分栏特征

界面的分栏体现的是宏观的整体结构，清晰有效的布局将大大提升界面的可阅读性和整体视觉效果。页面布局要在页面的信息内容和视觉美观间取得平衡。按照分栏方式的不同，可将布局划分为一栏式布局、两栏式布局和三栏式布局。

一栏式布局结构简单、信息集中展示、视觉清晰，便于用户快速定位，通常会通过顶部设置的小导航栏等组件展示信息结构，适用于信息量较少与信息结构较为简单的系统，如图 3-14 所示。

两栏式布局是较为常见的布局方式之一。其优点是相对于一栏式布局可以容纳更多的内容，相对于三栏式布局信息不至于过度拥挤和零乱，且可以展示更为详细、清晰的信息层级结构，同时相应地根据界面面积比例的分割，

图 3-14　一栏式布局示意图

可以分为左窄右宽、左宽右窄等类别，如图 3-15 所示。在两栏式布局中还可以根据任务的视觉流向设置信息要素，布置更为合理的信息流。

三栏式布局对于内容的排版要求更加紧凑，可以更加充分地利用空间增强信息的层级性、逻辑性，以及更适合展示复杂信息系统的架构。三栏式布局同样可以相应地根据需求定义界面面积比例的分割，如图 3-16 所示。

3. 界面布局的归类特征

根据人的知识架构，以任务或特征为基础，将显示及控制对象归类，降低观察及记忆

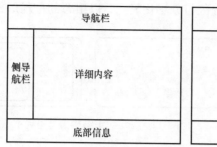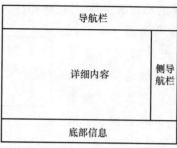

图 3-15　两栏式布局示意图

负荷。归类方式可以分为以下 4 种：

（1）根据特征进行归类　视觉性特征包括图符、菜单、按钮、状态等；操作性特征包括单击、拖动、频繁操作、默认设置等。在系统的用户界面中，面板及导航信息以链表的形式进行存储，按照顺序显示，用户通过单击操作一个面板，剩下的面板按照逻辑顺序进行先后排列，如图 3-17 所示。

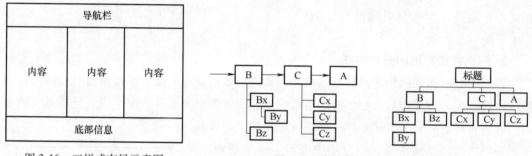

图 3-16　三栏式布局示意图　　　　图 3-17　信息结构及交互逻辑示意图

（2）根据任务归类　界面布局与任务信息之间存在映射关系，任务信息与用户的认知目标相关，自上而下引导用户的视觉搜索，同时界面布局的位置属性可以与信息解码过程对应起来，具体表现在：

1）完成任务过程中的所有信息必须有效呈现，不可遗漏。

2）考虑到界面容量和用户认知阈限，需要对任务信息的表现形式和层次结构进行系统规划，将抽象的信息元素以具象的视觉形象表达出来。

因此在界面布局进行编码时应充分考虑任务的结构与时序特征，将其与用户的认知习惯和规律结合起来，体现出界面布局与任务信息的映射关系。

（3）根据使用频次归类　为了使任务信息具有更好的识别性，按照使用频次对信息进行归类可以使用户更快速、无误地找到信息。为了方便，可以在视觉或布局上对信息进行区分。

1）报警信号与主要信息：分布在用户不需要改变正常视线或头部、眼睛的位置就能够读取到的位置。

2）次要信息：可以通过改变用户眼睛的方向获取，但不需要改变用户头部的位置。

3）主要和次要信息或仪表盘间采用不同的颜色、形状。

（4）根据重要性归类 在用户处理的各项任务中，权重最高的任务应置于视觉中心以吸引用户关注，即足够重要的信息应引起足够高的关注度。

4. 控制显示的相容性特征

控制显示的相容性是指合理分配显示与控制组件的位置、大小、比例等。在进行设计前应先对设计工作与设备条件进行精确分析，包括：①确定所有任务的归类、规划与显控界面之间的关系；②规划不同工作区的信息、控制设备及操作面，涉及信息要求、控制要求和操作面要求；③规划不同操作面之间的功能及要求。为了实现显示与控制组件或设备良好的结合应用，可以使用频次及次序进行分析。

5. 界面布局的意象特征

在人机交互界面设计的过程中，设计者往往只能根据自己的判断在有限界面空间和明确功能模式的约束下开展设计工作，缺乏与终端用户直接沟通和了解的渠道，常会导致设计偏离用户感性，并最终影响用户体验，构成潜在威胁。因此，设计之初需要深入研究用户的感知机理，分析界面空间流的感性意象结构，提高界面视觉信息布局方法的解释效力，如图 3-18 所示。

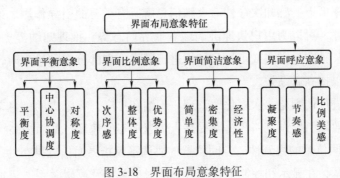

图 3-18 界面布局意象特征

3.2.3 工业信息布局的一般设计原则

用户在通过工业制造系统界面执行任务时，能否高效、愉悦地完成相关任务流程和操作，是判断界面设计好坏的重要指标。任务特性及其呈现方式均会对用户获取信息产生影响，然而相对信息本身的多样性和不确定性，界面布局因素更加可控。前人的相关研究给出了许多布局指导，例如人的眼睛在注视屏幕时首先看到视线水平面以上的部分多于视线水平面以下的部分，用户首先注意到屏幕的左边区域多于右边区域。通过总结前文的设计原则，工业信息布局可遵循以下 5 点进行设计：

（1）根据任务的重要性合理排序 界面的组件或模块可以按照其对实现系统目标的重

要性进行排序，将紧急类处理信息布置在用户最易看到的视觉区域和最佳控制区域。在工业信息界面布局中突出关键的重要信息有利于提升用户的环境意识。依据重要程度，将任务分为主要任务、次要任务和辅助任务，在空间和时间布局中以空间或时间顺序显示或执行。

（2）根据信息间关联程度进行功能分组　在工业信息界面中可以将大量的数据进行分组，根据其物理位置分组是最有效的方法。人类会自觉将同一类事物进行分类，例如同样的形状、尺寸或颜色，可以用略暗的背景对同类信息组划分进行表征。心理学研究表明，人在对信息进行认知处理时会将信息细节分成组块。根据格式塔心理学的相似性原则，用户会在视觉认知中将界面信息分组，界面组块呈现的结构与形状向用户提供层次结构，并帮助其将搜索限制在主要群组的模块上。将首要关联信息放置于用户搜索的有利位置是合理化信息位置的方式，可以适当调整用户对不同信息的获取时间，降低任务超载时的认知负荷。因此，系统的功能模块需计算系统信息间的关联性，并将其合理地分组和划分区域，提供良好稳固的信息结构和清晰的逻辑关系。属于同一类的分组信息，可帮助用户理解它们之间的重要连接，也从视觉上简化屏幕，更便于用户归纳信息。

（3）遵循任务时序及操作流程次序　由于人眼是按照一定的流动顺序来进行运动并感知外部世界的，信息结构的杂乱无章容易造成用户认知信息时的混乱感，从而导致用户感知无序和认知效率低下。感知次序性对大脑信息解码有重要的引导作用。通过构建时间与空间上的信息关联，可以为用户快速准确地获取界面态势、推理归纳等提供可靠的依据。当人习惯于使用某种布局方式或可视化结构进行某类信息的分布和排列时，熟悉的操作环境和任务界面可以提高其绩效。

将界面信息进行规则化、次序化地整理、归纳和排序，将隐含的信息节点显性化，能够在视觉上更有效地引导浏览路径，并提高人信息加工的速度，从而提高操作绩效。

（4）注重空间位置的协调性　空间位置的协调不仅指界面信息排布的条理，更强调界面元素之间的协调，在显示和控制上存在合理的对应关系及逻辑关系，遵循人的习惯定式等生理、心理特点。相关学者将隐喻度、直感交互、格式塔原则引入界面设计中，构建了直感交互显控界面布局模型，如图 3-19 所示，并提出了布局优化的数学模型计算公式。

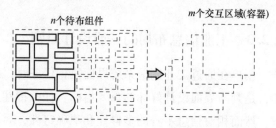

以界面左下角为布局空间原点 O，建立二维坐标系 Oxy。设待布组件总数为 n，

图 3-19　直感交互显控界面布局模型示意图

交互区域数量为 m，则第 i 个待布组件 c 可用其中心坐标 $c_i = (x_i, y_i, \beta_i)$ 表示，其中 x_i、y_i 表示第 i 个待布组件在坐标系中的坐标，β_i 表示组件 i 所在的交互区域。防空反导装备布局设计可以看作典型的组合优化问题，即寻求最优待布组件坐标组合解，在满足约束条件

的情况下实现多目标最优。以待布组件序列 $C=\{c_1,c_2,\cdots,c_n\}$ 为设计变量，则布局设计问题可用式（3-1）的数学模型表达。

$$C=\{c_1,c_2,\cdots,c_n\}$$

$$\begin{cases} c_k=\{c\mid c<\epsilon\mathbf{N}^+,1\leqslant c_n\leqslant n\} & k=1,2,\cdots,n \\ c_i\neq c_j(i,j=1,2,\cdots,n;i\neq j) \end{cases} \tag{3-1}$$

式中　c_k——位置 k 处对应的待布组件的序号。

通过对人眼注视点集簇图的划分，可以将注视点的空间结构分为 4 种类型，分别为散点式、组团式、发散式和集中式，如图 3-20 所示。散点式结构中，注视点没有集中于某一区域的趋势，视线集合分散，这表明被试在界面中没有重点关注的地方。组团式结构中，注视点以界面中某些区域（≥1）为中心，密集地分布在这些区域周围，形成多个比较大的视线集合，这表明布局结构容易让用户的视线集中于某些区域，而界面其他区域容易被忽略。发散式结构中，有众多注视点明显集中于某一区域，其他区域的视线集合呈分散式分布，这表明布局结构的使用熟悉性使得被试的视线容易集中于某一特殊区域，而对其他区域没有需要重点停留的习惯。集中式结构中，注视点明显按照一定的方向或者视线流集中起来，在视线流之外的其他区域中注视点集合很少，这表明布局具有一定的视觉引导性，使得被试按照引导的方向进行视觉注视，而没有被引导的区域则被忽略。由以上 4 种注视点空间结构的描述可知，集中式和发散式的注视点空间结构较好，组团式和散点式的注视点空间结构较差。

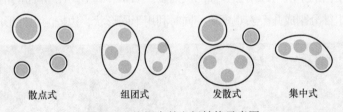

散点式　　　　组团式　　　　发散式　　　　集中式

图 3-20　注视点的空间结构示意图

（5）构建信息层级结构的可视化表征　工业系统界面信息之间有主次、从属之分，相较于次要元素，主要元素应该先被用户感知。在信息层级的设计上，通常将主要信息放在视觉优先的层级，为用户提供清晰、流畅的视觉流程，准确传达信息，提高操作效率。

视觉层级建立的步骤和方法可参考以下 3 点：

1）对系统功能呈现需求内容进行归纳分类。根据信息的重要程度、用户操作流程、业务目标等，确立信息的优先级，通常分为三级，包括重要信息、次重要信息以及辅助信息。文字信息可分为标题、副标题、正文。如图 3-21 所示的界面通过一级、二级导航栏清晰表达了系统层级架构，同时在各个模块都简洁罗列呈现了信息的上下级关系，便于用户进行快速、高效的搜索和浏览。

图 3-21　系统层级架构的可视化表征示意图

2）分割设计元素与构建视觉组块。通过相同背景色、对齐、重复等方法使同类信息在视觉上为同一个组块。常见的信息分组设计形式有框线、背景色、留白。框线与背景色都具有清晰可见的边界，可以使信息的呈现更加清晰。同时可以利用留白（空间的远近）来对界面内容进行分组，运用留白的手法可以增强界面的灵活度。如图 3-22 所示，界面的信息主要呈现区域通过空间远近将组件分割成几个宏观模块，同时利用不同形状、边框的组件形成视觉分组。

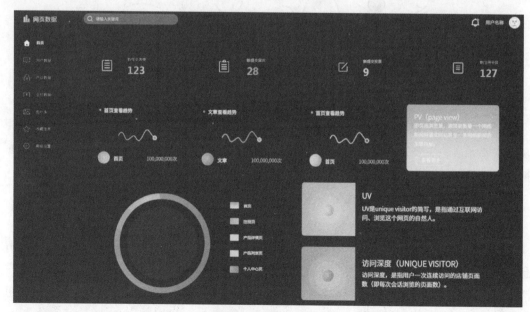

图 3-22　分割设计元素与构建视觉组块示意图

3）通过对比增强界面平衡感与协调度。当用户浏览工业信息界面时，界面模块与元素间的对比也是影响用户视线与眼跳的重要因素。可以利用尺寸、位置、色彩、信息密度等形式平衡界面的视觉重量，合理分配视觉注意资源，以增强界面协调度。

3.3　工业信息布局与视觉感知的关联

3.3.1　视觉感知过程

从用户的视觉感知模式和认知行为出发，可以寻求界面要素与用户感知过程行为的匹配关系。Ware 学者提出视觉感知活动可以分为自下而上和自上而下两个路径。自下而上路径源自呈现在视网膜上的图案视觉信息，是一种基于特征的视觉搜索；自上而下路径出自注意力的需要，即根据任务的需要来依次决定关注点。Tani 等学者提出自上而下路径对感知的任务具有重要影响，并开展了视觉感知任务实验；Rutman 等学者通过自上而下的感知探究选择性注意对感知和工作记忆性能的影响。现有较多研究发现，自上而下和自下而上的处理不仅与选择性注意、注意力转移有关，而且对视觉感知活动同样存在影响。

自上而下的感知过程是指由某些任务的目标驱动，用户自发地根据信息获取的需要，关注某些内容。对于复杂信息系统的数字界面来说，用户的任务和目标促使其进行自上而下的感知与认知行为，如图 3-23 所示。在工业制造系统人机交互界面中，由于信息复杂且信息量大，因此在对界面信息的呈现和设计中，需要针对任务流程与信息需求完整地梳理出较为合理的信息架构，按照任务时序、任务流程进行信息排布，使用户在执行任务时更高效、流畅地操作。

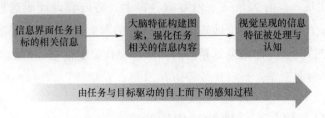

图 3-23　自上而下的感知过程

自下而上的感知过程源自呈现在视网膜上的图案的视觉信息，在人机交互界面中就是信息呈现的内容和形式。用户对复杂信息系统数字界面的自下而上的感知过程受到信息特征例如布局、区块结构和整体界面划分形式的影响，用户对其进行感知并将其传递至大脑，强化任务目标的相关信息，同时抑制不相关的信息，对信息进行连续性地选择与过滤，不断循环此过程并指导用户进行任务决策和操作，如图 3-24 所示。

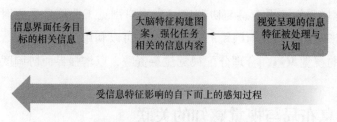

图 3-24 　自下而上的感知过程

3.3.2 　视觉流程

　　用户在浏览和搜索信息时视觉在界面中会形成注视和扫视的线路，在眼动追踪技术生成下，视线经过的所有关注点可以用点和线的形式，按照先后时间顺序连接成一条完整、可视化的路径。在这条路径上可提取出被试区域的凝视时间、注视的先后顺序、注视时间的长短以及视觉轨迹是否流畅等信息。依据 Don Norman 和 Jakob Nielsen 两位学者的研究表明，用户大多采用的浏览模式是"F"型和"Z"型（"S"型），如图 3-25 所示。Nielsen 通过眼动实验得出结论，用户在浏览网页时，注意力分布趋近于"F"型。"F"型浏览模式主要出现在有大量内容的界面或屏幕上。用户首先在水平方向浏览界面顶部的信息，随后向下浏览界面，水平移动距离相对上一次缩短，以水平移动距离递减的形式依次向

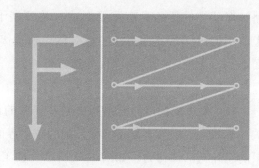

图 3-25 　"F"型与"Z"型
（"S"型）浏览模式

下浏览。"Z"型出现在没有大量文字内容的界面上，将内容设计成这种排布模式可以帮助读者快速浏览每个元素，并清晰地知道每个元素的重要性。"Z"型浏览模式的轨迹大致可归纳为：用户首先在左上角浏览界面的标题，寻找关键信息，然后浏览到右上角，再从左到右沿着水平方向浏览，最后视线停留在界面右下方。

3.3.3 　工业信息布局与视觉感知过程的关联

　　工业信息界面包含海量复杂的视觉信息流，用户在获取态势中认知界面信息时，与界面间不断进行传递、认知、反馈的循环交互过程，接收和识别信息并对其进行认知和加工。通过上述对感知过程与信息布局的分析，有助于理解感知过程与信息布局的关联，了解用户如何获取界面信息并探讨信息布局如何更好地指导用户行为，使界面信息呈现符合用户的感知特性，确定信息的关联与层级关系，合理排布信息的位置与次序，帮助用户有

序、快速地完成任务操作。

工业信息界面的功能属性包含信息系统内容架构与层级关系，表征属性包含信息呈现形式与布局，布局中又包含整体布局与信息区块间的位置布局。由此对应视觉感知的两个过程，在自上而下的感知过程中，用户受到任务和目标驱动，因此需要在界面设计前通过多种方法进行任务分析，梳理出完整的信息架构以获取认知信息需求；在自下而上的感知过程中，用户通过呈现在视网膜上的信息进行感知活动，因此需要对界面信息的布局呈现形式进行分类梳理和特征分析，进行实验寻求最合适的形式对其进行表征，如图 3-26 所示。

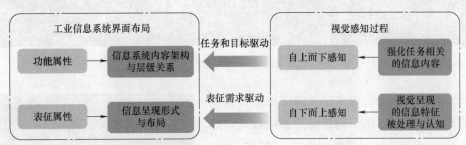

图 3-26 工业信息系统界面布局与视觉感知过程的关联

3.4 工业信息动效设计原则

3.4.1 工业信息动效分类

动效设计作为设计手段之一，有着静态页面没有的优势，它存在的意义是为了提升用户的交互体验，但是过多、过于复杂的动效设计就显得不合时宜，非但达不到预期目标，还会降低用户体验，导致用户决策失误等问题。所以在使用动效时要谨慎，避免让工业信息界面的重心产生偏差，或者过度设计，徒增用户认知负荷。

智能制造系统的动效设计从宏观角度可以分为交互效果和动态图形（Motion Graphics，MG）动画，从微观角度可以按照场景和功能分为导航动效、展示动效、加载动效、载入动效、转场动效、刷新动效、反馈动效、控件动效。

（1）导航动效 导航动效在移动端界面中比较常见，经常出现在底部菜单栏中。在智能制造系统中导航动效体现在多模块界面板块呈现的首页导航，如图 3-27 所示。通过导航动效可实时切换各个模块界面。导航动效具有可交互性、实时性和高效性。

图 3-27 导航动效

（2）展示动效　展示动效用来展示表达信息，不承担引导和交互行为。展示动效使用户可以清晰地理解信息。通常展示动效的载体为图形，展示动效赋予图形情感化意义，如图 3-28 所示。

图 3-28　展示动效

（3）加载动效　模块数据传输前呈现加载动效，如图 3-29 所示。由于网络等原因在数据传输过程中无法即时加载完成时，会出现等待时长，加载动效的意义在于缓解用户等待的负面焦虑情绪，提升用户的使用体验。

（4）载入动效　载入动效是数据首次呈现的动效，能很好地抓住用户的注意力，如图 3-30 所

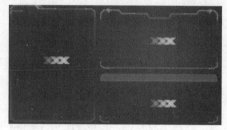

图 3-29　加载动效

示。载入动效通常在数据加载动效之后出现，不同的载入动效所产生的用户体验不一样，合理运用载入动效能够集中用户注意力，反之，滥用载入动效会导致用户注意力分散。

图 3-30　载入动效

（5）转场动效　转场动效是一类比较常见的动效，如图 3-31 所示。它让工业信息系统的页面之间有更顺畅的跳转连接，同时也可以更好地体现页面之间的层级关系，让用户更容易理解页面结构，给用户更好的使用体验。转场动效及相关交互是为了让用户在庞杂的信息中清楚地知道自己的位置和将要去到的目的地而存在。

（6）刷新动效　刷新动效是实时数据在具体时间内刷新产生新数据的过渡动效，如图 3-32 所示。刷新动效与转场动效的目的一样，都是为了使实时数据呈现连接流畅。但是刷新动效没有层级关系，其体现的是时序关系。

（7）反馈动效　反馈动效是当用户操作错误时系统进行反馈的动效，如图 3-33 所示。

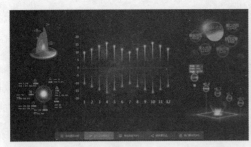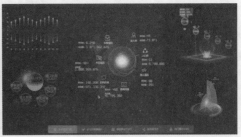

图 3-31   转场动效

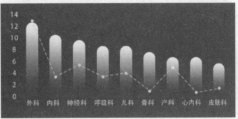

图 3-32   刷新动效

尼尔森十大可用性原则的第一条是状态可见原则,即应该让用户时刻清楚当前发生了什么事情,也就是快速让用户了解自己处于何种状态,需要在合适的时间给用户适当的反馈,防止用户使用时出现错误。

(8)控件动效   控件动效通过视觉动效向用户传达该区域控件的功能用途及入口连接页面的去向,为用户明确行动目的。运动变化中的控件动效也可以有效吸引用户注意力,是很好的注意力牵引工具。控件动效的载体为图符、按钮、Tab 等,如图 3-34 所示。

图 3-33   反馈动效   图 3-34   控件动效

3.4.2   工业信息动效特征

工业信息系统中的实时监控数据都是根据具体实况变化的,为了减少数据变化刷新时的突然性和数据与数据之间的脱节性,动效在实时数据中的应用必不可少。在整个动效设计的过程中，除过场动画、数据变化外，动效还起到增添空间感、平衡画面和整合信息的作用。在界面动效中主要通过形变、运动时间及缓动曲线来表现自然。形变表现的是运动对象自身的质地，而运动时间及缓动曲线则是表现运动对象周围的环境。

对以实时数据为主的数据可视化动态界面进行分析，总结可得两种动态形式，分别为动态展示和交互效果。动态展示又分为轮播、闪烁、色变、滚动等具体形式，在数据可视化界面中起到装饰、指引、注意的作用，属于被动式动态变化；交互效果需要用户运用触摸屏幕或是远程操作等操控界面，以功能或操作导向为根本目的，属于主动式动态变化，实现信息悬停展示、界面切换、窗口弹出等交互需要。

（1）轮播

1）图表轮播。图表轮播用于在同一区域内自动轮播显示两个以上图表，图表之间有一定的关联或共同组成一个小的主题模块，且有一定的次序，如图 3-35 所示。

图 3-35　图表轮播

2）Tab 页轮播。Tab 页轮播用于轮播多个组件或组件的组合，不限于轮播图表，如图 3-36 所示。Tab 页轮播的使用可以让界面展示的信息更丰富，同时不会让界面内容显得杂乱无章。

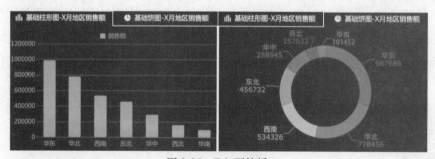

图 3-36　Tab 页轮播

3）提示点轮播。为了界面视觉设计美观整洁，通常隐藏大量的图表标签，但又希望图表信息展示全面，或者当地图上有密集的区域和数据标签时，不宜展示所有数据点，但完全不展示具体数据会遗漏很多信息，此时可以使用提示点轮播的方式，依次轮播图表或区域数据中每个的具体数值，如图 3-37 所示。

4）模板轮播。模板轮播在界面上也是常见的需求，一张界面无法排布很多数据指标时，通常可以制作多张界面，用模板轮播的效果展示。

（2）闪烁　闪烁用于对图表中异常或需要特别关注的数据系列突出显示，闪烁警示色的效果让数据信息更突出，是监控类看板中常用效果，如图 3-38 所示。

图 3-37　提示点轮播

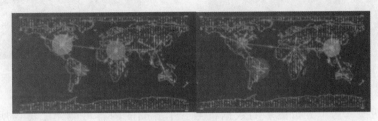

图 3-38　闪烁

（3）色变　色变主要用于对某些特别关注的数据做实时监控，可对表格中的数据和指标卡中的数值设置此类条件，如图 3-39 所示。色变中的色相不宜过多。

（4）滚动　滚动主要用于显示数据表格或消息文本。当数据表格或消息文本面积占比过多而无法全部展示时采用滚动形式，通常以自下而上的方式进行呈现，数据的具体内容是静态形式，整体数据呈现进行动态滚动处理，可与色变共同使用，引起用户的注意，如图 3-40 所示。以滚动的形式展示既不需要太大的空间，又可以通过动态展示引起注意。在界面中滚动不能滥用，否则会造成信息混杂，影响用户判断。

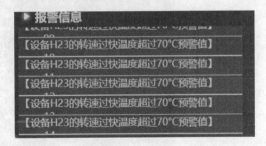

图 3-39　色变　　　　　　　　　　　　　　　　图 3-40　滚动

（5）信息悬停展示　信息悬停展示通常借助触控板和鼠标进行，鼠标停留在某区域中，这一区域的相关信息出现，或鼠标停留在某个元素上，出现隐藏元素显现、放大、变色等效果。例如当需要单独关注图表的某个具体信息时，可将鼠标悬浮在图表上，使详细信息跳出，如图 3-41 所示。

（6）界面切换

1）Tab 页切换。每个 Tab 页中含有一个或多个元素，如表格、图片等，如图 3-42 所示，单击 Tab 页标签可以实现 Tab 页切换，多个 Tab 页的切换方便了查看和分析。

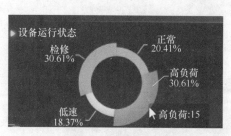

图 3-41　信息悬停展示

图 3-42　Tab 页切换

2）页面切换。为了分析更多的数据，当一个界面的内容可能无法覆盖所有要展示的信息时，就可以在界面上添加自定义按钮，跳转到另一个模板，查看一个细分场景的界面。如果有多个细分场景的界面要展示，则需要制作首页界面来展示全部界面模块，可以跳转到任何一个细分场景的界面，如图 3-43 所示。

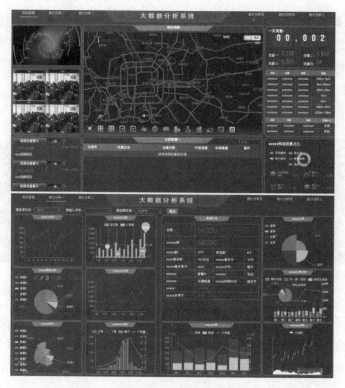

图 3-43　页面切换

（7）窗口弹出　当单击界面上的某处显示详细信息，但又不希望直接跳转到另一个界面时，可以用弹出窗口来解决，如图 3-44 所示，此类用法适合弹出信息不多的情况。弹窗分为模态与非模态两种，非模态弹窗用于提醒用户内容，模态弹窗会打断用户操作，多用于任务报错、任务提醒、任务抉择等情况。

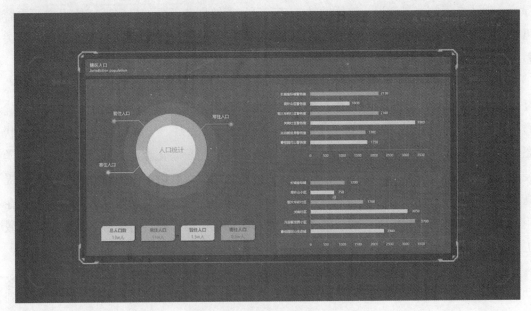

图 3-44　窗口弹出

3.4.3　工业信息动效的一般设计原则

（1）遵循物理运动规律　当元素运动没有意义或忽视物理规律时，用户会失去方向性。在现实生活中，一个物体可以被重量、表面摩擦力影响而产生不同的加速或减速，同样设计的动态元素也遵循物理运动学规律，不会突然启动或瞬间停止，而会有一个加速度或减速度。Issara Willenskomer12 项动效设计原则和 Material Design 的规范中都讲述了缓动的概念，缓动指的是物体在物理规则下，渐进加速或减速的现象。物理世界中的运动和变化都是有加速和减速过程的，忽然开始、忽然停止的匀速运动显得机械而不自然。工业信息系统中需要有效均衡高效性与交互体验，选取适宜的运动动效，必要时采取科学的实验方法进行定性与定量评估。

（2）动态效果具备引导功能　动态交互设计的目的不只是为了美观，最重要的是能够帮助用户理解，达成更佳的操作体验。动态交互设计应该指导用户下一步操作，给予用户清晰的引导。引导功能具体体现在动效呈现的主次分明、次序清晰、运动轨迹明确、运动方向一致。运动元素都遵循同一方向来引导用户的注意力，从上至下或从左至右地依次运动，如果元素都以不同方向进行运动，则用户的注意力会被分散，容易造成用户的认知混乱。从属交互指的是使用一个中心对象作为主体，来吸引用户的注意力，而其他的元素从属于它来逐步呈现。在工业信息系统中，信息的交互控件需让用户有效地感知到当前动作，并给予响应的引导，例如在用户单击控件时，系统立即在交互处呈现可视化指针或光标等，创造良好的情景意识。这样的动态交互设计能够创造更强的秩序感，使得主要内容更容易引起用户的注意。多个动态元素共同呈现时，需要分析其元素的主次关系或从属关系，根据关系呈现不同的子元素。

（3）使用适宜的动效　动效应该避免一次呈现过多效果，尤其当动效同时存在多重、复杂的变化时，会呈现出混乱态势。动效是用来保持用户的注意力、指引用户操作的。优秀的动效设计可以让用户清晰地感受到内容之间的脉络关系，了解到各个元素的物理状态，还能够知晓元素当前所处的环境。过多动效会使得用户眼花缭乱，同时分心，应该学会动态元素与静态元素综合使用，动静结合使得用户调整注意敏感度，得到认知效率的提高。动效运用因类而异，动效类别分为载入动效、刷新动效、元素动效、转场动效等，在用户不同操作与实时情况下，动效随着动效类别而变化。例如警告与提醒，需要闪烁动效进行呈现，闪烁的频率随警告和提醒程度而变化。

（4）合理的动效时长与高效准确的速度表达　当元素的位置和状态发生改变的时候，动效的速度应该适当放慢，维持足够长的时间，让用户能够注意到变化，但同时不能慢到需要用户去等待。基于人脑认知方式和信息消化速度的研究表明，动效的最佳持续时长是200~500ms。任何低于100ms的动效对于人的眼睛而言是很难被识别出来的，而超过1000ms的动效会让人有迟滞感。屏幕尺寸越大，元素在发生位移时距离越长，速度一定的情况下，时长自然越长。动效的持续时长不仅取决于屏幕尺寸和运动距离，还取决于平台特征、元素大小、功能设定等。较小的元素或变化，相应的动效持续时长较短。因此，大而复杂的元素动效持续时间更长，大小相同的元素在移动时，移动距离最短的元素最先停下来。与较大的元素相比，较小的元素运动速度应该更慢，因为相同的移动距离，对于小元素而言，位移距离和自身大小的比例倍数更大，相对移动更远。

3.5　工业信息图符设计原则

图符设计可用来弥补文字语言的局限性，对于智能制造的人机交互系统来说，巨量繁杂的信息对用户的认知速度做出了更高的要求，因此在对工业信息图符进行设计时，必须考虑如何降低用户的认知负荷，从用户的认知过程和视觉习惯着手，更多地为人服务，这样才能最大限度提高用户的辨识效率，让图符的可视化设计达到最优的信息传递指标与精准性。

3.5.1 工业信息图符风格分类

本节主要从图符风格方面介绍工业信息图符的种类。按照风格来分类，工业信息图符主要分为面性图符、线性图符、拟物图符以及 3D 图符。

（1）面性图符   面性图符给人的视觉冲击力相对于线性图符会更突出，由于它在界面上会占据更多空间，所以当表达内容需要突出时，选择面性图符更合适，能够很快地吸引用户的聚焦点。同时对于面性图符而言，其颜色、肌理、大小等不同也呈现不同的视觉效果。面性图符如图 3-45 所示。

图 3-45   面性图符

（2）线性图符   线性图符的表达方式主要是以线条为主，整体系统图符的线条粗细要保持一致。线性图符主要分为以下 4 种类型：

1）直角图符。直角会给人带来一种方正、稳定、果断的感觉，因此在工业系统界面中使用较多，直角图符如图 3-46 所示。

图 3-46   直角图符

2）圆角图符。圆角常给人柔和、亲切的感觉，无论是线或是图形，都有一定的弧度。一整套图符的弧度需要保持一致，如图 3-47 所示。

图 3-47   圆角图符

3）断点图符。断点图符是点线面演化的一种产物，如图 3-48 所示。断点在哪里选择"断"，也需要仔细斟酌。设计时要考虑整套图符的美观度与平衡性。

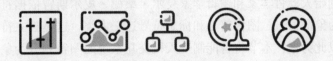

图 3-48   断点图符

4）线面结合图符。线面结合属于一种混合表现形式，既不会占据太多空间，又不影响图符意义的表达，线面结合图符如图 3-49 所示。

图 3-49　线面结合图符

（3）拟物图符　拟物图符主要是对原本智能制造人机交互系统站点上需要进行操作行为的特征及工业产品原貌的展现，保留所有行为的特点，相当于缩小其行为动作。其具体分为写实拟物图符和轻拟物图符。

1）写实拟物图符。写实拟物图符属于写实风格，大多难度系数大，有较强的质感，基本上是使用生活中原有的物象来反映行为动作，如图 3-50 所示。

图 3-50　写实拟物图符

2）轻拟物图符。在原拟物图符的基础上，减轻厚重的质感，去除投影、渐变、纹理等样式，转化成扁平化的图符，如图 3-51 所示。

图 3-51　轻拟物图符

（4）3D 图符　3D 图符比扁平化图符立体效果更强，如图 3-52 所示。选择 3D 图符作为图符展示的方式可为界面增添更多视觉感受，但是当界面信息繁杂时，很容易使操作员在搜寻过程中产生一定的视觉疲劳。

图 3-52　3D 图符

3.5.2　工业信息图符特征分类

美国符号学创始人、哲学家和逻辑学家夏尔·桑德·皮尔斯曾依据符号与对象的关系角度，把符号分为象征符号、图像符号和标志符号这三大类，这是独立符号语义较有影响力的划分方式。以此为据，本节将智能制造人机交互系统的图符划分为象征图符、类象图符、标识图符及综合型图符，并进行分析。

1. 象征图符

象征图符大多代表着特定事物的对应意义，与表现对象在空间和时间上没有直接的联系，大多来源于生活中因习惯而慢慢固化的事物或观念。象征图符主要是动作的图形化描述，没有很直接的引导性，见表 3-2。第一类象征图符大多源于人们的经验，"设置"为何用齿轮表示？因为在语义上人们很容易把齿轮和扳手这类操作工具联系起来，现代机器很多功能的实现和调整都是靠齿轮，这相当于机械物件的内部运作，设置的存在也有异曲同工之妙，单击设置后，将会进行系统的内部结构操作，并进行功能上的调整，因此设置和齿轮两个无关的概念就被联系到一起，形成关联；"自动运行"没有一个具体的形态，用风扇叶片来表示，因为风扇叶片表示机器转动或大大小小圆形的规律性运动，成为一种运行的心理暗示；"变更密码"用锁来表示，因为以前用锁来锁门保证安全，变更密码同样需要解锁，但是这个图符缺少"解"这一动作，不够完善。第二类符号由两个独立部分构成，表达了新的含义，例如"品质检验"主要由盾牌和十字组合而成，盾牌在古代是用来防身的武器，寓意对人身的保护以及坚固可靠，此处是品质的一种表现。

表 3-2　象征图符

语义	设置	自动运行	变更密码	警报信息	流程设定	品质检验
图符	⚙	🌀	🔒	🔔	⚙	➕
对象	动作	动作	动作	名词	动作	动作
表现方式	齿轮	风扇叶片	锁	闪烁的灯	箭头围成圈+齿轮	盾牌+十字

2. 类象图符

类象图符是模仿已有事物的外在特征或内在结构形式，通过本身具有意义的事物来表达语义。结合设计语义的情感性来分析类象工业系统语义的表现方式，表 3-3 所示的"锻造""金属焊接"等图符，都是通过对相应语义的实体模仿绘制，图符偏向写实，识别性强。

几何象征型图符将写实图形进行抽象化，表 3-4 所示的"用户模块""设备状态"等几何象征型图符都注重特征的抽象化，重点在于线条、块、面与结构的美感，简洁的造型也更加适用于工业信息系统的交互界面。

表 3-3　类象图符

语义	锻造	金属焊接	电池片厂商	焊接	核电站	系统电压
图符						
对象	动作	动作	名词	动作	名词	名词

表 3-4　工业信息系统中的几何象征型图符

语义	用户模块	设备状态	物料装箱	仓库信息	模块信息	区域模块
图符						
对象	名词	状态	动作	名词	名词	名词

3. 标识图符

标识图符最重要的作用是引导，起初主要用于交通导向系统，重点描述该动作发生前后的空间性和目的性。这类图符的主要表达形式与意义之间有必然实质的因果关系。表 3-5 所示的"传输文件""下一步""恢复""刷新"这类引导性指示图符的存在，可以提高用户的搜索效率。一般来说，简洁性、引导性的图符在使用上相对广泛。

表 3-5　标识图符

语义	传输文件	下一步	恢复	刷新
图符				
对象	动作	动作	动作	动作

综合型标识图符见表 3-6，基本是以动作为主，图符都带有引导方向的表示部分，如"退货单"的返回箭头、"入库管理"车头向内（左）的提示、"出库管理"车头向外（右）的提示、"领料出库"箭头向外的指向、"采购进货"箭头向下的指向。这些图符都具有很明确的方向引导性。

表 3-6　综合型标识图符

语义	退货单	入库管理	出库管理	领料出库	采购进货
图符					
对象	名词	动作	动作	动作	动作

4. 综合型图符

综合型图符是两种或多种不同类型的图形符号相结合，主要用于动作的描述，具有较强的引导性，图符语义较为丰富，以动词为主。例如表 3-7 所示的"散热"图符由两个部分构成——散热器和 3 个扭转向外的箭头，以此来表示向外散热这一动态效果。其中散热器属于类象图符，而 3 个箭头属于标识图符。无论单独使用哪一类图符都无法完全表现出"散热"的含义，综合两种类型来设计最为合理。又例如"报损报溢"图符由报表和增加/减少图符构成，其中增加/减少图符也是象征图符，"–"原是很久之前船员对用水量的标记方式，后来"+"被人们约定为表示加号，并且在图符中使用频率很高，由两个独立的个体组成一个完整的语义表达方式，其他图符同理。综合型图符整体隐形结构偏向于稳固的方形，能够产生一种理性的秩序感、安全性。部分文字注释也可以作为图符语义传达的辅助。

表 3-7　综合型图符

语义	散热	报损报溢	以防触电	订单管理	计量
图符					
对象	动作	动作	动作	动作	动作
赋予意义方法	类象+标识	类象+象征	类象+象征	类象+象征	类象+象征

3.5.3　工业信息图符语义分类

本节依据对符号语义层面上的理解，从图符的含义表达、图形设计、色彩分析以及肌理材质 4 个方面对工业信息图符进行分类，并展开分析。

1. 从含义表达出发

从含义表达出发的图符信息可视化是通过一定视觉载体的选择来实现图符的创意，除了有一定的审美与功能展示，更应该考虑其所附带与体现出的内涵意义。目前很多图符设计都过多注重形式的优化而导致隐喻过深，用户在不够熟悉操作流程的情况下很容易对其语义表达产生辨别性差异，造成一定的误操作，因此在图符设计上不能仅追求美观性而忽视含义表达。在对工业信息图符进行设计时，需结合用户的认知经验、文化背景等，以最清晰明了的表达方式进行构思。例如"产品清洗"究竟是要对什么产品进行何种形式的清洗，是用一个抹布还是喷壶作为标志创意主体，设计人员需要从其想表达的内涵定位充分思考。从含义表达出发的图符创意需要我们决定用什么视觉载体去表达，一般从象征性、比喻性和故事性 3 个方面进行视觉载体的联想和选择，如图 3-53 所示。

a) 象征性图符　　　b) 比喻性图符　　　c) 故事性图符

图 3-53　从含义表达出发的工业信息图符

（1）象征性图符　象征就是采用具体实物来表示抽象含义，我们熟知的具象图形能够唤起大众对某一特定抽象意义或情绪的联想，例如盾牌代表安全与保护。

（2）比喻性图符　比喻就是用相类似的视觉符号，用一个事物对另一个事物进行比喻，寻找双方的共性，目的在于表达语义的另一层含义。

（3）故事性图符　故事性图符设计要考虑到其须具有一定的大众理解基础，例如采用故事中常见的形状、符号或角色作为标志创意的主体，使其流传性更广，信息的传达更加一目了然。

2. 从图形设计出发

从图形设计方面考虑的图符指的是对象如何进行图形表现的问题。图符的造型由图符的整体外部轮廓与具体的图案造型两部分内容构成。从图形设计出发的工业图符一般分为具象、象形和抽象 3 种形式，如图 3-54 所示。

a) 具象图符　　b) 象形图符　　c) 抽象图符

图 3-54　从图形设计出发的工业信息图符

（1）具象图符　具象图符是将现实中客观存在的对象进行艺术处理后形成比较直观的视觉展示方式，主要采用整体归纳的手法保留自然形态，美化外形，尽量采用用户熟悉的视觉要素进行设计。具象图符的设计难点在于对象表现的特征性和艺术性，具象图符的美感和个性更加容易使人产生心理共鸣。

（2）象形图符　象形图符一般是提炼简约的意向符号，作为标志信息传达的主体。象形图符的设计主要是通过视觉联想和象形手法，针对一些无法采用具象形式表达的标志符号。

（3）抽象图符　抽象图符主要采用抽象的图形来表达图符的内涵，大多以几何图形或简约符号为表现形式进行设计，以事物常规的符号为基础，提取并保留一定的共性特征。相对于具象图符和象形图符，抽象图符的设计表达难度更大。

3. 从色彩分析出发

图符的视觉设计由形状与色彩组合而成，色彩往往比形状给人以更强烈的视觉体验，对于智能控制界面图符的设计来说，色彩的直观性能够带给用户更强的视觉效应。色彩是最抽象化的语言，相对于形象和质感来说更感性，不同的色彩代表不同的寓意与性格。合理地运用色彩能够增强图符的感染力，加深用户对图符的印象与感觉。在智能制造人机交互系统中，将色彩与具体的形、质结合，才能使图符更具生命力。

工业信息图符通常以成套或成组的形式出现，设计人员应具有全局意识，充分考虑图符与图符之间、图符与应用载体背景之间的整体设计风格、色彩冷暖、颜色深浅等方面的内容，从而使界面中各项设计元素达到和谐统一的高度，如图 3-55 所示。

不同的色彩具有各自特有的性格，以下将简析工业信息图符中常用色彩的性格与特点。

图 3-55　从色彩分析出发的工业信息图符

（1）红色　红色是三原色之一，纯度高并且有很强的视觉刺激作用，是视觉感知最为强烈的色彩。它寓意喜庆、兴旺，由于它超强的注目性，极易造成人类情绪上的紧张，所以也经常象征着危险，或者具有警告的含义，在部分质量保护图符中也会使用。

（2）黄色　黄色是典型的暖色调，带给人轻快、活力的感觉。由于黄色的明度较高，容易受到其他色彩的重叠影响，色相容易因为环境色而变化较大，在稍微偏红或者偏绿的环境下，会让人觉得是橙色或绿色，但是降低明度时，又更加偏向于土色。因此，使用黄色时通常的做法是保持纯度或略提高明度，使黄色成为淡黄色，显得天真、娇嫩。警示图符也会时常使用黄色来引起视觉上的注目，常搭配黑色使用。

（3）蓝色　蓝色是自然界最常见的色彩，同时也是相对较冷的色彩，象征着自由、理想和希望，是工业信息图符中最常用的一种色彩。蓝色的纯净给人一种镇静、理智的感觉，给人带来坚定与沉稳的心理感受，同时也象征着轻松、宽阔，在智能制造人机交互系统中也常常代表着稳定、科技。

（4）橙色　橙色在色相环中介于红色与黄色之间，象征着欢快、活泼，容易带给人一种快乐、自信的幸福感。因此在色彩的性格方面，橙色不但同时具有红、黄两色的特征，而且具有亲切、开朗、活泼的感觉。在智能制造人机交互系统中，橙色一般可以运用在专业类、工具类的图符设计中。

（5）绿色　绿色是大自然中的常见色彩，代表生命以及生命的状态，象征着自由和清新。在色彩性格方面，绿色还具有和平、友善的特征，黄色、绿色的搭配也给人带来清新、宁静的感受。所以，在工业信息图符中绿色也经常用于表示安全类、环保类、健康类的设计中。

（6）黑色、白色、灰色　黑、白、灰具有冷峻感和权威性，由于其色彩性格过于强烈，所以图符的设计风格常使用简洁化的处理手法。黑色是典型的男性色彩，在商务类应用图符设计中较为常见，在工业信息图符中不宜过多。白色给人一种干净、明快的感觉，是常用的百搭色，因此很多工业信息图符使用白色作为底色。灰色可以呈现出丰富的过渡效果，具有细腻感和一定的工业感。

色彩虽多，但是标准 256 色调色板中的色彩并不能够随意使用，设计人员在设计工业信息图符时需要充分考虑图符色彩的局限性，需要注意以下 3 个问题：首先图符的色彩设计上不宜超过 3 种，这有利于保证图符展现风格的一致性和稳定性，不易出现脏乱的感觉；其次图符的色彩尽量柔和，充分考虑图符的延展性和智能制造系统中背景的通用性；

最后图符色彩的灰度需要尽量控制好，保持基调一致。

4. 从肌理材质出发

肌理和材质是构成产品的两个基本要素。在图符设计中，不同的肌理与材质可以赋予图符与众不同的质感，便于各种视觉效果的营造。材质在图符上的使用不仅可以增强其功能性的说明，而且可以更加直观地通过表面纹理和质感来表示图符形象。不同的材质也代表不同的含义，比如金属会给人带来坚硬的科技感，因此合理的肌理与材质能带给用户更加直观的冲击，如图 3-56 所示。

图 3-56　从肌理材质出发的工业信息图符

3.5.4　工业信息图符的一般设计原则

图符除了节约界面空间、增强界面美观，更肩负着降低用户认知负荷和正确引导用户以提升目标搜索效率的重任。图符设计融合了视觉设计和交互设计，在界面中有着不可忽略的作用。同一系统的界面图符不仅要风格一致，而且要与界面风格统一。界面图符优化设计指导准则见表 3-8。

表 3-8　界面图符优化设计指导准则

准则	具体信息
识别性	图符语义和用户心理认知一致（易用性）
设计规范性	颜色简单、尺寸规范、易于辨识
美观度	权衡复杂度与简明性（易用性）
风格统一	是否叠加、描边、反光、投影、虚线
顺应时代趋势	根据时代背景、使用情境、用户群体设计

（1）识别性　图符设计中最重要的原则是识别性强。好的图符要能准确表达程序的功能，使用户一目了然或通过学习可以很快领悟并灵活使用。在进行图符设计时，要充分考虑图符的易用性——是否容易让用户准确地理解它所表达的意思而不产生歧义。如果识别性不强，差异性不大，用户就难以区分对应的图符语义，易造成用户的认知困扰，如图 3-57 所示。反之，如果图符语义清晰明了，则能降低用户的学习难度，同时提升整个界面的效果，如图 3-58 所示。

在进行图符设计的过程中，要充分考虑用户的认知行为习惯，考虑事物本身的隐藏含义，保证图符语义和用户心理认知一致，从而减少用户的学习记忆负荷，便于用户识别。此外，在使用由几种图形对象综合构成的图符时，须考虑到图形内容之间的联系是否能准确表达隐喻对象。

图 3-57　低识别性的图符

图 3-58　高识别性的图符

（2）设计规范性　在进行工业信息图符设计的过程中，要充分考虑图符设计的规范性，色彩选择不宜超过 64 色。图符设计是方寸艺术，应该着重考虑视觉冲击力，图符需要在很小的范围表现出软件的内涵，因此设计图符时应使用简单的色彩，充分利用眼睛对色彩和网点的空间混合效果。

在图符设计中，图符的尺寸是有严格规定的，常见的图符尺寸有 4 种：48×48 像素、32×32 像素、24×24 像素、16×16 像素。在 Windows 操作系统中，24×24 像素的图符由系统自动生成，用于开始菜单的右侧，而在工具栏中，图符的标准大小为 24×24 像素、16×16 像素。Mac OS X 具有强大的图符管理功能，它的图符最大可达 128×128 像素，如图 3-59 所示。在设计每一款图符时都需要考虑它在各种计算机操作系统中的可用性及不同系统的运行环境，可将图符制成几种不同尺寸供用户选择。

（3）美观度　图符设计一定要美观，不考虑其他特殊情况时，尽可能符合以下几点：造型优美，轮廓

图 3-59　Mac OS X 图符设计

清晰，色彩丰富，层次自然，立体感强，光源位置一致，有一定透视效果。

同时，图符设计需要考虑可用性和易用性，在图符的表现中要权衡复杂度与简明性。需要注意的是，图符设计的复杂度和精细度并不是越高越好，而是需要一定的把控，使图符的可用性和易用性达到最理想的状态。

（4）风格统一　同一操作系统的不同图符之间尽可能保证风格一致，风格一致的图符可以使用户在和谐的环境下工作，减小用户的视觉疲惫和认知负担。图符要给人一种专业、优美、和谐的感觉，也就是"一套图符一个风格"。在图符设计中，人们常在图符的精细程度上进行过多设计，忽略了整套图符的感觉。

因此，图符设计需要考虑以下 4 个方面：

1）制定一个多元素叠加的规则，如叠加元素的位置、是否描边、是否投影等。

2）制定一套基础的色调，这是使一套图符色调一致的根本方法。

3）确定光源方向，制定整体的受光效果，如反光、投影等。

4）制定一些细节规范，如描边、虚线效果等。

（5）顺应时代趋势　在进行工业信息图符设计的时候，要考虑时代潮流趋势的变化及用户所处的年代背景。当今的图符设计趋势主要包括以下几个方面：大图符化、细节化、按钮类图符写实精细化、工具类图符抽象扁平化、摒弃传统隐喻含义等。值得注意的是写实精细化和抽象扁平化这两种风格，图符设计日益走向两个极端，对于一些可以直接单击按钮进入下级操作的图符往往写实精细化，甚至采用 3D 立体的图符设计效果等，如图 3-60 所示；而对于一些工具类图符，则重在抽象扁平化，用极简主义的思想，避免复杂线条、色彩等因素的干扰，如图 3-61 所示。具体如何选择图符，还需要根据使用情境、用户群体等综合因素设计。

图 3-60　按钮类写实精细化图符　　　　图 3-61　工具类抽象扁平化图符

3.6　工业数据信息编码设计原则

3.6.1　工业数据信息编码的分类

一般来说，数据图表能够直观显示统计信息的时间性、数量性等属性，如果说表格可以承载数据的全面性，那么图表可以完美展现数据的特点和变化，它对数据的解读能力是表格没有的。一个图表的基本构成要素如图 3-62 所示。

图表的数据呈现方式可以分为四大要素和辅助元素，数值、文字和两个坐标轴为四大要素，色彩、形状、面积、平面位置、线型等为辅助元素，辅助元素可以用作视觉编码。本节选取色彩、形状、面积、平面位置、字体、线型、角度/斜度、坐标轴和刻度这 8 类

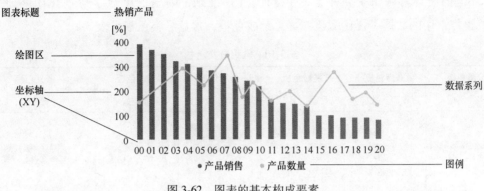

图 3-62　图表的基本构成要素

视觉元素作为研究对象，通过文献总结和案例分析对工业数据信息编码的设计原则进行归纳总结。

1. 工业数据信息的色彩编码

色彩编码中存在明度、饱和度、色调 3 种属性。在工业数据呈现中，由于色彩明度通道的可辨性较小，因此明度层次的数量尽量小于 6 种。相比于色调、饱和度这两个视觉通道，明度的对比度会有更明显的边界效应。由于人类感知是基于相对性进行的，因此受到对比度效果的影响，人们对色彩明度的感知精确性降低。

色彩饱和度适用于有序型工业数据信息的呈现，色彩饱和度和尺寸视觉通道相互影响，在尺寸小的区域中不易区分不同的色彩饱和度，并且色彩饱和度识别的准确性也受到色彩对比度效果的影响。

色调提供了工业数据信息呈现的分组功能，适用于工业数据信息的分类。色调虽然在视觉通道表现力排序上处于位置之后，但可以为数据信息的呈现增加更多视觉效果，在实践中被广泛使用。色彩属性分类和数据类型关系见表 3-9。

表 3-9　色彩属性分类和数据类型关系

色彩属性	示例	数据类型	示例
明度		数值型	如 9.5cm、18 个
饱和度		多类别型	如大小、高度、多少
色调		多类别型	如、、

然而，色调和饱和度都存在着与其他视觉通道相互影响的情况。例如，在小尺寸区域和不连续区域难以准确鉴别色调。一般情况下，由于色调属于定性的视觉通道，因此色调相对于色彩的明度和饱和度更容易被区分。人们在不连续区域的情况下可以分辨 6~12 种色调，而在小尺寸区域着色的情况下，可分辨的层次数量受视觉通道相互影响而略有下

降。不同的设计参考书提供了多种色彩的选择准则，阿里巴巴数字可视化团队研发的AntV也将常用的数据可视化配色方案总结成色板，常见分类色板见表3-10。

表 3-10　常见分类色板

分类色板	顺序色板	发散色板	叠加色板	强调色板	语义色板
多类别型	有序型、数值型	有序型、数值型	有序型、数值型	分类型	分类型、有序型、数值型

在工业数据信息呈现中，色彩的选择影响着数据呈现的美观性和准确性。色彩编码使用恰当，可以激发用户读取数据的兴趣，反之则会造成用户的抵触心理。在进行数据呈现的色彩编码时，设计人员需要考虑很多因素：数据呈现所面向的用户群体；呈现结果是否需要打印或复印，如若需要打印或复印考虑是否转为灰阶；数据组成及其属性等。使用不同的色彩有助于呈现工业数据信息定性或定量的属性。例如，对于定性的类别型数据，通常使用颜色的色调视觉通道进行编码，需要考虑的是如何选择适当的色调，使不同的数据容易被用户区分；对于定量的数据类型，通常使用明度或饱和度进行编码，以体现数据的数值大小或顺序。下面对色彩编码进行案例分析，公交车系统可视化色彩案例如图3-63所示。

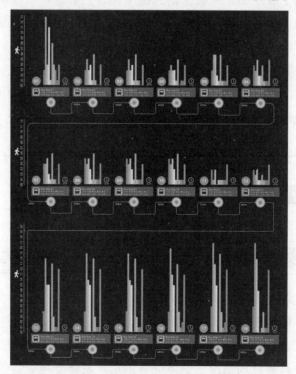

图 3-63　公交车系统可视化色彩案例

图 3-63 所示公交车系统可视化色彩案例是新加坡交通建设的部分信息展示，图中不同色块显示了新加坡公交系统的车次信息，依次使用红色、橙色、橘黄色、冷黄色分别表示男性、女性、商务人士、老人 4 类人群，展示出不同人群数据信息间的差异。色彩的变化使设计富有美感，视觉体验丰富，起到强化关键信息的作用。各站各公交线路的停站时间和发车时间均在彩条下方标示，并利用变化的色调和饱和度来区分信息之间的关系。图中还显示了每一条公交线路所需的大致行驶时间、高峰和正常时段，甚至显示了每一段时间内每一辆公交车的乘客类型，使人们出行更加方便。搭配好色彩编码可以激发用户良好的感官体验。

在工业数据信息呈现中，有限的空间内色彩种类若过多，会大大干扰用户的认知。并且，使用强烈的对比色虽然可以起到突出显示数据信息的作用，但同时也会影响用户对其他信息的认知。因此，右侧数据信息的呈现略优于左侧。若使用得当，色彩是出色的编码工具；若使用不当，色彩不仅会让用户分心，甚至会对用户产生误导。

2. 工业数据信息的形状编码

对于人类复杂的感知系统而言，"形状"是一个包罗万象的词。形状与其他视觉通道也存在着较多的相互影响。一般情形下，形状属于定性的视觉通道，因此通常用形状进行工业信息数据的分类。形状可以同时表现颜色和大小两种属性，一般通过颜色区分状态，通过大小区分重要性。但当运用多种形状显示工业数据信息时，需要尽量避免使用相似的形状，防止造成形状信息的识别混淆。

形状编码案例如图 3-64 所示，圆形相比其他形状更具有视觉吸引力。在数据量很大的情况下，会使用线条标识数据名称，这时可能难以区分不同信息，需要增加信息的色彩属性帮助信息的识别分类。使用更吸引眼球的大图符显示重要的任务信息，有助于将认知资源分配到优先级较高的项目上。

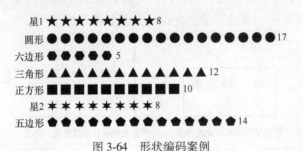

图 3-64　形状编码案例

3. 工业数据信息的面积编码

数据呈现中，面积和体积通常是定序的视觉通道，面积通常指二维平面上封闭图形的面积，体积是三维上的呈现形式。陈为等学者认为面积作为视觉编码的应用范围和识别度都优于体积。工业数据信息的面积编码案例如图 3-65 和图 3-66 所示。

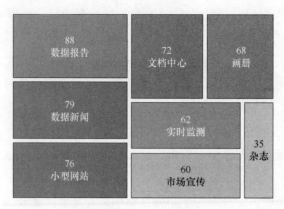

图 3-65　面积编码案例一

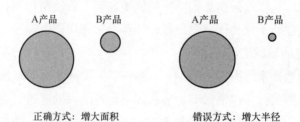

图 3-66　面积编码案例二

4. 工业数据信息的平面位置编码

平面位置是既可用于编码类别型数据，又可用于编码数值型和有序型数据的视觉通道。平面位置是所有视觉通道中最特殊的一个。由于可视化设计大多在二维平面空间，平面位置对于任意数据类型的有效性都非常高。因此，使用平面位置编码哪种数据属性是设计人员首先面临并需要解决的问题，其结果甚至将直接主导用户对于可视化结果图像的理解。参考《数据可视化》一书的平面位置编码案例如图 3-67 所示。

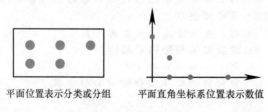

图 3-67　平面位置编码案例

水平位置和垂直位置属于平面位置中两个可以分离的视觉通道，当需要编码的数据属性是一维时，可以仅使用一种位置通道。平面位置间的关系能够帮助揭示数据间的关系，例如数据集中的范围、数据分布的数学规律和一段时间内的数据趋势等。

一般还要选择坐标轴来组织显示空间，决定图形元素在显示空间中的位置。坐标轴一般标有刻度，表示值的范围，同时每个刻度标注具体数值。坐标轴通常还包括文字描述，用来表示坐标轴的意义。坐标轴上的刻度是决定图形元素位置的重要因素，通常使用的是线性刻度，图形元素在空间中的位置根据所对应的数据做线性伸缩。另一种常见的刻度是对数刻度，通常用于显示指数增长的数据。

5. 工业数据信息的字体编码

Dona M. Wong 在《最简单的图形与最复杂的信息》一书中，归纳了基于易读性的字体选择基本规则，强调选择合适的行距和字体，避免全部大写。《字体设计》一书在字体的易读性、间隔、方向性、形态、节奏、立体、透明等方面进行了详细阐述。

6. 工业数据信息的线型编码

线的长度与宽度是比较直观的定序表征维度。一般来说，更宽的线条和更长的线段对应着较大的量值。《数据可视化》一书表述了线型作为视觉编码能够被感知的阶层有限，适合编码维度较少的数值型数据，其中线的宽度编码有效感知阶层少于线的长度编码。线型编码案例如图 3-68 所示。

a) 线的宽度　　　　　　　　　b) 线的长度

图 3-68　线型编码案例

7. 工业数据信息的角度/斜度编码

角度/斜度通常编码数值型或有序型数据。角度/斜度编码有很多限制，通常需要搭配其他视觉通道编码数据，例如平面位置和色彩。处于统一平面位置和相同起点上的角度/斜度之间容易比较。另外，锐角或直角的量值较为容易比较，超过一定角度如接近 180°，就会失去比较的意义，容易产生识别歧义，所以较少应用。角度/斜度编码案例如图 3-69 所示。

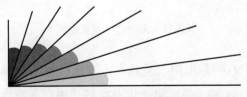

图 3-69　角度/斜度编码案例

8. 工业数据信息的坐标轴和刻度编码

坐标轴本质上是平面位置在二维平面直角坐标系的映射，刻度是坐标轴单位长度的映射。在常见的数据图表呈现方式中，坐标轴和刻度编码并非不可或缺，在不影响用户认读的情况下，可以适度减少坐标轴和刻度的标注，简化设计。此外，在进行设计时坐标轴和刻度等图表信息要尽量保持一致，保证整个图表的和谐性和美观性。出自腾讯数据可视化设计团队的 ISUX（腾讯社交用户体验设计部）研究了坐标轴和刻度编码案例，如图 3-70 所示。

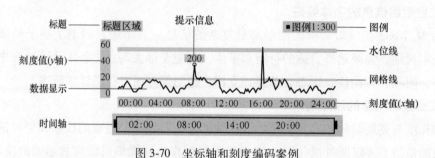

图 3-70　坐标轴和刻度编码案例

3.6.2　工业数据信息呈现与视觉编码关系

前文已探讨不同视觉编码在数据信息呈现中的设计要点，接下来探讨数据信息呈现中多种视觉编码面对排序、对比、标签、前后逻辑关系问题时的注意事项。

1. 编码排序关系

编码排序关系案例如图 3-71 所示。

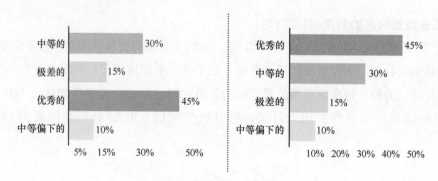

图 3-71　编码排序关系案例

如图 3-71 所示案例中右侧数据图表呈现优于左侧。左图等级排序没有逻辑结构，并未按照水平高低依次排序，x 轴上的区间变化不均匀，用户在观看图表时，对水平的 4 个等级需要重新排序，会增加认知负荷，且由于 x 轴区间增量不一致，会改变原本的差异大小，破坏想传达的内容。数据信息呈现中编码排序问题的设计准则如下：

1）直观地排列数据：图表应该有一个逻辑结构，可以将数据按照字母、顺序或大小排列。

2）排序连贯：图例的排序应该与图表中的顺序保持一致。

3）排序均匀：在坐标轴上使用的自然增量应该保持均匀（如0，5，10，15，20），而不使用不均匀的增量（如0，3，5，16，50）。

2. 编码对比关系

编码对比关系案例如图 3-72 所示。

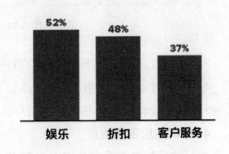

图 3-72　编码对比关系案例

图 3-72 所示案例右侧数据图表呈现优于左侧。数据信息呈现中对比问题的设计准则如下：

1）图表中加入零点基准线，但不一定从零刻度线开始展示数据。

2）选择最高效的视觉通道编码数据，且保持视觉观感的一致性，如使用堆叠柱状图、分组条形图或者折线图，减少用户的认读负担。

3）注意数据图形摆放的位置。

4）两个或两个以上的可视化图表进行对比时，要注意图表间的相对距离，不宜过长或过短。

5）在需求范围内加入尽量完整的数据。

3. 编码标签关系

编码标签关系案例如图 3-73 所示。

图 3-73 所示案例中右侧数据图表呈现优于左侧。用户很大程度上依靠标签来解释数据，标签过多或过少均会产生干扰。数据信息呈现中标签问题的设计准则如下：

1）保证需要展示的数据均贴上标签，并且没有重复或拼写错误。

2）确保标签清晰可见，数据信息可以对应。

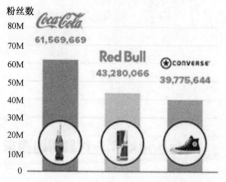
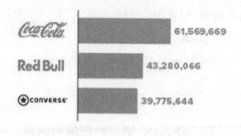

图 3-73　编码标签关系案例

3）可以直接标记线条，快速识别对应的标签。

4）不要过度标记，重要信息标记，不重要信息可以适当忽略标记。

5）避免倾斜放置标签，影响用户认读。

4. 编码前后逻辑关系

编码前后逻辑关系案例如图 3-74 所示。

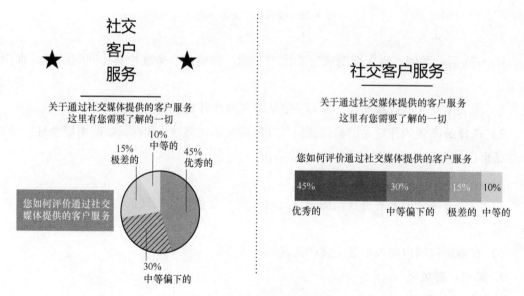

图 3-74　编码前后逻辑关系案例

图 3-74 所示案例中右侧数据图表呈现优于左侧。数据信息呈现中前后逻辑问题的设计准则如下：

1）图表、标签、图形、字体等编码需要保持画面的和谐与完整，不要过度解释、过度注释数据信息。

2）图表中的文字要简明扼要且与数据相对应。

3）善用标注，标注的位置不要随意更改。

4）避免使用过多的字体或元素，选用一种即可，如强调某一数据，只须用粗体文字或斜体文字即可，不要同时使用。

3.6.3 工业数据信息编码的一般设计原则

通过大量案例分析，本章总结出使用色彩、形状、面积、平面位置、字体、线型、角度/斜度、坐标轴和刻度等视觉元素来编码数据信息的一些设计要点，和视觉编码在图表中面对排序、对比、标签、前后逻辑关系问题时的注意事项。结合文献分析对上述视觉编码的设计要素进行完善补充，归纳工业数据信息呈现的编码和编码关系设计原则，见表 3-11 和表 3-12。

表 3-11 工业数据信息呈现的编码设计原则

视觉变量	设计准则
色彩编码	1）整体背景色多选择 RGB 为（244，244，244）和（255，255，255）的纯色，如白、灰，此外 RGB 为（28，39，51）的偏蓝的黑色也可以很好地展示数据信息 2）对比数据需要突出，数据内容用高亮度的色彩表示，背景加亮凸显 3）根据数据信息重要度选用同一颜色的不同亮度值 4）主色和辅助色和谐原则：可以在色轮上先选取一个主色，起凸显作用，在主色对面选取两个颜色，作为辅助色，起调控作用，这样可以让整体配色更加和谐而不突兀 5）间隔色的色彩和谐原则：在色轮上选择两个相隔的颜色，视觉上色调基本一致，整体和谐 6）互补色的色彩和谐原则：主色要选定互补的颜色，其他颜色基于此改变明度 7）三界色色彩和谐原则：利用三界色，这种取色方案可以让 3 个视觉元素在色彩纯度上区分开 8）四角色色彩和谐原则：选取 4 个在色轮上的距离相等的颜色，多种视觉元素也可以表现得和谐 9）亮度可以作为恢复局部密度的方法
形状编码	1）形状编码一般适合需要分类的数据 2）在显示大量标识时，要尽量避免使用相似的形状 3）圆的视觉冲击力最强，可以同时清晰表现数据大小和类型，形状编码可优先使用圆形 4）数据量很大时，要避免出现很多线段
面积编码	1）面积编码一般适合定量数据属性 2）增大或缩小数据时，整个面积要同比变化，而非仅半径或长宽变化
平面位置编码	1）位置编码映射的数据分类、定序和定量属性要统一 2）一般情况下，垂直位置比水平位置具有更高优先级
字体编码	1）字体要有辨识度，选用宽度比值和 X 高度值较大的字体 2）字体需要根据显示屏的分辨率灵活选择 3）字母的间距应小于字偶间距以及标定的中文字间距 4）需要设置最小字体的极限值，保证用户准确快速认读，普通字体一般用 12px，标题用 14px 5）中英文混排时，要注意中文和英文的间隔 6）当图表字体水平排列，图表空间不够时，可以选择用简写方式展示数据或改变图表形式

(续)

视觉变量	设计准则
线型编码	1）线型编码适合维度较少的定量数据 2）线的长度有效感知阶层多余线的宽度，具有更高优先级
角度/斜度编码	1）角度/斜度编码通常结合其他类编码使用，如平面位置和色彩编码 2）角度/斜度编码进行比较时，一般要处于同一平面位置和相同起点 3）角度接近180°容易产生歧义，应提前确定好最大角度
坐标轴和 刻度编码	1）在不影响用户认读的情况下，适度减少坐标轴和刻度的标注，简化设计 2）坐标轴和刻度等图表信息保持一致

表 3-12 工业数据信息呈现的编码关系设计原则

编码关系	设计准则
排序	1）直观地排列数据 2）图例排序要与图表中的顺序一致 3）在坐标轴上使用均匀自然增量（如0，5，10，15，20），避免不均匀增量（如0，3，5，16，50）
对比	1）图表中含有大量对比数据时，需加入零点基准线 2）选择最高效的可视化图形，保持视觉观感的一致性，如使用堆叠柱状图、分组条形图或者折线图 3）注意图形摆放的位置，两个及以上的可视化图表在进行对比时，图表间距离与图表大小、长宽保持一定比例 4）展示尽量完整的数据
色彩	1）相同类型的数据选用同一颜色系 2）对于积极和消极的数据，要考虑大多数人的使用习惯，如绿色表示积极，红色表示消极 3）确保颜色间有足够的对比 4）慎重使用图案，如条纹图和波点图会分散用户的注意力 5）使用恰当的颜色 6）不要在一张图上使用6种以上的颜色
标签	1）保证需要呈现的数据有标签，并且没有重复或拼写错误 2）确保标签清晰可见，数据点可以轻松识别 3）可以直接标记线条，数据点添加数据标签 4）不要过度标记 5）不要倾斜放置标签
前后逻辑	1）不要过度解释 2）让图表标题简单扼要 3）善用标注 4）不要使用分散注意力的字体或元素，如一般情况下粗体文字和斜体文字尽量避免同时使用

3.7　本章小结

　　本章总结归纳了人机交互界面的一般性设计原则，完善了智能制造人机交互系统中布局、动效、图符和数据编码的设计原则，同时结合智能制造系统的相关要素，提出了工业信息布局应遵循的原则，以及动效、图符、数据信息编码的设计原则。

视觉认知原理及相关实验范式

4.1 视觉反应机理

4.1.1 视觉的行为与生理特性

1. 视觉的基本特性

视网膜最外层细胞包括视锥细胞和视杆细胞，人眼的视觉特性主要受这两种视觉感受器的作用，它们是接受信息的主要细胞。视锥细胞主要位于中央凹，只有 2°~5° 的视角范围，分辨率很高，成像清晰，对颜色特别敏感，在识别空间位置时起到重要作用，能够敏锐分辨物体的形态。这种感色力强、能清晰分辨物体的视锥细胞形成了中央视觉，又叫明视觉。视杆细胞分布在视锥细胞周围，它分辨率有限，对颜色不太敏感，但能够区别黑白，同时它对光强非常敏感，这意味着对光的亮度变化、光的闪动、物体运动很敏感。这种能够在灰暗环境中观察空间范围和运动物体的视杆细胞形成了周围视觉，又叫暗视觉。明视觉和暗视觉如图 4-1 所示。

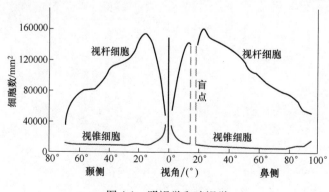

图 4-1　明视觉和暗视觉

2. 视觉的行为特性

视觉搜索行为经常有认知因素的内部驱动，所以没有统一的显示扫视模式，也没有最佳扫视模式。视觉的一般行为规律主要表现为以下 3 个方面：

（1）刺激的敏感性　容易引起注意的视觉特性主要包括：大的、亮的、彩色的、变化的（或者闪动的）。这种变化的特征适用于视觉警告的定位。1984 年 Yantis 和 Jonides 研究发现，一个突然启动的视觉刺激（如信号灯）会引起注意，特别是当这个刺激处在视野的外周时。这可能是因为视觉系统对新的视觉目标特别敏感。

（2）物理位置的引导　眼睛的搜索行为一般受界面中物理位置的引导。Megaw 和 Richardson 研究发现，当被试在搜索目标中采用系统扫视模式时，他们倾向于从左上开始。因此视线变化习惯于从左到右、从上到下及顺时针方向运动。

（3）边缘效应　1986 年 Parasuraman 提出"边缘效应"，指出搜索更经常集中于视野的中心区域而不是边缘。在监控任务中扫视也较多集中在现实汇总毗连的元素，垂直或者水平扫视比对角线扫视更为普遍。

在工业制造系统的信息布局和信息设计中，如告警和危险信号设计需要考虑眼睛的视觉行为特性，考虑如何在最显著的区域定位最重要的信息。设计人员应按照以上特性进行设计。这些特性为工业信息认知测评研究提供了可参考的依据。

3. 视觉的生理特性

从眼睛的生理机能分析视觉特性，可以围绕凝视、眼球震颤、漂移和微震颤、眼球的生理震颤等方面分析视觉的生理特性：

（1）凝视　它是指眼睛固定不动地注视一个对象。

（2）眼球震颤　当头部转动或眼睛观察一个运动物体、不断重复的画面（如监控任务中的目标追踪）时，眼睛会发生这种反应式的运动。这时，眼睛平稳跟踪一个方向的运动物体，然后很快向另一个方向运动，选择新的位置。

（3）漂移和微震颤　它发生在凝视期间，由于很微小的震颤，眼睛会缓慢地漂移。这种运动是无意识的。

（4）眼球的生理震颤　它是眼睛的高频振动，它的功能是在视网膜上连续不断地移动图像，从而刷新视网膜上的视觉感受器。假如用人工方法把一个图像固定在视网膜上，生理震颤就会消失。生理震颤可以保持图像在视网膜上连续显示。生理震颤发生在凝视期间，在 0.1s 时间内使视网膜图像移动的距离大约等于中央凹上两个视锥细胞之间的距离，中央凹的位置如图 4-2 所示。生理震颤是无意识的，一般眼睛移动小于 1°。

（5）急速运动　它是眼睛在改变视场时的主要运动方式。眼睛用 100～300ms 启动一次急速运动，然后用 30～120ms 完成急速运动。

（6）追逐运动　它保持视觉对象处于中央凹。眼睛的追逐运动比较平稳，速度比急速运动慢。

（7）扫视　它是眼球运动最常见的形式，指眼睛突然飞快地从一点转到另一点，眼球在视场内从一个观察位置到另一个观察位置的基本运动方式。从一个凝视过渡到另一个凝视之间，眼睛会迅速、突然地跳跃性扫视，每次大约持续 50ms，扫视的角度为 3°~20°，这意味着每次扫视的距离不相等。一般情况下，每秒眼睛扫视 3 次，然而扫视所占的时间很短，大约占全部观看时间的 10%。

（8）转动　它是眼睛围绕中央凹和瞳孔轴线的转动，是无意识的，受其他因素影响。

（9）收敛　它是两眼向彼此集中的方向运动，使观察对象能够保持在两眼的中央凹。观察对象越近，眼睛收敛越集中。

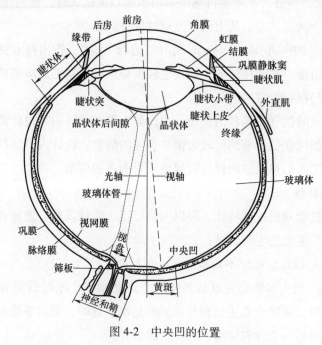

图 4-2　中央凹的位置

以上视觉的生理特性构成了视觉信息加工过程中的眼动跟踪行为，并作为一项重要的眼动跟踪技术应用于人机交互生理测评的分析研究上。

4.1.2　凝视与扫视

人类的眼睛（视觉通道）感知一个复杂视场（包含大量信息的界面可称为一个复杂视场），要经历复杂的凝视和扫视过程。首先，眼睛需要探测视场内的基本特性，例如边界、方位、宽度、尺寸、颜色、亮度、运动方向等。为了使这些基本特性被感知为各种具体对象，需要把它们整合起来。1995 年 Glenstrup 等学者发现了视觉的感知特性。研究表明，大脑经过对象选择过程，当注意转移到新位置后，眼睛把凝视飞速移动到新位置，产生眼睛的浏览路径。

（1）凝视　在认知过程中，视觉的凝视不仅是眼睛的一个固有生理特性，而且与大脑的认知活动密切相关，其中涉及对信息的视觉认知处理过程，主要包括视觉发现、区分、识别、记忆，以及认知方面的回忆、含义理解、识别等方面。例如，当视觉认知中遇到新的信息符号时，大脑会产生思考并理解其含义，这时眼睛会产生停顿凝视。思考时间越长，眼睛停顿凝视的时间也越长。当用户在信息界面搜索、认读、辨识、选择判断和决策时，眼睛会产生凝视。因此，在用户的视觉认知过程中，眼睛在界面上的凝视时间可以大致反映出用户认知活动所使用的时间。

（2）扫视　扫视是视觉寻找目标的过程，当用户在搜索一个目标时，眼睛的运动表现为扫视。当眼睛处于凝视状态时，表示用户在注意这个目标，经历分析判断、记忆、回顾以及产生响应计划的过程后，进行判断选择。在扫视的研究中，一般采用算法设定平均每次扫视的持续时间为 16.67ms。如果用户能够很快找到目标，则扫视次数较少。一般来说，凝视的时间远多于扫视的时间。

（3）凝视-扫视过程　在一个信息搜索的过程中，眼睛从一个凝视点飞快转移到另一个凝视点，不断重复凝视-扫视过程，完成信息的识别认知。1999 年 Goldberg 和 Kotvall 分析了凝视-扫视的整个过程，如图 4-3 所示。一次典型凝视的时间为 250~300ms，它包括 3 个过程：视觉信息编码（翻译解释信息）、取样周围环境以及计划下一次扫视。视觉信息编码过程持续时间为 100~150ms，然后对周围环境进行取样，以确定下一步信息范围，最后计划准备下一次扫视。这 3 个过程可能重叠，也可能同时发生。凝视之后进入扫视，一次扫视持续时间为 20~100ms，之后再次进入凝视。

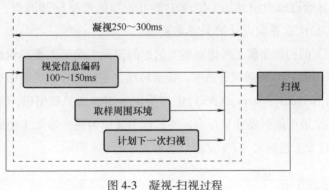

图 4-3　凝视-扫视过程

4.2　视觉感知理论

4.2.1　人的感知觉

在研究了人眼特性后回归至感知觉，感知觉的产生与人的视觉器官紧密相关。本节从人进行信息加工的角度对感知觉相关理论进行归纳总结。

　　感知觉是大脑对当前作用于感觉器官的客观事物的反映，而人对外部世界的感知大多数来自于视觉系统。视觉是人类认识自然、了解客观世界的重要手段，同时也是理解人类认知功能的突破口。人类视觉系统是由大量神经细胞通过一定连接组成的一个复杂的信息处理系统，研究它的目的是感知视觉世界的空间存在。当人们开始观察外界刺激时，视觉系统将刺激以图像的方式传递到大脑，并通过大脑的视觉皮层区域控制人眼的运动来表达对图像的兴趣，这一过程被称为视觉感知过程，视觉感知是个很复杂的过程，包括寻找、探知（发现）、区分、识别等。

　　"眼睛是心灵的窗口"——人眼运动传递了大量反映个体心理活动的信息，人们往往通过频繁的注视来表达对视觉对象或区域的兴趣，现有研究者利用视线跟踪技术获取人眼运动数据，并分析出个体感兴趣的区域，实现心理视觉感知。人眼运动同时也是一种生理反应，个体在观看客观对象时，受到视觉内容的影响或刺激，人眼的运动路径会随着注意对象或焦点的变化而发生变化。近年来，视觉显著性、注意力模型、视觉搜索已经成为视觉感知领域中的研究热点。

　　人的认识与人的感知器官有着内在联系，并存在特有规律。1976 年 Treicher 研究发现，在感知过程中，味觉通道占 1%，触觉通道占 1.5%，嗅觉通道占 3.5%，听觉通道占 11%，视觉通道占 83%。听觉和视觉通道占比达到了 94%。若从信息加工角度来分析感知通道，则称这些通道为信道。假定触觉信道宽为 1，则听觉信道宽为 100，视觉信道宽为 10000。可见，视觉通道成为信息加工处理中不可替换的重要感知通道，研究视觉对信息认知加工的作用，是信息界面设计的关键突破点。

　　因此，信息加工的初始步骤是考虑对视觉信息的知觉。位于人类察觉范围之内的物理能量（界面中的信息单元）会刺激视觉通道，接受转换，在感觉存储机制中短暂存留，在中枢神经系统（Central Nervous System，CNS）中接受进一步的加工和编码，并有可能进入记忆系统以备加工。其结果可能引发外显行为，外显行为又成为进一步加工中的一部分刺激条件（复杂而抽象的信息加工过程），视知觉的信息加工如图 4-4 所示。

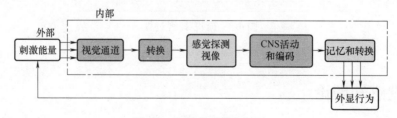

图 4-4　视知觉的信息加工

　　人对外部世界的认知，形成了两种知觉理论，包括建构性知觉（Constructive Perception）理论和直觉知觉（Direct Perception）理论。建构性知觉理论认为，在知觉过程中用户会根据自己的感觉和记忆。早在 1897 年，研究学者 Hermann 对知觉对象提出假设并加以检验，知觉就是进入感觉系统的内容与通过检验获得了解的结合作用。即使原始刺激的模式发生了改变，感知者仍可以准确辨认，这是无意识推论过程的作用，在此过程中同时整合来自若干渠道的信息以建构知觉。然而，直觉知觉理论认为，知觉就是直接从环境中获取信息。刺激所包含的信息足以产生正确的知觉，知觉不需要内在的表征。感知者要做的微乎其微，因为视觉提供了太多的信息，很少需要去建构知觉并进行推断。直觉知觉理论与建构性知觉理论完全相反，与自下而上的数据驱动理论密切相关。

下面将从建构性知觉理论和直觉知觉理论展开对与视觉感知相关理论研究的探讨。

4.2.2　视觉感知相关理论

1. 自下而上与自上而下加工

在从信息视觉刺激、信息获取到信息输入的整个阶段后期就是人眼及人脑对信息的辨别，从而对信息进行认知加工。识别过程究竟是由模式的各个部分（即整体识别的基础）引起的自下而上加工（Bottom-Up Processing），还是由关系与事物整体的假设（它产生整体识别与之后的部分识别）引起的自上而下加工（Top-Down Processing）？1975 年 Palmer通过面部特征识别实验得出，在多数情况下，对部分和整体的解释在自上而下与自下而上两个方向上同步发生。

自下而上加工是通过外在的刺激驱动用户注意。学者 Donk 运用实验发现在纯刺激驱动的大脑中，一次且多次发作都可能获得优先注意。伴随着新元素呈现的突然发作很可能产生自下而上的激活，新元素不自觉地获得了优先注意，使观察者倾向于优先处理新元素而不是旧元素。学者 Belopolsky 运用子集闪光实验得出多个位置可以基于亮度瞬变来区分优先级，亮度瞬变可以作为分组特征，这一发现挑战了学者 Burkell、Yantis 基于瞬态的优先级划分模式仅限于 4 个对象的观点，实现了自下而上的注意驱动。

1995 年研究学者 Desimone 发现自上而下加工往往来源于长时记忆或者需要一定的时间才能获得。视觉场景中常常充满了超过视觉系统加工能力的大量刺激，由于注意资源的有限性，不同刺激会以相互抑制的方式竞争注意资源以获得更高水平的加工，而工作记忆表征对于解决视场中多个刺激竞争有限注意资源具有重要作用。相关研究学者发现，在工作记忆中的信息表征可以自动引导注意，选择视场中与当前匹配的任务完全无关的刺激，为基于工作记忆内容的注意捕获提供了新证据支持。研究证明了工作记忆内容会以自上而下的方式影响视觉系统的注意加工过程。当无关干扰刺激与当前工作记忆内容驱动的完全无关刺激捕获注意记忆内容匹配时，它会自动捕获注意并干扰正在进行的视觉搜索任务。

2. 模版匹配理论

模板匹配理论（Template-Matching Theory）认为人的头脑中存在许多对应不同事物的

模板，当个体面对一个未知的刺激模式时，就将这个刺激模式与头脑中的模板一一比较，找出匹配程度最高的那个模板，从而完成模式识别。因此，模板匹配是一种简单的模式识别程序，它建立在将感觉信息的精确构型对应大脑的相应构型的基础上。Biederman 等学者基于模板匹配理论，提出复杂形状都是由几何离子组成的，如识别电话机、手提箱或更复杂的形状，都是在复杂形状中找出简单形状。例如一个杯子是由两个集合离子组成：一个圆柱体（容器部分）和一个椭圆形（手柄部分）。Biederman 通过富有创意的实验和理论，扩展了人们对物体识别的认识。

3. 特征分析理论

特征分析理论（Feature Analysis Theory）认为人头脑中的各种模式是以它们分解后得到的一系列特征形式来表征的，模式识别的过程就是抽取当前刺激中各个方面的特征，与记忆中各种模式的特征进行比较，找到最佳（或最满意）的匹配。特征分析理论主张模式知觉是一种较高级的信息加工，在此之前，复杂的输入刺激首先要根据其自身的简单特征得到识别，在识别视觉信息的完整模式之前，首先要分析其最小的组成成分。

特征分析理论认为眼睛扫视的内容与正在被提取的视觉信息有关。早在 1967 年，学者 Yarbus 认为如果在相对较长的时间内凝视某一特征，那么从中提取到的信息要多于草草看一眼所提取到的信息。实验表明，特征承载的信息越多，双眼停留其上的时间就越长；注视点的分布与被试的意图有关。因此，一种直接研究特征分析的方法就是观察眼睛的运动和定点注视，可采用典型的眼动实验进行研究。

4. 原型匹配理论

长时记忆中存储着某种抽象的模式作为原型，而不是无数不同的模式形成特定的模板甚至分解成各种特征。所以一个模式可以对照原型进行检验，如果发现相似之处，则该模式就得到了识别，这就是原型匹配理论（Prototype Recognition Theory）。Richard Brooks 在1965 年通过设计色彩编码搜索实验来分析原型匹配理论。原型是对一组刺激的抽象化，它包含了同一个模式的许多相似形状。实验表明增加颜色数量不会对搜索时间造成很大影响。只要事先告诉被试要搜索的颜色，无论是使用的特定目标颜色、显示背景，还是包括这些变量在内的任何交互项，都不会在统计上造成任何显著的影响。原型能够使用户识别出模式，即便模式可能与原型不完全相同（仅是相似）。例如，人们能够识别无数不同的"S"，并非由于它们与脑内轨迹恰好吻合，而是由于类别为"S"的成员具有共同特性。

4.3 视觉搜索模型

4.3.1 视觉搜索过程

在目标搜索过程中发生着凝视-扫视-凝视的浏览路径，并伴随着认读、辨识、判断选择和决策，然后进入下一个目标搜索任务。本节将探析视觉搜索过程，并从人对刺激目标的知觉过程中总结3种视觉搜索模型。

视觉搜索是指人或动物通过眼睛的一系列凝视、扫视和信息处理来找到特定目标的过程。视觉搜索涉及两个基本过程，第一阶段称为"扫描"，第二阶段称为"搜索"。首先，对所有显示位置并行加工，提取有限量的信息。随后，限定视野区域于感兴趣的位置，执行更为复杂的加工，提取更多的信息。1696年研究学者Sternberg在对短时记忆信息提取方式的研究中提出了两种搜索模式：①平行搜索，指将目标项与记忆集中的全部项目同时进行比较，被试的反应时（Response Time，RT）不会随识记项目的多少或记忆集的大小而发生变化；②系列搜索，指目标项与记忆集中的项目一个一个地比较，被试的反应时将随着识记项目增多或记忆集增大而增加。在图4-5所示的典型的搜索任务实验中，通

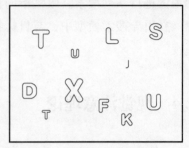

图4-5　典型的搜索任务实验

过一组刺激去确定特殊目标，从而对影响搜索速度的不同变量进行建模。其中被试搜索的主要任务有：①白色"X"的存在；②大"T"的存在；③黑色目标的存在。

4.3.2　现有的视觉搜索模型

1. 简单搜索模型

1963年Neisser提出了简单搜索模型。该模型假设人们按照顺序注视每个物体，当他们找到目标后便中止搜索任务，所测得的响应时间与所需检验的物体总数为线性函数关系，物体总数增加，响应时间增加。

2. 特征整合模型

1986年Treisman吸取了由Schneider和Shiffrin所提出的自动加工和控制性加工思想，根据Neisser所提出的前注意加工和集中注意加工，提出了特征整合模型。特征整合模型把加工分成两个阶段。第一个阶段为前注意阶段，主要进行平行加工，自动对视野内物体的各个特征如颜色、大小、形状、方向和深度等进行登记，形成"表征地图"。前注意阶段干扰项目的多少与被试的响应时间无关，这个阶段的加工是相对低层次的加工，粗略等同于自动加工，无须集中注意力，以至于人们甚至意识不到它的发生。第二个阶段为集中注意阶段，主要进行系列加工，将各个特征整合起来，分别为它们找到自己的"位置"，形成"位置地图"。集中注意阶段的加工是相对高层次的加工，粗略等同于控制加工，需要集中注意力。

3. 引导搜索模型

1990年Cave和Wolfe提出了引导搜索模型。他们认为在视觉搜索过程中，被试是

利用外周视觉信息引导其眼跳，从而引导整个搜索过程。在最初的加工阶段，被试对各个位置的视觉信息进行平行加工，那些前注意信息被抽取出来，从而形成一个激活地图。此激活地图由目标驱动和显示驱动两部分组成。目标驱动指的是物体与期望目标之间在多个刺激维度上相似度的测量值，即与目标物相似的信息。显示驱动指的是物体与期望目标之间在多个刺激维度上相异度的测量值，即与干扰物相似的信息。随后，对激活地图进行系列搜索，眼跳指向具有更高激活的刺激，直到找到目标物或者得出否定结论。在引导搜索模型中，与目标物较相似的干扰物比不相似的干扰物相比会得到更多的注视。

4.4 视觉注意理论

4.4.1 注意理论模型

注意研究起源于心理学的研究，被认为是用来分配有限的信息处理能力的选择机制。1958 年英国心理学家唐纳德·布罗德本特（Donald Broad-Bent）开创了注意研究的新时代，他在著作《知觉和通信》中写道：注意是一个容量有限的信息处理系统的必然结果。他认为世界上感觉对象的数量远远大于人类观察者的知觉和认知加工的容量。为应对信息洪流，人类只能选择性地注意其中的一部分线索，而将其他信息忽略掉。在信息加工过程中某个环节，存在一个瓶颈，如图 4-6 所示，其部分原因在于神经机制上的限制。

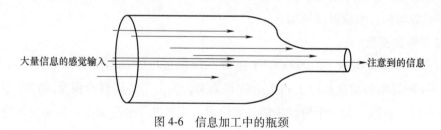

大量信息的感觉输入 → 注意到的信息

图 4-6　信息加工中的瓶颈

（1）过滤器模型　英国心理学家唐纳德·布罗德本特（Donald Broad-Bent）在 1958 年建立了第一个注意模型——过滤器模型又被称为早选择模型。此模型可以由几个并行的感觉通道完成，如图 4-7 所示。他认为信息加工受通道容量的控制，由于人的高级认知加工能力是极有限的，于是在信息加工的某一阶段就出现了瓶颈，为了避免系统超载，需要过滤器加以调节。信息被注意到之后，经过过滤器被传递到一个容量有限的通道中，进而得到进一步的加工。

（2）衰减器模型　1967 年美国心理学家特雷斯曼（Treisman）提出了注意的衰减器模

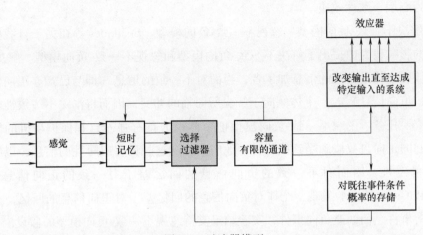

图 4-7 过滤器模型

型，她认为衰减器处理着所有未被注意的信息。在第一阶段，根据粗略的物理特征，如大小、颜色、方向和运动等，对信息进行评估，再根据不同区域特定的特征地图对客体的不同属性进行编码，这也弥补了过滤器模型所存在的问题，使人能够从非注意通道中探测到有意义的信息。

（3）反应选择模型 美国认知心理学家多伊奇（Deutsch）等人提出了反应选择模型（又称晚选择模型），他们认为人的知觉过程可以自动、无选择、并行地进行加工，选择性注意发生在对所知觉到的刺激做出反应的阶段。

（4）注意能量分配模型 Kahnema 回避了注意选择的位置问题，从心理资源分配的角度来解释注意，提出了注意能量分配模型。Kahnema 认为人可利用的资源总是与唤醒水平相关，只要不超过可利用的资源，人就可以同时接收两个或多个输入，或者从事两种或多种活动。

（5）知觉负荷理论（知觉选择模型） 英国伦敦大学学院（UCL）的心理学教授 Nilli Lavie 在 1994 年提出了知觉负荷理论。她认为，注意选择究竟发生在知觉的早期还是晚期，取决于当前任务知觉负荷的高低。选择性注意对于干扰项的抑制有赖于当前认知加工的负荷类型和水平，她在知觉负荷理论的框架内调解了早选择和晚选择两者的对立。知觉负荷理论认为人类的信息处理能力是有限的，影响选择机制时间点的主因在于所需处理外界知觉信息的多寡。如果所需处理的外界知觉信息量低于人类的信息处理能力，这些信息均会被进一步处理。然而如果所需处理的外界知觉信息量超过人类的信息处理能力，选择机制则会在信息处理的早期阶段就进行筛选，只有需要的信息才会被进一步处理。

（6）心境一致性模型 Sedikides 发现相对于与个人情感效价不一致或无关的信息，人们对与其情感效价一致的信息更容易加工和记忆，即在积极心境状态下，人们倾向于用积极的情绪知觉、解释或回忆所发生的事件，而在消极心境状态下则表现出相反的倾向，该效应被称为心境一致性效应。

（7）解决不一致-负向模型、忽视不一致-负向模型　Sedikides 等在关于自我概念对选择性注意的影响研究中提出了解决不一致-负向模型和忽视不一致-负向模型。解决不一致-负向模型认为个体是客观的信息加工者，当面对不一致的信息（即与已知、正向信息相冲突的未知、负向信息）时，个体倾向于解决所面临的冲突，因而将消除不一致性作为其认知加工的首要任务。忽视不一致-负向模型把个体视为具有强烈自我保护动机的信息加工者，当他们的正向自我概念受到威胁时，他们会忽视这些具有威胁性的信息，以维持其自我概念的稳定性，因而对不一致的负向信息的回忆差于对一致的正向信息的回忆。Sedikides 和 Green 的实验发现，个体对负向信息的回忆差于对正向信息的回忆，人们更偏向回忆正向事件，而回避负向事件，实验结果支持忽视不一致-负向模型的假设。

（8）关联模型　Tafarodi 等提出的关联模型假定，特指自尊对选择性注意的影响是由评价性信息与自尊的关联程度决定的。该模型表示，自尊分为自我能力感和自我喜爱感两个维度，个体会长期关注与自尊相关联的信息，从而深加工该类信息。Tafarodi 等推断，假如心境一致性模型具有普遍性，则由于低自尊者（低自我能力感或低自我喜爱感的人）常常保持消极的心境，而高自尊者（高自我能力感或高自我喜爱感的人）常常保持积极的心境，那么低自尊者被引发体验的是消极情绪，促进加工负向信息，抑制加工正向信息，而高自尊者被引发体验的是积极情绪，促进加工正向信息，抑制加工负向信息。为了检验关联模型和心境一致性模型是否有效，Tafarodi 等展开了一系列的实验研究，实验结果支持关联模型，而与心境一致性模型相悖。图 4-8 所示的选择性注意的发生机制部分示意图包括反应选择模型、知觉选择模型、心境一致性模型、解决不一致-负向模型、忽视不一致-负向模型和关联模型。

4.4.2　注意对多感觉整合的影响

1980 年 Posner 将注意分为内源性注意和外源性注意。外源性注意又被称为非自主性注意或刺激驱动注意，是指在没有个体意图控制的情况下，由个体以外的信息引起的无意识注意。例如，在安静的自习室内，一声巨大的关门声会吸引大家的注意。个体将来自不同感觉通道（视觉、听觉和触觉等）的信息相互作用并整合为统一、连贯且有意义的知觉过程被称为多感觉整合。多感觉整合主要有两种表现形式：一是多感觉错觉效应，例如麦格克效应和腹语术效应等；二是多感觉促进效应，例如冗余信号效应，即相比单通道（视觉或听觉）刺激，个体对同时呈现的多感觉通道刺激的反应更快速、准确。

目前关于外源性注意与多感觉整合的研究大多还是集中在多感觉促进效应上。注意与多感觉整合之间的关系已经引起研究者们的高度关注并一直处于探讨之中。虽然有学者 Soto-Faraso、Vroomen 认为多感觉整合的发生独立于注意过程，但其他学者如 Koelewijn、

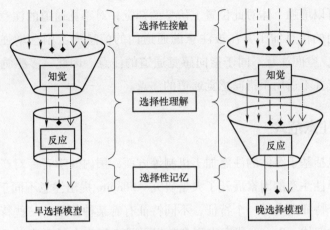

图 4-8　选择性注意的发生机制部分示意图

注：不同线型表示个体所接触到的不同类型的信息。

1. 解决不一致-负向模型和忽视不一致-负向模型：

——→与自我概念一致的信息流　- - - -→与自我概念不一致的信息流

2. 心境一致性模型：

— — —◆与心境一致的信息流　- - - - -◆与心境不一致的信息流

3. 关联模型：

——→与自尊一致的信息流　——→与自尊不一致的信息流

Macaluso、Talsma 和 Tang 认为注意与多感觉整合之间存在密切的关系，并从不同的研究视角出发提出了不同的关系理论框架。大部分理论侧重于探讨内源性注意与多感觉整合的关系，仅有少部分涉及外源性注意与多感觉整合的关系。因此，本节基于已有研究成果，从两方面综述外源性注意与多感觉整合的关系：①外源性注意对多感觉整合的调节作用；②多感觉整合对外源性注意的调节作用。

整合和组织这些不同通道信息的加工过程是进行有效的知觉和认知功能的基础（Talsma et al.，2010）。随着研究的不断深入，越来越多的研究者开始关注注意在多感觉整合中的作用。学者 Vroomen 认为多感觉整合是自动化过程，不受自上而下控制（如注意）的影响；另有学者 Talsma 认为，与不被注意的条件相比，只有当双通道刺激被注意时才会产生多感觉整合，因此研究者认为注意在多感觉整合中有重要作用。需要指出的是，Vroomen 认为多感觉整合不受自上而下控制影响的早期研究多关注的是空间注意，而 Talsma 认为注意能够影响多感觉整合的研究仅关注注意与非注意条件影响多感觉整合的差异，而忽略了对注意条件的区分。众所周知，注意除能指向空间位置外，还能指向某个感觉通道。那么，多感觉整合不受空间注意影响的结论是否适用于指向感觉通道的注意呢？

Wilschut、Theeuwes 和 Olivers 认为，在认知加工方面，注意系统包括定向（空间转移）和选择性（通道选择）等成分。同时，在行为表现上不论刺激来自于哪个通道，对空间位置的注意可以增强个体对此位置上信息的知觉；对感觉通道的注意则会减弱个体对不被注意的通道内的信息加工，在被注意的通道内的信息加工则会增强（Spence et al.，2010）。也就是说，空间注意不同于指向感觉通道的注意。因此，多感觉整合不受空间注意影响的结论可能并不适用于指向感觉通道的注意。

4.4.3　选择性注意范式

选择性注意包括基于客体的注意加工机制等方面，国内外学者针对产生选择性注意的原因以及影响选择性注意的因素展开了大量研究。Shapiro 提出注意不同于各种特征组成的客体，它是从一个特征走向另一个特征，不同特征有着某种关系，一些特征以某种方式组织形成一个完整的客体。Posner 研究发现有效提示是空间定向任务中获益的根本来源，而无效提示是任务中损失的根本来源。选择性注意损失的表现也与性别有关。在 Robinso 的实验中，女性在视觉空间定向任务中对符号提示表现出效度效应。Merrit 等学者研究发现，在内源提示下，女性通常会表现出很显著的符号效度效应，而在外源提示下无性别差异。王禹等学者对视觉选择注意深受脑力疲劳影响进行了研究，发现在脑力处于疲劳状态下，目标刺激的疲劳和中心线索提示范式中无线线索的效应是最佳的，而对干扰刺激的疲劳和有线线索的效应是最差的，当被测试者选择性注意的当前任务的绩效减少时，P300 的幅值明显减小，潜伏期明显延长，因此视觉选择性注意的能力受到脑力疲劳的影响，呈现反比。

关于注意对外界信息的选择，目前形成了目标驱动与突显驱动两种经典理论。目标驱动的注意选择强调当前任务目标对选择优先性的影响，与任务相关的刺激更容易获得注意。例如，Folk、Remington 和 Johnston 采用空间前线索范式，发现与目标具有匹配特征的无效空间线索也能捕获注意。突显驱动的注意选择理论则认为，环境中的刺激依据其物理特征占据注意资源（Leber，2010）。另外，还有强调选择注意分心干扰抑制的负启动范式以及干扰敏感性模型为注意资源分配理论提供进一步支持。

下面将基于前人的研究基础总结在选择性注意研究中的典型实验范式，包括空间线索化范式、视觉搜索范式、负启动范式。

1. 空间线索化范式

空间线索化是一种用于研究视觉空间选择性注意的实验范式，最早由 Posner 提出，基本程序为：先呈现一个简单刺激作为线索，延迟一定的时间后呈现靶刺激（即靶子）。靶子既可能出现在线索化位置（有效线索化），也可能出现在非线索化位置（无效线索化）。一般靶子出现于线索化位置和非线索化位置的概率不同，前者大后者小，如分别为 80% 和 20%。研究者记录被试对靶子的反应时和正确率，典型的实验结果是，当从线索呈现到靶子呈现之间的时间间隔（Stimulus Onset Asynchrony，SOA）小于 300ms 时，呈现于线索化位置靶子的反应时显著快于呈现在非线索化位置靶子的反应时，二者的反应时之差叫线索化效应。这种效应反映了空间注意焦点受外在线索指引，而且处于注意焦点的刺激的加工能得到促进作用，反应时加快或正确率提高。空间线索化范式中的线索可分为两种：一种是外周线索，主要用呈现于靶子潜在位置的方框或圆点表示；另一种是中央线索，主要用呈现于屏幕中心的箭头表示，箭头指向靶子可能出现的位置。两种线索导致的选择性注意有所不同，前者属于外源性注意，后者属于内源性注意。但两种线索的差异不局限于此，是很复杂的。研究者设计了颜色奇异和突显这两种类型的线索和靶子，结果表明当搜索颜色奇异的靶子时，只有颜色的线索能影响反应时，同样当搜索突现的靶子时，只有突显的线索能影响反应时。

通过空间线索化，除了可以观察到反应时上的注意效应，还能观察到 ERP（事件相关电位）上的注意效应，如 Mangun 和 Hillyard 较早地记录了空间线索化实验中的 ERP。在一个实验中，他们用箭头作线索把被试的注意引向视野的左边或右边，然后要求被试按键表示随后呈现的刺激是长光条还是短光条。靶子光条在 75% 的实验中出现在线索化位置，在 25% 的实验中出现在非线索化位置。

2. 视觉搜索范式

"在人群中寻找一张面孔"，其主要特点是在事先不知道目标位置的条件下，在情景中找到目标客体。视觉搜索范式的基本程序为：先告诉被试搜索靶子是什么（如一个红色括号），然后呈现一段时间（如 3000ms）由多个客体组成的搜索刺激。在 50% 的实验中，搜索刺激中存在靶子；在另 50% 的实验中，则不存在靶子；有的实验有 80% 的搜索刺激中存在靶子，20% 不存在，这样可以避免被试进行猜测性按键，但是有可能造成习惯性定式，总进行是或否的按键。实验要求被试在发现靶子时按一个键，发现靶子不存在时按另一个键，记录反应时和正确率。在这种任务中，可以设置多种自变量，如搜索刺激的项目数、靶子的特性和干扰刺激的特性等。视觉搜索实验通常有两种实验结果：一种是靶子搜索时间和正确率与项目数无关，这种结果反映了平行搜索机制；另一种结果是随着项目数增多，靶子搜索时间显著增长，正确率下降，这种结果反映了系列搜索机制。出现这两种相反的结果和靶子及干扰刺激的特性有关，如新异的特殊刺激一般可平行搜索，而复杂联结特征的搜索则是系列搜索，这两种搜索反映了注意在其中的不同作用。通过设置不同的自变量或对实验程序做一定变化，视觉搜索任务可用于研究注意转移、注意定向以及知觉组织、工作记忆等对注意的影响。

1995 年 Desimone 等学者通过视觉搜索任务研究了记忆信息对被试注意定向的影响。实验中，首先呈现一个线索，然后用空屏延迟一段时间。实验要求被试注视屏幕中心的线索，并在延迟过程中把注视点维持在屏幕中心。延迟结束后，在视网膜中央窝之外的位置呈现 2~5 个刺激。目标在搜索刺激中的位置随着实验的不同而不同，因此被试必须根据线索的特点找到目标。通过该实验发现，被试先平行激活参与情景中所有客体表征的细胞，然后表征无关客体的细胞被抑制，与线索相匹配的刺激的神经活动得到加强。结果表明，被试预先在记忆中保持一个项目，可以在随后的搜索中将注意指向与该项目匹配的刺激。

3. 负启动范式

负启动范式是一种用来测量选择性注意中无关信息加工效率指标的实验技术。这种指标就是负启动效应。负启动效应是指当先前加工中的干扰刺激在随后的加工中成为目标刺激时，被试对其反应时变长的现象。2005 年 Dalrymple-Alford 等在对 Stroop 色词的研究中发现了负启动效应，后来受到 Neill 等学者的重视，Neill 等学者首次提出对无关信息命运的关注，20 世纪在 80 年代由 Tipper 等学者将其推广为用于研究分心信息抑制机制的一种主要实验技术。负启动实验一般包含两种刺激显示和两种实验条件。刺激显示包括启动显示和探测显示，二者相距一定的时间间隔呈现，启动显示和探测显示中一般需要有两个刺激，一个是目标刺激，一个是干扰刺激。实验条件包括控制条件和负启动条件，控制条件下启动显示中的目标刺激和干扰刺激与探测显示中的目标刺激和干扰刺激无关，而负启动条件下启动显示中的干扰刺激成为探测显示中的目标刺激，由于启动中被忽视的刺激在探测中重复出现，这种条件也常被称作忽视重复条件。典型的实验结果是，被试对忽视重复条件的反应时长于控制条件的反应时，二者的反应时之差就是负启动效应。

2005 年 Tipper 等学者研究了一个实验。实验中启动显示和探测显示均由两幅上下放置的普通物体的线条画构成，其中一幅为绿色的干扰图片，另一幅为红色的目标图片，实验要求被试尽快准确地命名红色图片，忽视绿色图片。在负启动条件下，启动显示中的干扰图片如绿色的狗，在探测显示中成为目标图片即红色的狗；在控制条件下，启动刺激与探测刺激间则无任何关系。结果发现，在负启动条件下，被试对探测显示中目标的命名明显比控制条件下慢，即出现负启动效应。

4.4.4 信息特征对选择性注意的影响

信息是引发选择性注意的刺激物，影响选择性注意的信息特征主要包括信息的形式、情绪和渠道 3 个方面。

1. 信息的形式对选择性注意的影响

在进行选择性注意时，人们常需要将注意指向和集中特定的信息，信息可以通过不同的形式展示，常用形式有文字和图片。有研究发现，当文字与图片同时呈现时，人们在文字上的停留时间长于图片，且图文邻近呈现时，人们的注视点转换更频繁，这样有助于整合图片和文字信息，从而提升多媒体学习的效果。Eitel 等学者发现对比关注文字，关注图片能促进理解，从而提升学习的效果。

通过数字传递的信息中，学者又发现数字加工与注意之间具有密切关系。Fischer 等学者实验研究发现，非信息中央数字线索（如数字 1、2、8 和 9）能够引发空间注意转移，即对小数字（1 和 2）的加工能够自动激活左侧空间注意，而对大数字（8 和 9）的加工能够自动激活右侧空间注意。Casarotti 等学者在 Fischer 的实验范式基础上进一步采用暂时顺序判断任务，结果发现当小数字出现在中央注视点位置时，被试对左侧视野上的刺激反应比右侧视野更快，而当大数字出现在中央注视点位置时，被试对右侧视野上刺激的反应比左侧视野更快。Dehaene 等学者提出的数字加工顶叶三回路理论认为后顶叶皮层主要负责空间注意协调，是空间注意定向和数量加工共同作用的脑机制。Ansari 等学者采用 fMRI（功能性磁共振成像）技术探讨了加工感数和计数时大脑皮层的激活，结果发现加工非符号感数会导致右侧颞顶叶交界处被激活，而该区域在加工大数字时则被抑制。刘超等探讨了不同注意条件对数字加工的影响，结果发现外源性注意对数字加工距离效应的影响比内源性注意更大，是一种自下而上的自动化加工过程。相关学者的实验结果也发现，内源性线索和外源性线索对数字加工距离效应有着不同的影响。

2. 信息的情绪对选择性注意的影响

心理学有研究表明，信息也具有情绪特征，不同情绪的信息会对选择性注意产生不同的效果。很多研究结果表明，人们在信息加工中表现出对负面信息的偏向，即相对于中性和积极情绪信息，人们更多地被消极情绪信息吸引注意力，消极情绪信息对人们的影响更大也更深远。1983 年 Isen 和 Patrick 提出了情绪维持假说，该假说认为具有积极情绪的人为了维持其良好的状态，不愿意冒险使自己的好心情遭到破坏，但是处于消极情绪的人们急于脱离这种负性的状态，会更倾向于选择冒险。Peterson 学者研究发现，心情愉悦的被试决策信心会较高，他们不选择高风险的行为就是为了维持这种自信、愉快的状态。

3. 信息的渠道对选择性注意的影响

人们可以通过多种多样的方式如视觉、听觉、触觉、嗅觉和味觉等接触信息。Shen 和 Sengupta 学者研究发现，在接触信息的过程中，一个渠道的注意也会受到其他渠道的影响，如听觉信号能将个体的视觉吸引到听觉信号所在的方向，因此提升加工流畅性。然而，当听觉信号是个体厌恶的声音且播放时间足够长时，该听觉信号会使个体的视觉躲避听觉信号所在的方向。与仅关注单通道目标（此时视觉或听觉属于选择性注意）相比，当用户同时关注两个通道（此时视觉和听觉属于分配性注意）时，其加工更快更准确。

综上所述，已有研究结果证明大脑可以将来自不同感觉通道（视觉、触觉和听觉）的刺激整合成多感觉信号模板进行储存，从而自上而下地引导个体的外源性注意以优化对目标的选择。外源性注意与内源性注意都能对多感觉整合产生调节作用，但两者在调节方式和调节结果上有所差异。而且，多感觉整合也可以调节外源性注意：一方面，多感觉整合自下而上地调节外源性注意；另一方面，整合后的多感觉通道刺激能够作为多感觉信号模板存储于大脑之中，从而在任务中自上而下地调节注意捕获。

然而，外源性注意调节多感觉整合的认知神经科学机制有待进一步研究。目前，关于内源性注意对多感觉整合调节机制的研究取得了丰富的成果，而外源性注意对多感觉整合的调节机制只在行为学层面上有所探讨，具体机制尚不清楚，外源性注意如何影响多感觉整合以及何时开始影响多感觉整合的问题都未得到解决，因此需要研究者们进一步探索。并且，外源性注意与多感觉整合交互作用的具体时程机制尚不明确。并行整合框架指出，多感觉整合能够基于刺激的时间、空间和内容发生在感觉处理的早期阶段和晚期阶段（Calvert & Thesem，2004）。虽然学者 Talsma 的研究证明，内源性注意可以调节多感觉整合的多个阶段，但目前关于外源性注意与多感觉整合交互作用的具体加工阶段还未进行过考察。未来研究除了揭示外源性注意与多感觉整合交互作用的基本原理之外，还需要关注两者的交互关系是否受到其他因素的影响。

4.5　注意捕获机制

4.5.1　注意捕获

由于人类的视觉系统会接受大量的外界信息，但是大脑对外界信息的加工又是有限的，所以对信息的选择就变得尤为重要。在外界刺激导致的自下而上的加工过程中，外界刺激因素会制约个体的目标导向行为，在很多场合下个体很难忽视视场中的干扰刺激，尤其是像突显或突现刺激等具有显著奇异特征的外源性因素，它们通常会以不受当前任务所制约的方式自动捕获视觉注意，从而干扰目标导向的内源性注意。这种捕获注意的现象称为注意捕获。

国内最早关注注意捕获的学者储衡清认为，注意捕获是一种自动化过程，但这个自动化过程可以受到内源性注意过程的调节——抑制或者易化。当被试的任务需要注意力高度集中时，如联合搜索，那些无关信息就不太容易捕获注意；当被试的注意力不那么集中时，无关信息捕获的注意则会大大增加。其次，注意捕获也可以受被试所采取的任务策略影响，符合当前任务定势的刺激特性，不管是靶子还是干扰项，往往都会捕获注意。

当前对注意捕获的研究一直存在两种争论，以 Theeuwes 等为代表的学者强调纯粹刺激驱动的注意捕获，以 Folk 等为代表的学者强调自上而下的控制对注意捕获的影响。Folk 实验线索及靶子如图 4-9 所示。总的来说，Theeuwes 等学者认为注意捕获完全可以独立于观察者当前的任务之外，刺激本身的显著性将决定它是否能捕获注意；Folk 等学者则认为注意捕获是受自上而下的控制调节，只有与观察者当前目标特征相匹配的刺激才会捕获注意。这两派的观点分别都得到了一些实验的支持。

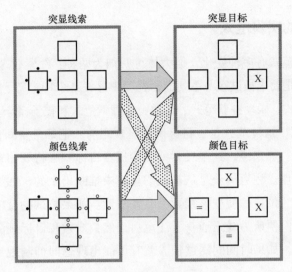

图 4-9　Folk 实验线索及靶子

对注意捕获的决定因素的解释主要分为刺激驱动的捕获假说和相依捕获假说。1992 年 Theeuwes 提出刺激驱动的捕获假说。他认为注意选择最初优先权的决定性作用仅仅需要刺激突出性，自上而下的调节是后来才发生的。就在同年，Folk 及其同伴提出相依捕获假说。他们通过实验证明自上而下的控制决定了最初的注意选择。然而，实验得出的解释是：注意捕获依赖线索刺激的特征，突显线索的刺激驱动捕获和颜色线索的自上而下捕获。因此，实验结果与刺激驱动的捕获假说和相依捕获假说的预测都不同。1997 年 Watson 和 Humphreys 通过实验证明不同的注意捕获模式受突显线索和颜色奇异线索影响，而突显线索是独特的捕捉注意力的刺激驱动方式。

相继在 Theeuwes 设计的无关奇异项范式中，实验要求被试者搜索一个特定目标，在一半的实验次数中，与目标无关的分心物和目标共同出现。结果表明分心物的出现会让目标搜索的时间加长。而 Theeuwes 和 Van der Burg 的研究表明有效的指导性线索能有效减少搜索目标的时间，这表明被试积极使用了线索，但这种自上而下的定势只能减少而不能消除与搜索目标无关的分心物的干扰效应。

Folk、Remington 和 Johnston 设计了空间前线索范式，提出完全自上而下的注意捕获观点，这个范式的结果表明只有当线索与目标特征相匹配时才能捕获注意，即当搜索红色目标时，只有红色线索产生捕获效应，而无关的突显线索对成绩没有影响。由此，Folk 和 Remington 等学者提出外源性注意系统由注意控制定势支配，它充当前注意和注意加工之间的过滤器，能够保证注意指向对当前任务来说重要的属性或位置，使其优先进入认知加工，与特征无关的突出性刺激被简单过滤掉。也就是说，注意捕获需要突出性刺激和注意控制定势之间的匹配。

4.5.2　注意捕获的实验范式

注意捕获的研究范式有多种变化，但大体可归纳为两种：线索化范式和视觉搜索范式。其中，视觉搜索范式是要求被试在一系列的干扰项中寻找某个特定靶子的实验任务，又可分为额外的奇异刺激范式、眼动捕获范式、无关特征搜索范式和靶子-奇异刺激距离范式。

（1）线索化范式　这种范式是在目标刺激出现之前，把某个空间位置线索化，如增加这个位置的明度，但一般来说，这个线索并不能提示目标刺激将要出现的位置，并且被试都被事先告知了这一点。注意捕获是从被试的反应中推断出来的，如果线索的位置恰好是接下来目标刺激出现的位置，便视该线索为有效线索。如果被试的反应相对目标刺激出现在别的位置要快，人们便认为线索捕获了注意。当然，线索和目标刺激之间的时间间隔必须控制在一定范围内，如果时间间隔过长，就有可能出现返回抑制现象。这种范式是一种研究注意的经典范式。

（2）额外的奇异刺激范式　这种范式要求视觉搜索画面的某个项目是一个奇异刺激，但这个刺激始终不会成为搜索的靶子。如图 4-10 所示，实验任务是在刺激画面中寻找一个颜色奇异项，画面中还可能出现一个永远都不会成为靶子的形状奇异项。如果在形状奇异项出现的条件下，被试对靶子的反应时要慢于形状奇异项未出现的条件，那么可以推断这个无关的形状奇异刺激捕获了注意。

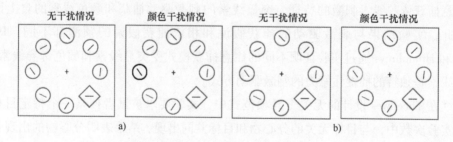

图 4-10　额外的奇异刺激范式

（3）眼动捕获范式　这种范式与额外的奇异刺激范式类似，只是在测量指标上有所不同，注意的捕获反映在对无关的奇异项目产生的眼动上。例如，被试对刺激画面中那些突现项目产生不自主的眼动，便认为突现的刺激捕获了注意。Wu 和 Remington 提出了质疑。在他们的实验中，眼动捕获与注意捕获之间存在分离，眼动捕获可能并不能成为注意捕获的一个很明显的指标。

（4）无关特征搜索范式　这种范式使用的刺激画面与额外的奇异刺激范式相类似，但有一个重要的不同点：无关的特征在这种范式下也可以成为搜索的靶子。在这种范式下，对注意捕获的测量可以有两种方法，一是比较奇异刺激作为靶子时的反应时和作为干扰项时的反应时，二是以画面项目数为横坐标、被试的反应时为纵坐标作几条函数曲线，分别表示奇异刺激作为靶子、作为干扰项和不出现的反应时情况。如果奇异刺激恰好是靶子，那么曲线将趋于水平，表明干扰项数目的多少并不影响反应速度，在这种情况下可以认为注意被这个无关特征所捕获。

（5）靶子-奇异刺激距离范式　在这种范式中，靶子和奇异刺激之间的距离是唯一的自变量。Turatto 和 Galfano 使用了这种范式，刺激画面是一圈小圆，它们均匀分布在一个假想的大圆上，其中某一个小圆的颜色与众不同（比如某一个小圆是红色，其他都是绿色），被试的任务是在小圆中搜索靶子 T。当靶子 T 所在的小圆与颜色奇异的小圆距离不同时，被试对靶子的反应时也会有所不同。如果靶子 T 出现在颜色奇异的小圆内反应时最快，那么就可以认为颜色奇异项捕获了注意。

4.5.3　注意捕获和多感觉整合的交互作用机制

一些研究者认为多感觉整合的发生独立于注意过程，但大多数的研究者认为注意与多感觉整合之间存在密切关系，并从不同的研究视角出发提出了不同的理论框架。

大脑可以基于当前任务的相关特征建立自上而下的信号模板，只有符合当前信号模板的刺激才有可能自动捕获被试的空间注意（Folk & Remington，1998），而是否符合当前的信号模板则取决于线索刺激是否共享目标的特征。这些线索属性不仅包括较低水平的特征属性（颜色、大小、明度、突显性和运动等），还包括较高水平的语义概念。这种受调节的注意分配现象被称为关联性注意捕获，它强调被试基于任务要求的信号模板对注意分配的调节作用（Lamg & Arni，2013）。研究表明跨通道关联性注意捕获不仅可以包含来自视觉和触觉通道的特征，还可以包含来自视觉与听觉通道的特征（Mast et al.，2017）。而正是这种自上而下的感觉信号模板对注意的调节，使跨通道的线索刺激和目标同时呈现时个体能够捕获注意，从而干扰对目标的定向，这种注意定向能够被无意识的指向任务无关的线索。大脑对不同感觉通道信息的整合符合统计最优化原则，即大脑能够根据不同感觉通道信息的可靠性来决定对其的利用权重。相关学者认为在多感觉的视觉环境下，被试基于任务要求的注意分配发生变化，使与当前目标无关的线索刺激突然呈现，而这种新刺激的突现可以自动捕获注意。

基于知觉负荷理论，个体的注意资源有限，当前任务对注意资源的占有程度决定了与任务无关的刺激得到多少加工，因此被试在高注意负荷条件下，较少的注意资源可用于加工与任务无关的线索刺激。但当线索诱发的空间定向重要性提高时，多感觉目标本身引起的空间定向重要性则会降低，这就会使当前目标本身的注意力降低，从而提高了干扰目标的注意力，诱发其他注意捕获感知。从知觉负荷而来的注意捕获是多感觉抑制效应的结果。学者 Meredith 的研究显示，在两个位置或在单个位置监控多感觉通道刺激的反应时比监控单感觉通道刺激的反应时更慢，即在某些特定条件下，存在多感觉抑制效应。这种多感觉抑制效应降低了个体对当前任务多感觉通道刺激的反应，从而使当前任务多感觉通道刺激得以弱化。而当不同感觉通道之间的信号强度相近时，多感觉整合效应更大（Otto et al.，2013）。这种注意捕获依赖于刺激的特征，因为静态和动态特征的加工是不同的，这样它们可能受到的自上而下的控制调节也是不同的。最终刺激驱动的捕获引发了反应性、无意识的定向。

1. 注意捕获对注意的空间转移影响

一方面无关刺激捕获注意的方式存在两种的争论，另一方面两派研究者对无关刺激捕获注意时是否伴随注意的空间转移也有不同的看法。Theeuwes 认为无关刺激捕获注意时，注意由注视点转移到这个无关刺激所在的位置，正是这种转移导致了反应时的延迟。但是Folk 和 Remington 对 Theeuwes 的实验结果提出了另外的解释，他们认为无关刺激并不存在注意的空间转移，无关刺激的呈现导致反应时增加是由过滤损耗所引起的：无关刺激的呈现减缓了对靶子刺激的注意分配，因为个体需要对干扰刺激进行过滤。根据这种推理，注意是以自上而下的方式分配的，直接导向靶子，只是当无关刺激呈现时，需要额外花时间对其进行过滤。

Theeuwes 和 Godijn 利用返回抑制范式证实了对无关刺激确实存在注意的空间转移。在他们的实验中，无关的奇异刺激所在位置在长 SOA 条件下发生了返回抑制效应，在短 SOA 条件下出现了易化效应。由于返回抑制的出现是以注意的空间转移为前提的，因此这个研究一方面进一步证实刺激驱动的注意捕获，另一方面也证实确实存在注意的空间转移。

虽然确实存在注意的空间转移，但这并不一定就是导致反应延迟的唯一因素。Ghorashi、Zuvic、Visser 和 Di Lollo 又提出了另一个折中的观点：注意的空间转移和干扰项的过滤损耗之间并不相互排斥，有可能同时存在。他们认为个体对干扰刺激存在一定的加工，这也是干扰刺激导致反应时增加的原因。在他们的实验中，干扰项总是呈现在注视点的位置，因此不存在对干扰项的注意空间转移，而靶子总是呈现在外周的某个圆上。实验结果一方面支持有条件注意捕获，另一方面也证实对干扰项的加工至少会是反应延迟的一个原因。他们提出了两阶段模型，在这个模型中，外界刺激作用于人的感官系统时必须首先经过一个过滤器，这个过滤器是由靶子区别于其他刺激的特征所调节的，对刺激输入的过滤过程是两阶段模型中的第一个阶段，只有匹配了过滤器的刺激输入才能到达第二个阶段的加工，第二个阶段的资源是有限的，是一种序列加工。也就是说，和靶子特性相同的干扰项由于通过过滤器到达了第二个阶段的加工，占有了有限的注意资源，因而延迟了对靶子的加工。

2. 刺激的显著性对注意捕获的影响

在注意捕获的自上而下控制与自下而上过程的争论中，研究者们发现，一个刺激是否能够引起注意捕获往往依赖其本身相对于其他项目的显著程度，显著性越高，捕获注意的可能性就越大。

一般来说，目前的研究主要涉及静态和动态这两种特性，静态特性包括颜色、形状、朝向以及明度上的特异性等，动态特性则主要包括刺激的突现或者消失、运动等。不同的研究范式对这些奇异刺激能否捕获注意的回答有所不同。但是刺激的突现可以自动引起注意捕获的可能性显著高于其他的特性，所以刺激的突现这个特性在对注意捕获的研究中具有特殊地位，并且被越来越多的实验所验证。对刺激的突现更可能引起注意捕获的一种可能解释是，刺激的突现产生使明度突然增加，正是这个短暂的信号引起了注意。但是 Yantis 和 Hillstrom 认为，明度上的增加既不必然也不足够能引起注意捕获，如突然改变一直呈现的字母的明度并不能捕获注意，而一个突现的新客体，虽然并不会引起太大的明度改变，但仍然可以捕获注意。因此他们提出了另外的解释：刺激的突现产生了新客体，而视觉系统对这些新客体的出现很敏感。后来 Gibson 提出了掩蔽理论来解释突现的特殊地位，他认为在研究突现刺激的注意捕获中，突现刺激总是出现在空白的位置，而非突现的客体在出现前总有一个掩蔽刺激（如 8 字掩蔽），这种掩蔽作用导致了对其编码的延迟，因此个体对突现的靶子反应最快。但是 Yantis 和 Jonides 又指出，掩蔽作用在 Gibson 设置的时间参数下不会造成编码延迟，所以并不能用掩蔽说来解释突现刺激的特殊性。刺激的突现在注意捕获中具有特殊的地位，因为它能够为刺激驱动的注意捕获提供强有力的证据。另外，Yantis 也承认突现在注意捕获中具有特殊地位并不能说明它对注意有绝对的控制权。Yantis 和 Jonides 的实验表明，当观察者集中注意于某个将要出现靶子的位置时，其他位置的突现并不能捕获注意，也就是说突现所能引起的注意捕获能够被自上而下的控制所超越，但这并不能否认刺激的突现以刺激驱动的方式捕获注意。

综上所述，没有任何一种视觉刺激能够绝对地独立于自上而下的控制之外来捕获注意，即使对注意捕获研究中最具有独特性的刺激突现来说也是如此。因此，注意捕获可以受内源性的因素（如人的主观意图和采取的任务策略）调节。注意捕获从严格意义上来说并不符合一般意义上的自动化过程。在自动化过程的经典定义中，前注意阶段是一种平行加工，并且它不会考虑当前的任务要求，这种过于僵化的定义实际上意义不大。一些研究者们开始对自动化过程提出新的看法，认为自动化过程中应当有当前目标要求的参与，自动化过程可以以灵活的方式来处理所要求完成的任务。所以，应当把自动化过程放在有一定控制的背景下理解。因此可以说，注意捕获是一种会受到内源性因素影响和调节的自动化生理过程。

4.6　视觉标记机制

4.6.1　视觉标记

1997 年 Waston 等学者提出了视觉标记。视觉标记是一种对后出现项目的视觉优先选择机制。在视觉搜索过程中，被试建立了基于旧项目位置的抑制模板，如同对旧项目做了标记一样，从而对被标记的旧项目进行视觉过滤，将视觉搜索过程限制在新出现的项目中进行。视觉标记的原理是通过自上而下的注意来抑制旧项目的表达，进而对新出现的项目进行视觉优先搜索。国内学者代表郝芳对预搜索实验中的视觉优先选择机制进行了深入分析，从基于旧项目的位置抑制和特征抑制两个角度，对视觉标记中的抑制机制进行了系统性的检验。

关于视觉标记的抑制主要有以下几种较为主要的观点。Watson 和 Humphreys 提出视觉标记的实质就是通过注意抑制旧的物体，优先选择新的物体，并且这种注意的方式是自上而下的。Humphreys 等人则将研究的重点放在探索抑制机制是基于特征、基于结构或是基于位置的问题上。Olivers 等学者的研究支持了基于特征的抑制，并未验证基于位置的抑制。Melina A. Kunar 等学者认为，如果那些旧的刺激符合人们对常规客体的认识，视觉标记则被认为是基于客体的抑制而非其他。但有些研究则证明，视觉标记是基于结构的抑制。Humphreys 等学者认为，视觉标记是基于主动忽视特定的内容和位置。也有研究者认为，视觉标记是基于颜色的抑制。视觉标记作为对预览效应解释的主流理论，受到大量研究者的重视，尽管研究者们从不同的方面加以论证，得出了不同的结论，但都为预览效应的解释做出了贡献。

关于视觉标记的研究见表 4-1，包括利用额外的任务或事件来检验抑制模版的特征等。考察线索的空间促进作用与记忆抑制能力间的相互作用，以及考察抑制模版对搜索效率的影响，提出视觉标记的抑制模版可以被更新并导致搜索性能提高。

表 4-1　关于视觉标记的研究

研究主题	研究内容
抑制模版的特征	内源性线索和视觉标记效应并不是简单同时作用的，它们中的任何一个都可以在一项实验中交替有效。尽管抑制模板没有受损，但它不能与另一种自上而下的视觉搜索控制同时起作用
抑制模版与搜索性能	包含单例的响应时间更快，这表明可以更新视觉标记的抑制模板，从而使搜索性能提高
预览效应	结合传统的视觉搜索范式，使用单例干扰物，并检查搜索性能是否受到单例存在的影响。结果表明，单例分心物降低了预览效应

国内对于视觉标记的研究包括心理学、计算机软件、自动化技术等领域。在认知心理学领域越来越多的学者研究影响预览效应的因素，如任务难度、知觉和认知负荷等。未来预览效应的实验材料应该逐渐拓展，改变以往较为单一的状况，其他更多的刺激材料是否会出现预览效应还有待研究。

Watson 等学者在预搜索实验中首次发现先期呈现部分分心项可以显著提高视觉搜索的绩效，由此他们提出视觉标记的假设。视觉标记被认为是一个自上而下、目标驱动的过程，需要注意资源的参与。预搜索是视觉搜索任务的一种变式。Miller 表明当观察者在无目标字母中寻找靶向字母时，起始元素不一定比消失元素具有更高的优先级。他断定突现和消失瞬变都具有实现优先选择效应的功能。马丁·爱默生和克雷默通过实验研究得出结论，消失的变化影响并调节了优先选择效应的程度。Mieke 等学者提出如果新元素与背景亮度相同，则不会出现视觉标记，这表明新元素必须与背景之间具有亮度差异才会出现优先排序效应。

综上几个研究方面发现，在视觉感知的视觉标记方面 Watson 和 Humphreys 的研究一直以来都是学者关注的对象。他们在提出视觉标记的具体概念和定义后，通过各类实验范式探索视觉标记是基于特征、颜色或结构等要素的。在不断研究的过程中也有学者相继对他们的理论再次展开验证或基于其展开更深层次的实验验证。视觉标记方面的研究大部分都属于理论性研究，集中关注人生理机能反应等，不断深入地研究有抑制的特征要素。随着现代科技水平的提高，有更多方面有待继续探索，如对于预览效应影响因素的研究，以及未来实验材料的更多拓展。

4.6.2　视觉标记的实验范式

1997 年 Waston 等学者提出了预搜索范式，如图 4-11 所示，它是视觉标记的重要实验范式之一。在该实验范式中，先呈现若干干扰物 1000ms，再呈现若干干扰物与目标物，保持原干扰物的位置不发生变化。目前已逐渐形成经典预搜索范式、独立操纵预搜索范式和两种预搜索范式 3 种实验范式。

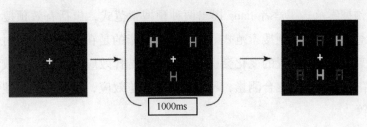

图 4-11　预搜索范式

（1）经典预搜索范式　Watson 把预搜索和空间视觉搜索相结合，创立出经典预搜索范式来研究视觉标记。实验条件主要包括单特征搜索、联合搜索和预搜索，还可以在同一实验过程中设定多种不同的实验条件，如图 4-12 所示。

以图 4-12 为例，在单特征搜索实验中，先呈现实验参照点，后呈现若干同种特征（蓝色，即图中灰色部分）的目标物，被试需要在该任务界面中进行目标物搜索。在联合搜索实验中，先呈现实验参照点，后呈现若干不同特征（黄色和蓝色）的目标物，被试需要在该任务界面中进行目标物搜索。在预搜索实验中，先呈现实验参照点，再呈现若干同

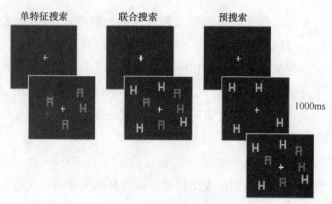

图 4-12　经典预搜索范式

种特征（黄色，即图中亮色部分）的干扰物，1000ms 后呈现若干不同特征（黄色和蓝色）的目标物，被试需要在该任务界面中进行目标物搜索。

（2）独立操纵预搜索范式　Theeuwes 等学者采用独立操纵预搜索范式，来研究多目标预搜索实验中优先选择新项目的机制。实验结果表明，当被试只在新分心物中搜索目标物时，如果搜索时间与新分心物的数量呈正相关，而与旧分心物的数量变化无关，则产生完整预览效应；如果被试的搜索时间与旧分心物和新分心物的数量都呈正相关，但旧分心物的数量优先级明显小于新分心物，则产生部分预览效应；如果二者的优先级相近，则没有产生预览效应。在后续的相关研究中，Donk 等学者在进行预搜索实验时，将新项目和旧项目的数量设定为单一变量来检验预览效应，发现新项目的变化会自动捕获注意，从而引发视觉优先选择。

（3）两种预搜索范式　学者 Jiang 提出两种预搜索范式，包括有效预搜索和无效预搜索。有效预搜索指的是经典预搜索范式。无效预搜索指的是在呈现新项目时，对旧项目的位置进行随机变换，这种位置的变化会引起视觉优先选择效应的消失，无效预搜索将两种预搜索条件放在同一区组内混合测量，不影响评估预览效应，且使两种预搜索条件能得到最大限度的比较。

4.6.3　视觉标记的抑制机制

1. 位置抑制

2003 年 Waston 继续通过联合搜索和预搜索实验验证了视觉标记是对先出现项目的位置做标记，这些位置受到抑制，从而使后出现的项目获得优先选择。联合搜索和预搜索实验流程如图 4-13 所示。实验 1 采用的是联合搜索的实验模式，即先呈现实验参照点（白色 "+" 图符），1000ms 后再呈现目标搜索界面，目标搜索界面由实验参照点、若干蓝色图符（即图中灰色部分）和若干黄色图符（即图中亮色部分）组成。实验 2 采用的是预搜索的实验模式,即先呈现实验参照点,1000ms 后呈现干扰物(若干黄色字符)和实验参照点,1000ms 后呈现目标搜索界面,目标搜索界面由实验参照点、干扰物(若干黄色图符)和目标物(若干蓝色图符)组成。实验结果显示,实验 2 中被试的反应时比实验 1 短,目标搜索效率更高。基于此实验结果,Waston 认为在预搜索实验中,视觉标记会对先出现项目的位置做标记,这些位置受到抑制,从而使后出现的项目获得优先选择。

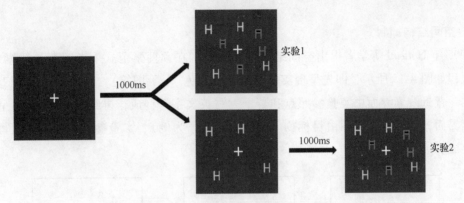

图 4-13　联合搜索和预搜索实验流程

2. 特征抑制

早在 1997 年,Watson 等学者就采用控制颜色变量的方法研究特征抑制。他们发现当新、旧项目颜色相同时,探测位置效应没有出现,当新、旧项目颜色不同时,探测位置效应才出现,这说明可能存在基于颜色的抑制。在此基础上,可以将预搜索任务和探测任务相结合,实验流程如图 4-14 所示。在该实验中,被试需要先观察一组实验刺激,然后在两组实验任务中随机选择一种进行展开实验,其中预搜索任务出现的概率较大,探测任务出现的概率较小。实验素材的颜色分别为蓝色(0,133,206)、绿色(0,160,70)和黄色(168,162,38),界面背景为灰色(120,120,120)。

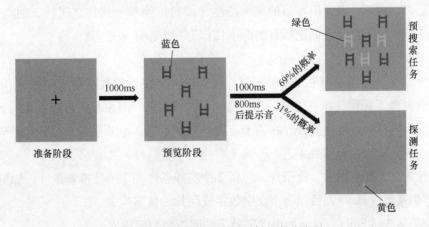

图 4-14　预搜索任务和探测任务实验流程

在预搜索任务中，探测点的颜色分为旧项目同色和异色两种情况，如果被试在同色情况下的反应时大于在异色情况下的反应时长，则证明存在基于颜色的抑制机制。在探测任务中，探测点的颜色分为新项目同色和异色两种情况，如果被试在同色情况下的反应时小于在异色情况下的反应时长，则证明存在对新项目的颜色预期定势。通过上述两个实验，证明了在视觉标记过程中，既存在基于颜色的抑制机制，又存在基于目标物颜色的预期定势。

3. 空间结构抑制

2005 年 Hodsoll 等学者提出空间结构抑制。他们在预搜索范式下考察背景线索效应，实验流程如图 4-15 所示，即先呈现实验参照点（黑色"+"图符），1000ms 后呈现背景线索界面，背景线索界面由实验参照点和若干大写英文字符构成，再经过 1000ms 后呈现目标搜索界面，目标搜索界面由目标物（以字母"N"为例）、实验参照点和若干大写英文字符组成。

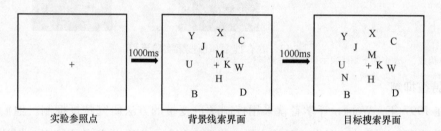

图 4-15　空间结构抑制实验流程

在进行多组对比实验后发现，当背景中的字母与目标物在空间中产生一定的联系时，如旧项目（字母"U"）在靶子（字母"N"）的上方且位置极其接近，重复旧项目，出现预览效应，证明被试已经建立了目标物与背景物之间的空间关系，进而在视觉标记过程中产生基于空间结构的抑制。但是在对新旧项目进行重复实验时，预览效应却没有发生。由此可以推断出，抑制是基于旧项目的某种特性（即目标物与干扰物之间特定的空间结构）产生的，这种特性有利于人们把所有的旧项目作为一个整体来处理。

4. 范畴抑制

2006 年雷学军等学者研究了范畴抑制。他们以英文字母和数字（汉字数字/阿拉伯数字）为实验材料，在保持环境亮度一定的情况下，探索新、旧项目的范畴关系对预搜索的影响。该实验的目的是考察是否存在基于范畴的抑制效应，也考察抑制效应对范畴预期效应的影响，相关实验设计见表 4-2。

该实验共有 5 种不同的实验条件，包括 2 个基线条件和 3 个预搜索条件，如下所示：

1）半集基线（Half），目标物由汉字数字或阿拉伯数字构成。

2）全集基线（Full），目标物由汉字数字和阿拉伯数字构成。

3）两组客体都由范畴单一的客体构成，但二者范畴不同（A+C）。

4）旧客体由范畴单一的客体构成，新客体由范畴混合的客体构成，靶子范畴未知（C+CA）。

5）旧客体由范畴单一的客体构成，新客体由范畴混合的客体构成，靶子范畴已知，靶子与旧客体的范畴相同（C+$\underline{C}$A-p）。

表 4-2　范畴抑制实验设计

实验条件	旧客体	新客体	范畴预期	靶子预期
Half	—	C 或 A	可预知	汉字数字（或阿拉伯数字）[①]
Full	—	C 和 A	无法预知	两者之一（50%）
A+C	A 或 C	C 和 A	可预知	汉字数字（或阿拉伯数字）[①]
C+CA	C 和 A	C 和 A	无法预知	两者之一（50%）
C+$\underline{C}$A-p	C 或 A	C 和 A	可预知	汉字数字（或阿拉伯数字）[①]

注：C 代表汉字数字，A 代表阿拉伯数字。一个字母代表由范畴单一的客体构成，两个字母代表由范畴混合的客体构成，$\underline{C}$A 中的下划线表示事先告诉被试靶子的范畴为汉字数字。对于事先给定靶子范畴的实验条件，通过添加字母"p"表明。因此，C+CA 代表旧客体都是由汉字数字构成，而新客体由汉字数字和阿拉伯数字混合构成；C+$\underline{C}$A-p 代表旧客体都是由汉字数字构成，而新客体由汉字数字和阿拉伯数字混合构成，事先告诉被试靶子的范畴为汉字数字，靶子与旧客体的范畴相同。

① 表示对被试进行均衡处理。在实验条件 C+$\underline{C}$A-p 下，一半被试完成C+$\underline{C}$A-p，另一半被试完成 A+$\underline{C}$A-p。

实验结果表明，当旧客体的范畴单一时，如果靶子与旧客体的范畴相同，那么范畴预期效应就会减弱，甚至消失，如 Full＝C＋$\underline{C}$A，范畴预期效应也会减弱，甚至消失，如 C+$\underline{C}$A-p＝A+$\underline{C}$A。当其他条件相同时，靶子范畴已知，还是可以改善搜索，如 C+$\underline{C}$A-p 比 C+$\underline{C}$A 要快。当靶子与旧客体的范畴相同时，范畴预期效应遭受一定程度的破坏，如当 A+C 与 C+$\underline{C}$A-p 相比时，前者优于后者，这表明旧客体范畴相同时产生的范畴抑制现象损害了搜索，当靶子范畴已知时，相关的范畴表征被激活，然而当靶子与旧客体的范畴相同时，相关的范畴表征同时也被抑制。在这个实验中，实验结果表明，当旧项目为数字而靶子为英文字母时，产生了完整的预览效应；当旧项目为英文字母而靶子为数字时，也产生了部分预览效应，证明了预览中产生了基于范畴的抑制。

4.6.4　视觉标记的其他解释

对于从视觉标记理论中位置抑制、特征抑制、空间结构抑制、范畴抑制的角度来解释视觉优先选择现象的问题，其他学者分别从注意捕获和时间分离的角度展开了相关研究。Donk 等学者提出新项目的出现往往伴随着信息的突然呈现，而这种突然出现的动态刺激会捕获被试的注意，从而引发视觉优先选择。这种由突然呈现而产生的注意捕获可以解释预搜索实验中的视觉优先选择现象。在对时间分离假说的研究中，Jiang 等学者重点研究了时间进程在预搜索实验中的作用，将新项目与旧项目之间的差异性归结为二者的时间差异。另外，Atchley 等学者认为视觉优先选择的体现既需要视觉标记中抑制机制的参与，又需要新项目的突然呈现而产生的注意捕获。这些观点都为视觉标记理论的完善提供了理论基础。

4.7 知觉广度内信息引导视觉搜索的有效性

4.7.1 视觉搜索与注意力引导

人类的视觉系统以多种方式应对外界丰富的信息呈现，如最好的分辨率仅限于中央凹，仅在边缘处出现了几度的敏锐度损失。为了处理压倒性的过量输入，视觉系统具有注意机制，可以选择一小部分可能的刺激进行更广泛的处理，而将其余的刺激仅进行有限的分析。早在 1890 年，William James 指出注意力是头脑以清晰而生动的形式从看似同时可能的多个对象或思路中选择一个。注意力也被描述为分配有限的认知处理资源。Wolfe 在前人几十年研究的基础上提出一系列引导视觉搜索的属性如颜色、运动、方向和大小，都被大量有说服力的数据作为引导属性。其他属性，如行结束符可能是指导属性。Wolfe 认为将引导性表征看作位于早期视觉到物体识别路径一侧的控制装置是有用的。Treisman 探索了部署注意力的不同方式对具有多种刺激显示的影响，详细说明了 3 种分配注意的方式和效果，研究认为这些并行特征检测器通过学习灵活进化，和对一小部分显示对象文件的注意力受控构造，以及相似元素的集合，允许人们在尖锐的能力限制和对视觉场景更丰富的理解之间达成协调。

在视觉搜索过程中，观察者对知觉广度内的信息有具体细节感知，但对知觉广度外的精确界面信息没有广泛的感知。研究发现，在视觉搜索过程中用于引导注意力的心理表征包括典型或类别一致的特征。对于上下文一致的目标，响应时间始终更快。适用于人机界面的视觉搜索行为中，观察者通常无法同时感知知觉广度内的任务相关对象与任务目标信息的细节，需要从一个对象到下一个对象进行扫视。而视觉记忆可以存储关于第一对象的信息，当眼睛转移到进入比较的第二对象时，可以在感知中断期间保留该信息。通常需要对知觉广度内的特定线索表示进行认知保留，以支持比较，同时有选择地提供任务相关对象的"最佳候选"信息元的视觉特征，引导到多个后续视觉搜索信息。类似地，视觉搜索需要在知觉广度内选择性地维护目标线索，因此注意力和视线会被引导到人机界面中的一系列对象。

因此，本节将提出如下假设：与任务相关的信息出现在知觉广度内，对于目标搜索具有一定的引导作用。

4.7.2　知觉广度引导有效性的视觉搜索实验

（1）实验目的　在信息界面中进行视觉搜索任务时，将信息是否出现在有限的知觉广度内，出现方位作为变量因素；研究反应时、凝视-扫视时间及凝视次数的变化规律；探索与任务相关的信息在有限的知觉广度内，是否对于目标搜索具有一定的引导作用。

（2）设备和参与者　所有实验均在人机交互实验室的正常办公室照明条件（300lx）下进行。刺激呈现和响应收集使用 Tobii X3-120 眼动仪及配套软件 Tobii Studio 中内置的自定义实验程序执行，刺激呈现在 16in（1in=0.0254m）显示器上，分辨率为 1920×1080 像素，亮度为 92cd/m²，使用的观看距离为 50cm。

48 名本科生及研究生（男女比例为 1∶1，年龄在 18~23 岁之间，平均年龄为 21.2岁）参与了这项实验。所有参与者（被试）在参与实验前填写并签署了经大学机构审查委员会批准的知情同意书，他们之前从未参加过类似的实验。被试至少获得 10 元报酬，并可根据表现获得 5~10 元奖金。

（3）实验材料　考虑视觉搜索实验执行的合理性，选取典型导航系统界面作为参考，进行实验材料设计。根据视野位置理论，采用视觉区范围对应搜索任务目标信息块的方法，设定中心区域为第一步任务所对应的信息块。提取界面 3 种常见信息特征作为变量。

实验自变量为引导信息出现在有限的知觉广度内外和方位，采用 2（知觉广度范围内或外）×2（方位为左或右）的组间设计。实验因变量为反应时、凝视时间、凝视次数和扫视时间等。根据视野位置理论，取视距为 500mm，中央凹视觉区视角为 2°以内，副中央凹视觉区视角为 10°以内。不同视觉区的半径为视距×视角正切值，所以中央凹视觉区的半径为 500×tan2°mm=17.5mm。副中央凹视觉区的半径为 500×tan10°mm=88.2mm。

每个被试首先需要确认第一步任务对应的信息（如当前位置），若该任务中第二步任务所包含的引导信息（图标）在第一步任务的副中央凹视觉区，则定义为此信息在知觉广度范围内，反之，则定义为在知觉广度范围外。按图标出现在有限的知觉广度范围内外和方位分为 A（范围内左）、B（范围内右）、C（范围外左）和 D（范围外右）4 组，为确保每组实验处于同一水平，将招募的 48 名被试平均分为 4 组单独进行，每组包含一个固定的视觉搜索任务，生成每组实验所需的材料。实验中，被试需要在所显示的项目中根据任务提示进行目标搜索，当被试找到目标项时，按<Space>键。

（4）实验结果

1）反应时。根据实验程序设计，用 Tobii Studio 及 SPSS 软件进行记录和分析被试视觉搜索的反应时和眼动数据。对反应时进行 Levene 方差齐性检验，平均反应时（显著性

$p=0.569$，$p>0.05$）满足方差齐性。采用 N-Way ANOVA 检验的方法进行范围与方位的反应时主体间效应检验，结果见表 4-3。结果显示，范围对反应时存在显著影响（$F=4.617$，$p=0.037$，$\eta^2=0.095$，其中 F 为方差齐性检验得到的值，η^2 是解释自变量的主体间效应显著的参考指标，表示自变量能够解释因变量总体方差变异的大小），方位对反应时也存在显著影响（$F=7.177$，$p=0.010$，$\eta^2=0.140$）；范围与方位对反应时不存在显著的交互影响。从图 4-16 中可以看出，引导信息出现在知觉广度范围内的反应时少于范围外，右方（距离目标任务更近）的反应时少于左方。

表 4-3　知觉广度范围与方位的反应时主体间效应检验

因变量：反应时						
源	III类平方和	自由度	均方	F	p	η^2
修正模型	14770183.729①	3	4923394.576	4.080	0.012	0.218
截距	1639861510.021	1	1639861510.021	1358.940	<0.001	0.969
范围	5571262.688	1	5571262.688	4.617	0.037	0.095
方位	8660652.521	1	8660652.521	7.177	0.010	0.140
范围×方位	538268.521	1	538268.521	0.446	0.508	0.010
误差	53095737.250	44	1206721.301			
总计	1707727431.000	48				
修正后总计	67865920.979	47				

① R 方 = 0.218（调整后 R 方 = 0.164），为假设检验里模型对结果检验的信效度。

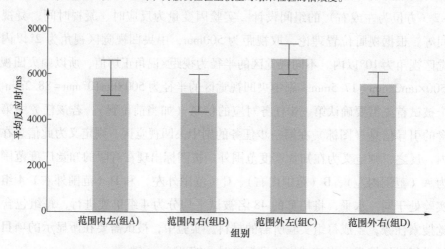

图 4-16　平均反应时比较（误差条形图：95%置信区间）

2）凝视时间与凝视次数。对凝视时间、凝视次数分别进行正态性检验和 Levene 方差齐性检验，两类数据均通过正态性检验，平均凝视时间（$p=0.334$，$p>0.05$）、平均凝视次数（$p = 0.585$，$p > 0.05$）均满足方差齐性。采用 N-Way ANOVA 检验的方法进行范围与方位的凝视时间、凝视次数主体间效应检验，结果见表 4-4。结果显示，范围对凝视时间存在显著影响（$F = 5.561$，$p = 0.023$，$\eta^2 = 0.112$），对凝视次数也存在显著影响（$F = 4.490$，$p = 0.040$，$\eta^2 = 0.093$）；方位对凝视时间存在显著影响（$F = 5.957$，$p = 0.019$，$\eta^2 = 0.119$），对凝视次数也存在显著影响（$F = 7.588$，$p = 0.009$，$\eta^2 = 0.147$）；范围与方位对凝视时间、凝视次数均不存在显著的交互影响。这表明引导信息出现的范围、方位条件对该任务下视觉搜索有影响。从图 4-17、图 4-18 中可以看出，引导信息出现在知觉广度范围内的凝视时间、凝视次数少于范围外，右方的凝视时间、凝视次数少于左方。

表 4-4 知觉广度范围与方位的凝视时间、凝视次数主体间效应检验

源	因变量	III 类平方和	自由度	均方	F	p	η^2
修正模型	凝视时间	3318350.000①	3	1106116.667	4.029	0.013	0.216
	凝视次数	95.000②	3	31.667	4.265	0.010	0.225
截距	凝视时间	206836033.333	1	206836033.333	753.438	<0.001	0.945
	凝视次数	7008.333	1	7008.333	943.980	<0.001	0.955
范围	凝视时间	1526533.333	1	1526533.333	5.561	0.023	0.112
	凝视次数	33.333	1	33.333	4.490	0.040	0.093
方位	凝视时间	1635408.333	1	1635408.333	5.957	0.019	0.119
	凝视次数	56.333	1	56.333	7.588	0.009	0.147
范围×方位	凝视时间	156408.333	1	156408.333	0.570	0.454	0.013
	凝视次数	5.333	1	5.333	0.718	0.401	0.016
误差	凝视时间	12079016.667	44	274523.106			
	凝视次数	326.667	44	7.424			
总计	凝视时间	222233400.000	48				
	凝视次数	7430.000	48				
修正后总计	凝视时间	15397366.667	47				
	凝视次数	421.667	47				

① R 方 = 0.216（调整后 R 方 = 0.162）
② R 方 = 0.225（调整后 R 方 = 0.172）

3）扫视时间。对扫视时间进行 Levene 方差齐性检验，平均扫视时间（$p = 0.885$，$p > 0.05$）满足方差齐性。采用 N-Way ANOVA 检验的方法进行范围与方位的扫视时间主体间效应检验，结果见表 4-5。结果显示，范围对扫视时间存在显著影响（$F = 4.337$，$p = 0.043$，$\eta^2 = 0.090$），方位对扫视时间也存在显著影响（$F = 5.606$，$p = 0.022$，$\eta^2 = 0.113$），范围与方位对扫视时间不存在显著的交互影响。这表明，信息提示两因素对扫视有影响。从图 4-19 中可以看出，引导信息出现在知觉广度范围内的扫视时间少于范围外，右方的扫视时间少于左方。

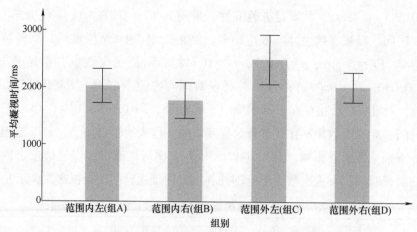

图 4-17 平均凝视时间比较（误差条形图：95%置信区间）

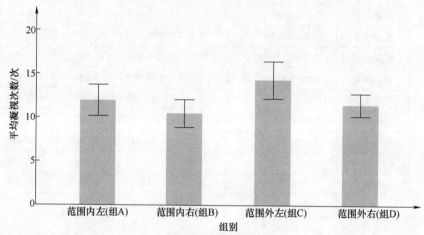

图 4-18 平均凝视次数比较（误差条形图：95%置信区间）

表 4-5 知觉广度范围与方位的扫视时间主体间效应检验

因变量：扫视时间

源	III类平方和	自由度	均方	F	p	η^2
修正模型	4094750.000①	3	1364916.667	3.357	0.027	0.186
截距	431040533.333	1	431040533.333	1060.114	<0.001	0.960
范围	1763333.333	1	1763333.333	4.337	0.043	0.090
方位	2279408.333	1	2279408.333	5.606	0.022	0.113
范围×方位	52008.333	1	52008.333	0.128	0.722	0.003
误差	17890316.667	44	406598.106			
总计	453025600.000	48				
修正后总计	21985066.667	47				

① R 方 = 0.186（调整后 R 方 = 0.131）

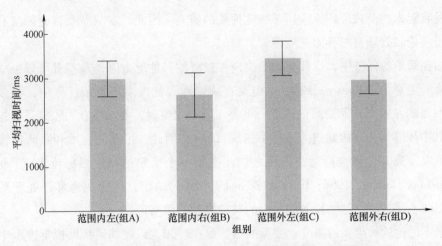

图 4-19　平均扫视时间比较（误差条形图：95%置信区间）

4）凝视、扫视轨迹。根据被试在该任务下的搜索过程，可绘制出被试的凝视、扫视轨迹。表 4-6 为各组别 12 名被试的有限知觉广度范围的凝视、扫视轨迹叠加图和平均凝视次数，根据表 4-6 可进一步分析知觉广度范围、方位双因素和扫视轨迹的关系。

结合凝视和扫视轨迹的分析结果可以得出以下结论。引导信息出现在有限知觉广度范围外时，凝视次数较多，眼睛需要花费更多时间寻找目标，无效搜索较多；相反，引导信息出现在有限知觉广度范围内时表现出更一致和系统的引导式搜索，被试的搜索倾向于导向目标项的位置区域，凝视次数较少，说明引导信息出现在有限知觉广度范围内可以引导被试减少无效搜索。对于范围内的两方位，引导信息出现在右方时扫视轨迹更加紧密；对于范围外的两方位，部分扫视轨迹分布于有限知觉广度范围内，部分扫视轨迹分布于边缘视觉区，没有规律。

表 4-6　有限知觉广度范围的凝视、扫视轨迹叠加图和平均凝视次数

项目	组别			
	范围内左（组 A）	范围内右（组 B）	范围外左（组 C）	范围外右（组 D）
扫视轨迹叠加图				
平均凝视次数	12	10.5	14.3	11.5

4.7.3　视觉搜索中信息处理的眼动模型

眼球运动现在被广泛用于研究阅读、场景感知和视觉搜索过程中的认知过程。Keith Rayner 认为，阅读过程中的眼动研究比视觉搜索中的眼动研究有一定的进步，一些为阅读

研究而发展起来的范式应广泛应用于视觉搜索的研究。因此,本节简要讨论如何利用阅读眼动加工理论和处理自然界面视觉搜索。

已知在简单的任务中,当其他刺激出现在视野的其他地方时,观察者可以独立于眼睛的位置分配注意力(Pasner,1980)。但是在阅读和视觉搜索等复杂任务中,要么眼睛的位置(明显的注意力)和隐蔽的注意力重叠在同一个位置,要么注意力脱离是扫视计划的产物(其中注意力先于眼睛进入下一个扫视目标)。因此,虽然注意力和眼睛位置在这些任务中可以分离,具体地说是在扫视之前注意到一个给定的扫视目标位置(Henderson,1993;Irwin & Gordon,1998;Irwin & Zelinsky,2002),但这种分离通常是处理系统的一个属性,而不是被试在这些任务中使用的某种类型的策略。

这里不讨论这种类型的研究。实验的目标是探讨知觉广度如何帮助视觉搜索中的信息处理。因为视网膜的解剖结构和由于中央凹外的敏锐度的限制,所以眼球运动是有必要的。因此,观察者会移动眼睛,以便将中央凹放在他们想看清楚的刺激部分上。同样的约束也适用于视觉搜索,被试通常可以在这些任务中处理更多围绕注视点的信息(即进一步进入偏心视觉)。可以认为阅读和视觉搜索任务中的眼球运动都是由相同的机制控制的,所以同理,眼球运动应该适用于这两种任务。毕竟,在不同的任务中控制眼球运动的神经回路是相同的,承认之前在阅读方面所做的工作也是合适的。然而学者 Rayner、Castelhano 证明,从眼动行为的角度来概括这些任务实际上有些危险,阅读中的眼动测量与场景感知和视觉搜索中的相同测量没有很好地相关性。因此可以推测,任务所涉及的认知机制,以及认知系统如何与眼动系统相互作用,随着任务的不同而不同。

关于视觉搜索中控制眼动的位置和时间,学者 Hooge、Vaughan 已经得出结论,认为搜索中的注视持续时间是预编程的扫视和受到注视信息影响的注视结合的结果。学者 Hooge、Erkolens 认为完成中央凹分析不一定是眼球运动的触发因素,而学者 Creen、Rayner 则认为是。还有学者 Trukenbrod、Engbert 证明注视位置是下一次扫视的重要预测因素,并影响注视时间和下一个扫视目标的选择。对比阅读,对于导航界面视觉搜索,结合知觉广度引导有效性的视觉搜索实验可以得出,眼睛下一步移动的位置受知觉广度内引导信息的强烈影响,那么为在这里所考虑的任务提出导航界面视觉信息处理模型如图 4-20 所示。

关于知觉广度、凝视与扫视的信息加工相关研究,Rayner 认为在搜索任务中移动眼睛触发点的判断过程为:目标是否存在于知觉广度的决策区域,如果不是,则编程进行新的扫视,将眼睛移到尚未检查过的位置,与阅读一样,注意力会转移到下一个扫视的目标区域。如上所述,对阅读过程中眼球运动的研究比对视觉搜索中眼动运动的研究进展得更快、更系统。此外,阅读研究比视觉搜索研究更先进的另一个领域是关于计算模型的发展,计算模型可用于解释眼动数据。因此可以尝试理论迁移,以便对该视觉搜索任务下的眼动加工进行解释。图 4-21 所示为搜索模型架构内的凝视、扫视示意图,信息识别何时

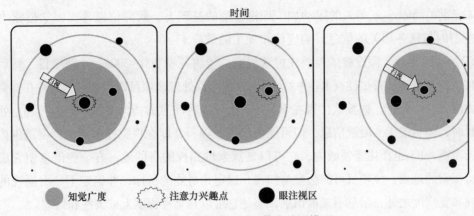

图 4-20　导航界面视觉信息处理模型

完成取决于从信息 n 移动到信息 $n+1$ 的凝视-扫视计划的完成。第一个扫视计划执行时会启动后续扫视计划，当信息 n 易于识别时，这种情况更可能发生。在第二个扫视计划启动之前，第一个扫视计划的凝视完全执行，因为在凝视信息时，有限知觉广度无法完成信息识别。在第一阶段（M1），当前扫视计划可以取消，但在第二阶段（M2），当前扫视计划不能取消。如果下一个信息的有限知觉广度 L1 在当前扫视计划的 M1 阶段完成，扫视计划将被取消并替换为跳过。当没有跳过或强迫注视时，这个信息会被注视相对较长的时间，需要眼注视视觉区来启动凝视。

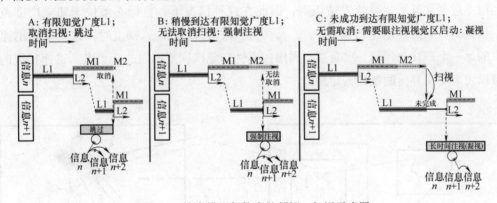

图 4-21　搜索模型架构内的凝视、扫视示意图

4.7.4　知觉广度帮助感知的视觉搜索实验

（1）实验目的　通过眼动追踪实验对系统导航界面中的信息进行视觉搜索，测定视觉搜索过程中发生的凝视-扫视-凝视的浏览路径，研究视觉搜索模式下什么引导扫视和凝视，伴随着认读、辨识、判断和选择，然后进入下一个信息块视觉搜索，考察在导航任务界面呈现信息特征时，视觉搜索的感知范围与路径，以便获得导航界面信息图元的最佳信息呈

现。本节将在 Morrison 等人的眼动加工理论模型的基础上，研究信息界面视觉搜索中知觉广度范围内与任务相关的信息，响应认知加工的效应。

（2）实验推演　假设被试当前注视着界面，他将花费 200~300ms 处理项目，然后将注视点移至新位置。如被试注视 R1 并关注 $\theta_{1.1}$，他可以处理该项目以识别信息，并在知觉广度范围内凝视这个信息。如被试注视在 R2 上，他可以将注意力指向 $\theta_{2.1}$。在 $\theta_{2.2}$、$\theta_{2.3}$ 处处理该项目时，他可能无法凝视信息，但可能会扫视该项目，即在视觉搜索知觉广度范围内，并未进行凝视。R3 也在注意领域内，它可以是探索性扫视的目的地，有一些信息使它成为一个值得探索的地点，该项目可能会参与扫视，确定为可能的目标，并确定下一次凝视的目的地。在知觉广度之外，信息不能被识别，但是它可以在某种程度上被关注和处理。

在视觉搜索中，如果眼睛注视在一个点上，知觉广度的限制会影响信息被发现和正确识别。图 4-22 中绘制眼球运动的方法演示出人机界面视觉搜索时的假想扫视路径。实际观看过程中，内涵丰富、相互关联的兴趣区（AOI）往往会吸引观察者产生多次、反复的注视行为。如图 4-22 所示，观察可知，R1 区域可能包含丰富的图像内容，吸引观察者产生多个注视点，这些注视点在位置、时间和顺序上存在一定差别，为了获取群体观察者关注局部信息的时刻和顺序，通常会有一些非常短的扫视，在扫视之后执行，将眼睛带到目标附近。从最后的目标迅速扫视开始向后编号，这种迅速扫视使眼睛进入目标周围的某个感兴趣区域。如果假设这种眼球运动的目的是搜索信息，那在迅速扫视开始时，目标必须已经被注意到并且从注视位置被识别，因此在这种情况下，目标必须位于知觉广度范围内。据推测，眼睛在迅速扫视 $\theta_{1.1}$、$\theta_{1.2}$、$\theta_{1.3}$、$\theta_{2.1}$、$\theta_{3.1}$、$\theta_{1.4}$、$\theta_{1.5}$ 时，这些搜索迅速扫视中的每一个都移动到前一次凝视点周围探索性知觉广度范围内的一个点。迅速扫视的分布可以用来定义界面的视觉感知路径。

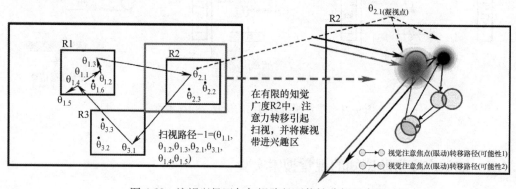

图 4-22　注视兴趣区与扫视路径可能性分析示意图

（3）实验设计　实验考察导航界面呈现信息特征时，被试视觉搜索的感知路径；查看被试在该界面视觉搜索时的主要凝视点及扫视路径；以引导信息出现在有限的知觉广度范围内为背景，对原导航界面进行了调整，自变量为导航界面右侧交通边栏信息布局；考虑实验执行的合理性，召回知觉广度引导有效性的视觉搜索实验中组 B（范围内右）的 12 名被试继续实验，命名为组 E，任务与知觉广度引导有效性的视觉搜索实验相同。

（4）实验结果

1）反应时与眼动指标。成对样本检验结果见表 4-7。当与任务相关的信息出现在有限知觉广度范围内右方时，交通边栏信息布局对反应时（$p = 0.011$，$p < 0.05$）、凝视时间（$p = 0.010$，$p < 0.05$）、凝视次数（$p = 0.025$，$p < 0.05$）和扫视时间（$p = 0.027$，$p < 0.05$）有显著影响。如图 4-23a~d 所示，视觉搜索过程中，反应时和眼动指标在表现上有明显差异，对于引导信息出现在有限知觉广度范围内右方的情形，界面调整后被试的平均反应时、凝视时间、凝视次数和扫视时间显著少于原界面，即该任务下调整后的交通边栏信息布局更符合视觉位置规律。

表 4-7　反应时与眼动指标成对样本检验

配对		配对差值					t	自由度	p	
		均值	标准差	标准误差平均值	差值（95％置信区间）				单侧	双侧
					下限	上限				
配对 1	反应时（组 B）- 反应时（组 E）	615.583	694.415	200.460	174.373	1056.794	3.071	11	0.005	0.011
配对 2	凝视时间（组 B）- 凝视时间（组 E）	324.167	363.979	105.072	92.905	555.428	3.085	11	0.005	0.010
配对 3	凝视次数（组 B）- 凝视次数（组 E）	1.333	1.775	0.512	0.205	2.461	2.602	11	0.012	0.025
配对 4	扫视时间（组 B）- 扫视时间（组 E）	259.167	352.329	101.709	35.308	483.026	2.548	11	0.014	0.027

2）凝视-扫视与眼动轨迹。眼球运动事件由 Tobii X3-120 眼动仪检测，记录过程中凝视的跟踪情况和被试的凝视-扫视路径。12 名被试的凝视-扫视路径比较见表 4-8。通过 Tobii Studio 软件的数据可视化，可以得出被试在该任务状态下进行信息搜索的整个凝视-扫视过程。不同被试对相同视觉刺激的扫视路径相似但不相同，由表 4-8 中的图可以看出，被试会在某个区域聚集较多的注视点，从扫视路径的长度也可以看出被试会反复地左右、上下往返查看信息的内容。可通过每条扫视轨迹的端点来可视化感知路径空间布局，以查看眼睛是从哪里移动到现在的注视点的。

表 4-8　凝视-扫视路径比较

组别	原界面（组 B）	调整后（组 E）
12 个被试叠加扫视轨迹		

（续）

组别	原界面（组B）	调整后（组E）
平均凝视次数	10.5	9.17
典型被试搜索路径		

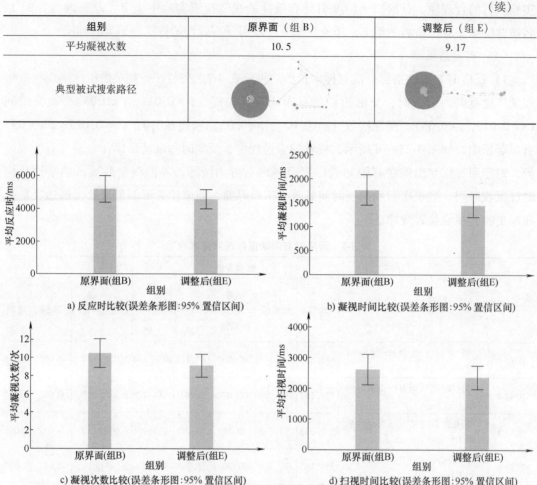

图 4-23　实验结果

下面将用上述模型定性解释当前研究的数据，解释该任务下被试进行视觉搜索的凝视-扫视行为。组 B 中的一个典型被试的部分凝视-扫视轨迹与有限知觉广度移动路径如图 4-24 所示。被试的注意力在一个有限知觉广度中移动进而引起眼球运动（扫视），并将中央视觉区（注视）带入兴趣区点，伴随着有限知觉广度的移动，转移注意到下一个信息 2。当信息 2 的有限知觉广度范围内未出现能够引起被试内在兴趣转移的信息时，扫视未完成，被试自上而下进行视觉搜索，注视到信息 3，伴随着有限知觉广度的移动，完成凝视-扫视行为。

组 E 中的一个典型被试的部分凝视-扫视轨迹与有限知觉广度移动路径如图 4-25 所示。被试在搜索到引导信息后，注意力在有限知觉广度中移动引起扫视，调整后的导航界面将交通边栏内的信息图标放置在左侧，相较原界面能够更快地带动凝视进入兴趣区，伴随着有限的知觉广度的移动，转移注意到下一个信息，迅速对应任务目标。

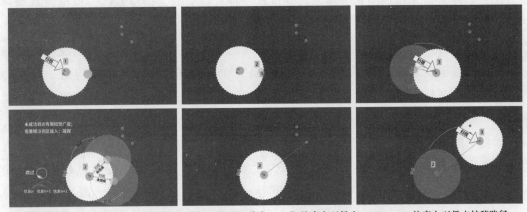

图 4-24　组 B 中的一个典型被试的部分凝视-扫视轨迹与有限知觉广度移动路径

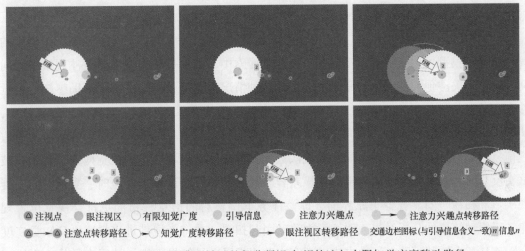

图 4-25　组 E 中的一个典型被试的部分凝视-扫视轨迹与有限知觉广度移动路径

4.7.5　讨论与结论

关于在搜索任务中注意力和凝视是如何被引导到目标上的相关研究工作，本章已经介绍了很多。来自 Wolfe 及其同事的开创性工作证明，搜索不是随机的，而是由目标的具体特征或外观的边缘引导的。然而仍有一个问题是，知觉广度对这些目标的搜索是否也有指导，知觉广度帮助感知的视觉搜索实验明确地回答了这个问题：搜索确实被知觉广度范围内的信息线索引导到明确定义的目标，并且会使搜索效率高于范围外的目标搜索。

要回答这个问题，需要在知觉广度引导有效性的视觉搜索实验中采用一种独立的测量方法，将搜索指导相关因素分离开，并设计一种有意义的无指导基线，根据该基线评估搜索效率。基于导航系统设计了视觉搜索实验，探索与任务相关的信息在有限知觉广度内是否对目标搜索具有一定的引导作用，涉及的自变量为引导信息是否出现在有限知觉广度内及其出现方位。与任务相关的信息出现在有限知觉广度内的反应时、凝视时间、凝视次数和扫视时间少于范围外。与任务相关的信息出现在有限知觉广度外时，凝视时间、凝视次数较多，无效搜索较多；与任务相关的信息出现在有限知觉广度内时，被试的搜索倾向于导向目标项相关的位置区域，凝视次数较少。这说明与任务相关的信息出现在有限知觉广度内能够引导被试减少无效搜索。然而在视觉搜索过程中，与任务相关的信息出现右方（距离目标任务更近）的反应时、凝视时间、凝视次数和扫视时间少于左方。对于范围内的两方位，引导信息出现在右方的扫视轨迹更加紧密；对于范围外的两方位，部分扫视轨迹分布于有限知觉广度范围内，部分扫视轨迹分布于边缘视觉区，没有规律。重要的是，这些偏好不可能是由于目标的具体指导，因为目标不会在实验中重复。总之，这些实验为知觉广度对目标存在搜索指导提供了强有力的证据。

学者 Rayner 表明，阅读研究比视觉搜索研究更先进的另一个领域是关于计算模型的发展，计算模型可用于解释眼动数据。在视觉搜索中，眼动控制模型主要关注观察者看向何处，而不关注他们何时移动眼睛。为了让这种情况得到补救，知觉广度帮助感知的视觉搜索实验以与任务相关的信息出现在知觉广度范围内为背景，对原导航界面进行了调整，研究人机界面视觉搜索中，不同布局下目标信息响应认知加工的效应。结果表明，交通边栏信息布局对反应时、凝视时间、凝视次数和扫视时间有显著影响。视觉搜索过程中，被试在反应时和眼动指标的表现上有明显差异。界面调整后被试平均反应时、凝视时间、凝视次数和扫视时间显著少于原界面，即该任务下调整后的信息栏布局更符合视觉位置规律。对眼动轨迹的分析结果表明注意力移动引起扫视，并将凝视带进兴趣区，且知觉广度会随着注意力转移而移动。本书中的两个实验探析了在导航界面视觉搜索中是什么引导注意力，是什么使信息感知如此有效，任务中如何通过使用眼球运动来处理信息，以及搜索中的预测如何形成一个层次结构，从而有利于信息感知和搜索。

以上研究表明，与任务相关的信息出现在知觉广度内时，搜索过程中注意力引导增强，知觉广度内的信息允许搜索者开发更有用的模板。因此，与任务相关的信息出现在知觉广度内可以触发特定的模式，在进行下一次信息搜索时，激活知觉广度内线索信息的对象特征，然后可以用于引导视觉搜索。实验结果提供了一致的证据，证明实验中与任务相关的眼动控制轨迹是由知觉广度内与任务相关的对象到任务目标信息。如果线索通过与突出的知觉广度相关联而主动或被动导致更强的轨迹效应，那么可以预测，即使后续任务发生了变化，这种引导效应仍会存在。

4.8　本章小结

　　本章从视觉反应机理及相关视觉认知理论，构建人机交互的认知理论体系，包含了视觉感知理论、视觉搜索模型、注意捕获机制和视觉标记机制，以及相关的实验范式，形成人机交互视觉认知原理在智能制造生产、运营和监管中的知识嫁接。

技术篇

智能制造人机交互测评技术和实验

智能制造人机交互的测评技术

5.1 人机交互测评技术研究现状

5.1.1 测评技术与方法研究

信息化、智能化的人机交互系统已被广泛应用于核电、航空航天、军事指挥等各类复杂系统的人机交互领域，新的人机交互方式如何与操作员的认知能力相适应仍是需要不断深入研究的问题。近年来，研究者持续研究了眼动、脑电、肌电、皮电、心电等技术在人机交互测评领域的深入应用。

在眼动跟踪技术研究方面，Li Ning 等学者将 EMMA（眼球运动和注意力运动）模型的研究领域扩展到指挥控制系统设计领域，而且为可量化的认知行为建模提供了准确的数据支持；Zhou Tianyu 等学者提出了一种面向数字界面功能图符的眼控交互方法，将图符识别的相关眼动信号应用于数字界面的人机交互；Kurosawa 等学者为了确认任务中注视点眼动标准差的变化是测量疲劳的有效依据，考察了被试在执行任务时眼球运动与疲劳和内部状态之间的关系；Zhou Yingwei 等学者基于眼动行为、操作表现和主观感受数据，得出眨眼使目标的拾取相对较快、眼睛注视的优势在于目标控制等更具针对性的结论；吴晓莉等学者运用眼动实验，通过凝视与扫视生理测评指标，以监控任务界面为样本，对核电数字化复杂系统界面的信息特征布局进行了探究，为数字化仪控界面的设计提供了参考。

在脑电、肌电等技术研究方面，Hu Lingling 等学者以报警信息为例，利用行为数据和脑生理指标，探索了在安静和嘈杂情况下视听界面信息的认知规律，建立了视听信息与认知的映射关系；Chao Hao 等学者提出了一种将神经胶质细胞链与条件随机场（CRF）相结合的深度信念网（DBN）-条件随机场框架，拟议的 DBN-CRF 框架如图 5-1a 所示，该框架可以通过神经胶质细胞链挖掘多通道间的相关信息，捕获脑电信号的通道间相关信息和上下文信息，从而用于情绪识别；Jao Pingkeng 等学者通过模拟飞行和绘图任务动态过渡难度水平的脑电相关性研究，发现在构建自适应人机接口（HMI）系统时，用户在不同任务之间的复合状态变化的延迟是一个需要考虑的因素；Byung Hyung Kim 等学者通过脑电信号来评估基于反馈的解释界面的实施和使用，表明神经相关性可以作为解释效能的测量方式；Mathias Vukeli 等学者利用脑电图（EEG）研究皮层网络对系统启动辅助的事件相关同步和事件相关功能耦合，以接近自然的人机交互范式评估了局部振荡功率夹带和分布式功能连通性，发现了作为帮助系统启动的积极和消极情感过程的振荡信号是可识别的，情感反应在频域的整体神经元特征如图 5-1b 所示。Matthew J. Boring 等学者利用 EEG 频率特征子集，建立捕获认知负荷任务的一般 EEG 相关模型，允许在不同任务背景下的进行负荷检测，高、低交叉任务负荷预测时平均脑电激活情况如图 5-1c 所示；Yu Zhipeng 等学者根据表面肌电图，提出了一种卷积神经网络瞬时手势识别的迁移学习策略，为提高手势识别系统的泛化能力提供了一种有效的方法。Ying Suna 等学者利用手势识别的过程中拇指产生的表面肌电信号，提出了一种基于方差理论的冗余电极确定方法，得出了拇指运动模式识别的最佳方法，通道冗余可视化如图 5-1d 所示；Wang Qun 等学者提出了一种基于任务负荷的新型 PRV（防暴警车）乘员功能分配方案的多指标评价方法，在实验中测量皮电和心电两项生理指标，表明当物理载荷增加时，乘员人数的变化对乘员性能的影响更大。这些眼动、脑电等测评技术在人机交互上的研究成果，为智能信息系统人机交互测评技术和测评方法奠定了深厚的研究基础。

5.1.2　人机交互相关的评估模型

伴随智能化的发展，复杂人机交互系统信息源显著增长，限定时间内的人机交互任务大幅增加，新的人机交互方式不断出现、融合，因此越来越多的领域专家及研究者钻研如何评估和改进现有人机交互方式。相关学者提出了一种基于交互线索的多层次知觉顺应模型，分析了物理测量与知觉感觉之间的关系，为触觉显示与遥操作系统的设计与改进提供指导。他们设计并实现了多模态传感导航虚拟与真实融合实验室，研究出一种用于化学实验的多模态融合模型和算法，并在实验室中得到了验证和应用；通过多模态融合感知算法可以了解用户的真实意图，提高人机交互效率；通过结合声音、眼睛控制、触摸、大脑控制和手势 5 种形式；根据人-机-环境认知决策模型和针对不同应用场景下各模态交互的层次处理模型，建立了多模态交互层次处理模型，有助于提高命令交互的自然性和友好性。还有相关学者提出了一种基于脑电和眼动的人机交互意图识别方法，表明意图识别算法比单纯依靠单个信号效果更好。他们通过改进了态势感知模型，利用人类行为为驾驶舱界面设计优化和人机工程学评估中飞行员态势感知的定量表征提供了新的辅助工具。例如，基于模糊贝斯认知可靠性与误差分析方法（Fuzzy Bayesian Cognitive Reliability and Error Analysis

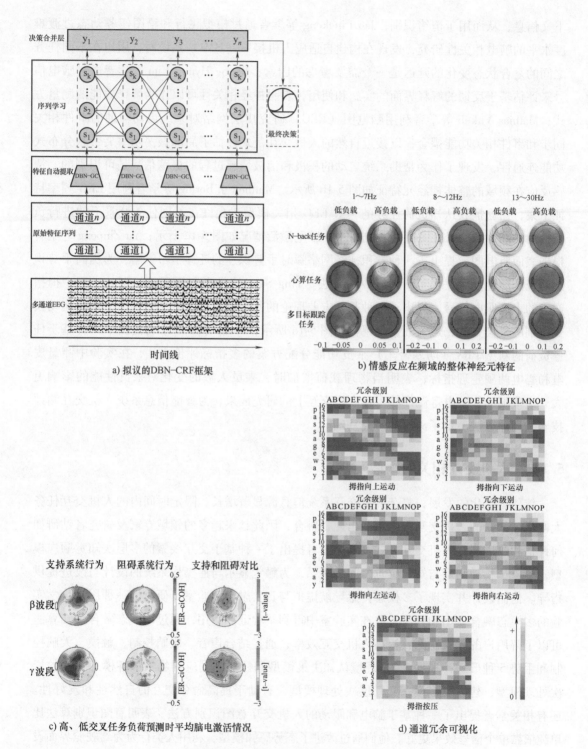

a) 拟议的DBN-CRF框架

b) 情感反应在频域的整体神经元特征

c) 高、低交叉任务负荷预测时平均脑电激活情况

d) 通道冗余可视化

图 5-1　人因测评技术的代表性研究进展

Method，FBCREAM）的飞机驾驶人因可靠性评估模型在评估飞机驾驶人因可靠性方面具有高度准确性，能够为航空安全评估提供高效的工具方法和支持。综上所述，国内外学者关于人机交互评估模型的研究成果，为提高人机交互效率、降低人因出错提供了可靠方法，为研究多模态交互方式于一体的智能化人机交互测评体系提供了可靠依据。

在工业制造领域，相关学者围绕人机交互任务及其环境因素，从预防、检测、预警与干预等多角度整合的系统安全保障理论等方面开展了广泛研究，并建立仿真环境评估和用户认知测评，以验证人机界面设计的可靠性和安全性。Hyunsoo Lee 等学者开发了基于视觉感知过程和人体测量数据变量的计算模型和包含虚拟建模、仿真框架的智能设计评审系统，为今后核电厂全数字化或部分数字化的 MCR（主控制室）控制台设计提供了一种可行的方法；Wu Xiaojun 等学者较为详尽地讨论了核电厂警报管理策略，尤其是警报洪水期的过滤、压缩、优先级等细节分析，并列举了现阶段应用较广泛的可视化信息展示方案和核电厂警报系统评判指标；张力等学者针对数字化核电厂的人因失误机理和影响模式进行了深入、系统建模，并提出了 DCS-HRA（数字化控制系统-人因可靠性分析）模型及智能数据库系统，为量化性人因失误智能预防方案设计提供了坚实的理论依据；李鹏程为了探索性能塑造因素对态势感知、团队态势感知（Team Situation Awareness，TSA）和工作负载的影响，通过模拟器实验研究了任务复杂度和操作员知识、经验水平对操作员态势感知、团队态势感知和工作负载的影响；在煤炭矿井监控系统智能化升级设计方面，Fariz Setyana Pratama 等人使用分类系统方法研究人为因素对煤炭矿井事故的影响，从不安全行为的水平、先决条件等因素出发，构建了基于 HFACS-CM（煤矿人为因素分析与分类系统方法）模型的结构方程模型（SEM）分析导致工作场所事故的人为因素；还有相关学者以煤矿瓦斯监测系统为研究对象，对比监控界面中、英文两种参数呈现方式的眼动行为特征，借助眼动实验设计了两种视觉搜索任务，揭示了人在中、英文两种不同语言的材料中的视觉搜索规律和认知过程，并通过聚焦煤矿工人的操作输出、运动能力与现场事故之间的潜在联系，以矿工在多种仪器上的受伤频次作为量化指标，对其事故倾向性进行了数据上的分析。综上所述，工业安全监控系统正在逐步走向智能化，体现出人机智能交互下操作员人机交互测评研究的需求，以及还需要在新的智能交互模式下考虑人的视觉认知规律、生理量化测评指标等。

5.1.3   智能协同的人机交互生理测评

生理测评技术为加强工业制造领域的视觉认知，提高人机交互效率提供了科学有效的多维度评价方法，有助于进一步强调智能制造系统信息认知、增强需求以及推进人机智能协同融合发展。随着物联网、信息物理系统、大数据等技术的出现和发展，生产制造、航空驾驶、安全监控等工业系统已进入第四次工业革命的智能转型升级。工业制造领域的智能协同是在智能工业的发展背景下利用物联网、大数据、人工智能、云计算等信息技术，促进人机交互，提供智能制造系统的运行效率，是推进智能制造信息技术与制造技术协同融合发展的必然趋势。

　　研究者们逐渐意识到为人类提供长期服务的重要性，以及如何利用技术创新来促进工业与社会之间的协作和双赢互动等问题。相关研究阐述了工业 5.0 包括以人为中心、可持续性、韧性和智慧型 4 个主要特征，并基于欧盟报告提出的包括个性化人机交互和人工智能在内的 6 项技术，建立了使能技术体系和实现路径；运用在计算、感知和认知方面具有高处理能力的人工智能，探究其在电力系统及综合能源系统中的能源预测应用、规划应用、运行优化与稳定控制中的应用，改变能源传统利用模式，推动综合系统的智能化升级；在智能工厂装配线性能可视化设计中，开发可视化分析系统，以支持实时跟踪装配线性能和历史数据分析。相关学者以信息特征及呈现方式为变量开展实验，得出了图标形态和信息呈现方式对视觉搜索均影响显著的结论；通过融合集成虚拟现实、增强现实、工业互联网的技术特点，提出了具备研发设计、装配、检测、运维、管理、培训的智能交互解决方案的创新人机智能交互系统平台；构建了工业智能制造系统的信息呈现引力模型和信息表征的有序度模型，形成了光伏制造系统的信息可视化表征模式；研究视觉感知技术在智慧城市中的应用效果和功能，利用卷积神经网络和物联网技术构建了图像处理与质量评价系统，并处理和分析获得的图像和视频的质量性能，结果表明改进后的卷积神经网络算法在图像和视频处理方面优于其他算法。还有学者通过结合当代工业 4.0 技术、预测分析、模拟和优化的功能，基于态势感知的决策模型，设计了一种情境感知制造系统框架，用于识别和预测中断、评估影响并及时做出反应以修复影响。工业系统基于智能算法、设备和技术支持，逐步实现人机智能交互系统平台的有效运行，通过人机交互、融合、协同达成工业系统的最佳智能状态。工业系统智能化研究趋势如图 5-2 所示。

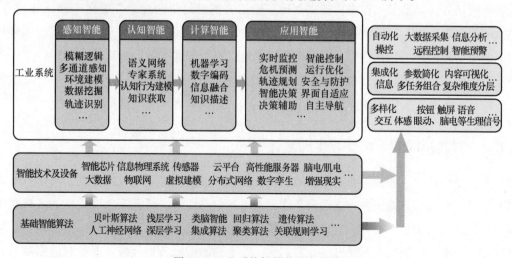

图 5-2　工业系统智能化研究趋势

近年来，不少研究者尝试融合多种生理手段，以提升对人类搜索意图、动作意图及感知状态的辨识精度。目前国内外已研发出如生理信号测量仪、人机环境同步平台等测量工具，可以同时采集人体的脑电、心电、眼电、心率、肌电、皮肤温度、皮电、血流量等生理信号，以及眼动数据、头部运动和表情变化。例如，近年北京津发科技股份有限公司研发了人因环境同步平台，结合人类显性行为（动作、姿势和运动等）的视频数据，对所有内外变化间的因果关系进行测量与解析，同时实时同步记录、跟踪和分析在同一时间点、同一时间段内的人机环境数据信息，多源生理信号数据同步平台如图 5-3a 所示。相关学者运用多种生理组合特征开发智能学习工具，并融合相关指标，开发混合脑机界面系统，他们研究了主观评价指标、眼动指标和脑电指标作为人的感性评估，并运用时频分析方法和复杂度分析方法对驾驶疲劳进行评估，发现多生理特征融合的识别准确率明显高于单个生理信号的识别准确率。王崴等学者通过采集并提取脑电和眼动信号特征进行意图识别，

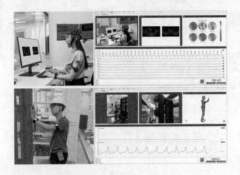

a) 多源生理信号数据同步平台

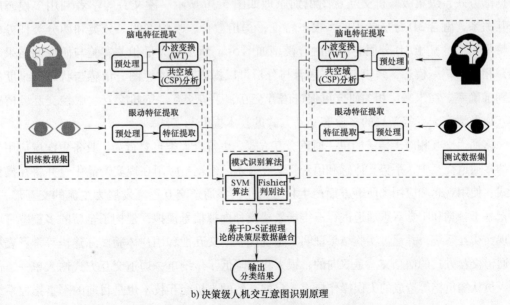

b) 决策级人机交互意图识别原理

图 5-3   多模态数据融合相关领域代表性进展

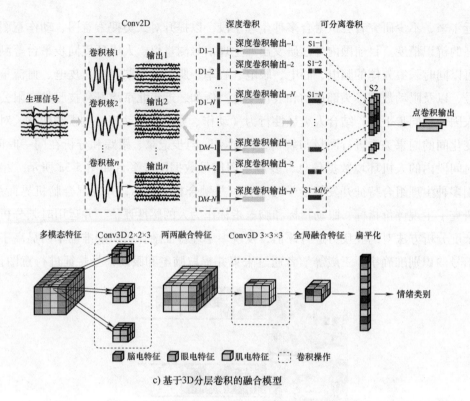

c) 基于3D分层卷积的融合模型

图 5-3 多模态数据融合相关领域代表性进展（续）

证明融合脑电和眼动信号的人机交互意图识别方法识别准确性明显优于仅依靠脑电或眼动数据的方式，决策级人机交互意图识别原理如图 5-3b 所示。凌文芬等学者利用多模态间交互关系，融合 3D 分层卷积的多模态特征，提出效价、唤醒度的二分类和四分类任务中的特征模型，基于 3D 分层卷积的融合模型如图 5-3c 所示。大量相关实验与研究的结果表明，相较于单一模态，多模态数据融合与分析可以提高对人的意图、情感与状态等维度的识别准确率。在未来，相关研究可促进语音交互、手势交互、脑机交互、眼控交互、情感交互以及语音交互等新兴的多模态交互方式的技术提升与实践。

多通道交互相对于传统的单一通道交互方式，更符合人类自然行为。具备更深层应用空间的多通道交互中，手势、体感和语音等交互技术已经逐步应用在现实产品中，并将在操作形式、使用观念和应用场所等方面产生相应变化，多通道交互逐渐发展为主流的交互形式。张青基于触觉和听觉双重通道进行三维场景建模和虚拟信号模拟，建构了全新的多重感官增强现实交互系统，并通过实验结果证明了系统优质的交互性和用户体验。陈建华等学者表示多通道交互方式的信息交流是双向的，很大程度降低了传统单一通道交互方式输入单一、作业人员认知负担等造成的失误操作概率，自然高效的人机交互技术也是目前的军事指控系统发展需求之一。Zahre 等学者通过改良任务界面来减少视觉干扰，确定干扰物对脑机接口系统用户模拟任务中认知负荷的影响，并在没有干扰物、有视觉干扰物和在干扰物中的认知策略条件下进行脑电实验。Son 等学者旨在降低驾驶员的认知负荷，从评估视觉和听觉次要任务可能引起潜在风险的角度，通过驾驶模拟器进行驾驶性能和行为数据的测量实验。Cai 等学者突破单一模态情感识别限制，提出了一种语音和面部表情特征相结合的方法，与语音和面部表情的单一模态相比，其提出的模型的整体识别准确率分别提高了 10.05% 和 11.27%。Zeng 等学者通过融合手势、语音和压力信息构建多模态交互模型，该模型搭建了多模态智能交互虚拟实验平台。综上所述，国内外学者在跨通道融合与信息交互研究方面，为在处理复杂信息情况下提高识别准确率、降低交互过程中单通道信息下的出错率提供了可靠的模型与评价方法，为研究多通道融合的智能系统交互研究提供了可靠依据。

5.2　认知绩效测评相关理论

认知绩效水平可以理解为操作员完成认知任务时需要耗费的脑力资源量与认知活动结果绩效的比值大小。智能制造领域常常具有复杂动态变化特征，并且针对不同信息类型，系统环境变化以及事件动向发展的情景认知对操作员的认知能力具有影响作用。在智能控制系统信息界面的视觉认知活动中，认知绩效水平可以从操作员与信息界面交互时认知负荷总量和态势情境感知两个角度分析。

因此，要想合理测评视觉认知过程中产生的认知负荷，提高智能控制系统信息界面认知绩效水平，需要对认知负荷以及态势感知的基本概念、来源途径、测量方式和相关视觉生理测评指标展开研究。

5.2.1　认知负荷理论

1. 认知负荷理论概述

最早研究认知负荷的学者是美国心理学家 Miller，而认知负荷理论则是由 John Sweller 在 20 世纪 80 年代提出的。认知负荷理论是以资源有限理论和图示理论为基础，围绕认知加工过程中注意资源和工作记忆容量进行阐述的。

资源有限理论指出个体的认知资源容量是有一定阈值的，通常用认知活动中的工作记忆容量来表示。认知负荷理论一般用认知资源表述注意，用认知容量表述工作记忆容量，信息处理模型如图 5-4 所示，个体注意捕获的信息越多，工作记忆中需要加工的信息也就越多，二者是共生关系，一旦认知活动中待加工的信息超过工作记忆容量阈值，就会导致认知负荷过载，进而影响操作员认知绩效水平。

图式是个体在认知活动中，将认知信息以某种特定形式储存在长时记忆中的知识结构。2008 年 Fetso 研究指出图式的形成过程是个体经历了大量类似事件后，以长时记忆的方式存储共同元素或共同特征的过程。个体在进行认知活动时，图式可以作为一种工作记忆的拓展方式，协助工作记忆处理新的认知信息，而且图式的调用经历大量实践后能变为不需要意识控制的自动化处理，也就能有效减少认知资源的消耗，降低认知负荷。

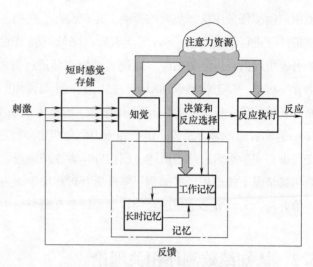

图 5-4　信息处理模型

2. 认知负荷来源

在智能制造人机交互过程中，影响认知负荷的因素概括起来有 3 种：视觉元素的组织与呈现方式、人机交互界面认知难度及用户的知识水平和经验（图式可得性）。它们共同决定了人机交互过程中认知负荷的来源途径：无效认知负荷、内在认知负荷和有效认知负荷。

（1）无效认知负荷　无效认知负荷是由认知活动中个体对认知无贡献的信息加工活动引起的。无效认知负荷与信息界面视觉元素的组织和呈现方式有关，因为不良的设计产生了这些对实质认知无贡献的认知负荷，导致个体认知资源和工作记忆容量有了一定损耗，对个体认知活动造成阻碍。

（2）内在认知负荷　内在认知负荷源于认知任务本身的难度，是由认知任务中的视觉信息元素在个体工作记忆中加工时产生的，它与智能制造系统信息界面的认知难度和操作员的知识水平、经验有关，当信息界面的认知难度较低或操作员的知识水平较高、经验较多时，视觉认知活动中产生的内在认知负荷就会相应较低。

（3）有效认知负荷　有效认知负荷是由工作记忆对认知任务中的目标信息进行实质性加工处理时产生的，实质性加工处理是指图式的构建和图式的自动化调用活动，这样的加工也会产生认知负荷，但是不会阻碍信息认知，反而可以促进对目标信息的认知。

3 种来源途径的认知负荷共同存在于操作员的视觉认知活动中，它们之间是此消彼长的关系，且总量不能超过操作员的认知资源总量，否则就会造成认知负荷超载。如图 5-5 所示，为了合理利用有限的认知资源，达到较好的信息界面视觉认知效果，需要降低无效认知负荷和内在认知负荷，增加有效认知负荷，并使认知负荷总量维持在工作记忆容量许可范围内。

3. 认知负荷测量方法

认知负荷理论一经提出，如何对认知负荷进行测量引起了大量学者的关注。1994 年 Pass 等学者提出了认知负荷结构模型，如图 5-6 所示。该模型由因果和评价两部分构成。

因果部分反映了认知负荷的来源，包括任务/环境、学习者、学习者与任务的交互；评价部分包括心智负荷、心智努力、绩效表现和 3 个因素之间的相互作用。心智负荷代表的是目标任务固有的认知负荷水平，是由学习者与任务/环境之间的认知活动产生的，与学习者的知识水平、经验和任务难易程度及任务形式等有关。心智负荷的处理方式有两种，一种是学习者通过心智努力人为控制加工，另一种则是通过提取图式完成新刺激的加工，属于自动加工，不需要额外调用认知资源，直接反映在表现上。因此，心智努力是学习者真实认知负荷的反映，需要在操作员的认知活动过程中进行评估。绩效表现是指学习者与任务交互的结果，可以间接反映认知负荷水平。从评价部分的 3 个因素来看，心智负荷是初始变量，心智努力是中间变量，而绩效表现则是结果变量，三者都可以用来衡量认知负荷水平。

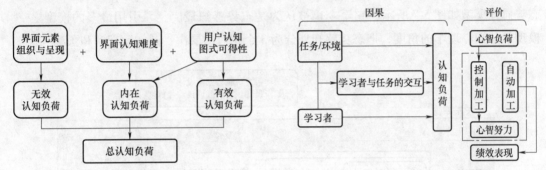

图 5-5　认知负荷来源途径　　　　　　图 5-6　Pass 的认知负荷结构模型

Eggemeier 与 Wierwille 基于认知负荷结构模型，总结了 3 种评测认知负荷水平的方法，分别为主观评价法、任务绩效评估法和生理评测法，3 种评测方法差异对比见表 5-1。

表 5-1　认知负荷评测方法差异对比

分类	方法	指标	优点	局限性
主观评价法	Pass 量表 SWAT（主观性工作负荷评价技术）量表 NASA-TLX（美国航空航天局任务负荷指数）量表等	心理需求 时间需求 努力程度等	使用方便，数据直接易懂，有较高的表面效度，实验不受干扰	信度与效度受主观因素影响，评价标准不唯一
任务绩效评估法	单任务评估 双任务评估	效率 完成率 出错率	数据不受主观因素影响，置信度较高	指标较为单一，不具有实时性
生理评测法	眼动、脑电 皮电、肌电等	相关生理指标	数据客观，评价维度较为全面	设备学习成本较高，数据处理难度较大，被试易受实验设备影响

认知负荷通过修改后的 NASA-TLX 量表，对脑力负荷（MD）、时间负荷（PD）、努力程度（EF）、受挫程度（ER）和业绩水平（OP）5 个指标进行评价，被试在完成任务后，先要根据回忆对这 5 个指标进行高低程度评判，每个指标都被分为 20 等分，左低右高。业绩水平以外的 5 个指标，得分越高，表明认知负荷越高。业绩水平是被试对自己完成任

务的满意程度，得分越高，认知负荷水平越低。还需要被试对指标的重要程度两两对比，6 个指标组成 9 对，以确定每个指标的权重，最后总负荷的计算就是这 5 个指标的加权平均值。得分越高，认知负荷水平越高。

5.2.2 态势感知理论

1. 三阶段模型

态势感知的三阶段模型于 1988 年由 Mica R. Endsley 提出。1988 年的模型围绕当时的研究主体，即空军飞行员，其后随着理论研究的深入与理论应用范围的开拓，1995 年 Endsley 将模型调整优化，使其能够包括各个领域的现象描述及信息综合，动态决策中的态势感知模型如图 5-7 所示，它至今仍被认为是态势感知最广泛、引用最多的模型之一。模型从认知心理学的角度，把态势感知划分为 3 个相对的层次：感知、理解和预测。

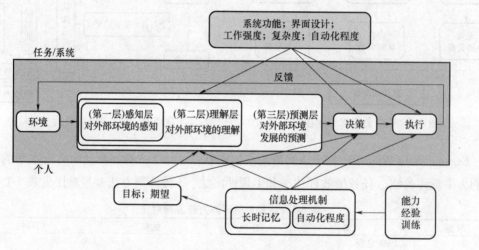

图 5-7 动态决策中的态势感知模型

（1）感知层：对外部环境的感知 实现态势感知的第一层是感知环境中相关元素的状态、属性和动态（如颜色、大小、速度和位置），并识别关键要素或事件，结合从环境中获得的信息作为对环境的知识储备。例如，飞行员需要感知如飞机、山脉或警告灯等元素及其相关特征；战术指挥官需要感知特定区域内敌方和友方部队的位置、类型、数量、能力和动态等数据；工厂制造系统操作员需要感知有关机器、零件、流程和积压状态的数据；汽车驾驶员需要感知其他车辆和障碍物的位置和动态及自己车辆的状态和动态等。

（2）理解层：对外部环境的理解 第一层的环境感知不连贯，需要进行第二层，即根据任务目标理解这些元素的重要性，形成环境全局的态势图。基于第一层的感知了解，尤其当元素之间形成了某种模式时，决策者即可形成环境的整体图景，理解对象和事件的重要性。例如，军事飞行员或战术指挥官必须理解，三架敌机出现在彼此一定的距离内和特定的地理位置，表明了他们目标的某些方面；发电厂的运营商需要将各个系统变量的不同数据组合在一起，以确定不同系统组件的运行情况、与预期值的偏差及任何异常读数的具体位置。在第二层之前，新手决策者可能达到与更有经验的决策者相同的第一层态势感知，但远不能集成各种数据元素以及相关目标，以了解情况，达成第二层。

（3）预测层：对外部环境发展的预测 态势感知的第三层也是最高级别，在第一层和第二层的基础上，通过了解要素的状态和动态以及对情况的理解，来预测环境中元素的未来行动能力，也可解释为运用实现任务所需知识，提供最优的任务完成方案。例如，定位敌机当前进攻位置，并且允许飞行员或指挥官预测该敌机可能攻击方式；空中交通管制员需要汇总有关各种交通模式的信息，以确定跑道的使用情况及可能发生事故的地点。汽车驾驶员需要预测未来可能发生的碰撞事故，以便有效地采取行动；灵活的系统操作员需要预测可能的问题及未使用的机器，以进行有效调度等。

Endsley 的态势感知模型详细介绍了任务中内部和外部因素如何相互作用，随着时间的推移如何影响这些过程，从而创建了一个不断演变的态势感知状态。其中反映了在创造态势感知持续心理表征过程中起作用的认知机制和过程的重要细节，以及工具、环境和系统特征影响这些过程的方式。

因此，该模型不仅基于感知环境信息，它包括以综合形式理解该信息的含义，将其与操作任务进行比较，并提供对决策制定有价值的未来环境状态预测。从这方面来讲态势感知是一个广泛的结构，适用于广泛的应用领域，具有许多共通的潜在认知过程。

2. 态势感知测量

（1）测量目的 鉴于态势感知是在动态复杂环境（如战斗机驾驶舱）中进行有效决策的基础，为了开展辅助决策过程的研究，进一步了解态势感知，以及更深入地了解关于改进态势感知的方法和技术研究，有必要对态势感知进行量化。态势感知的测量对于扩大其知识基础非常有用。通过测量，研究者能够实现以下目的：①检查态势感知中个体差异的来源；②对操作员心理模型进行调查；③更好地理解该过程的输入，更充分地评估决策；④评估态势感知组件的相对贡献。

态势感知的研究在过去 30 年中不断发展，不仅包括对结构构建的研究，还包括对新系统设计的评估和各种领域的培训计划。为了适应这些努力，测量态势感知仍然是这一研究领域取得进展的基础。

（2）测量价值 态势感知的测量结果有助于评估训练技术和各种系统设计概念，包括：①符号显示和可视化设计；②先进的控制和显示概念，如三维显示、语音控制/合成、平板显示及各类显示器或触觉显示设备等；③传感器系统概念；④数据融合等高级软件概念；⑤专家系统和自动化实施、操作员和自动化之间的功能分配。因此态势感知的测量能够帮助开发系统，为复杂系统中的操作员提供这一重要研究基础。

（3）测量的普遍方法　态势感知过去的研究中提出并使用了许多方法，包括任务过程的测量、任务绩效的测量和通过直接询问个人来评估个人对情况的知识掌握和理解水平。

1）任务过程的测量。态势感知任务过程的测量方法包括眼动跟踪、生理技术、沟通和口头访谈及自主评估等，测量结果具有客观性和持续性。眼动追踪可提供对有关视觉信息的注意顺序和持续时间，但不会引起对听觉线索的注意，也不会注意信息是否被正确理解或解释为更高水平的态势感知；沟通和口头访谈可以提供有关流程、策略和评估类型的信息，但只能提供部分个性信息，说明某人比其他人更能表达什么及如何处理。但是，任务过程的测量始终欠缺研究和数据支持心理测量的有效性。

2）任务绩效的测量。态势感知任务绩效的测量包括反应时、出错等测量指标，测量结果主观性与客观性并存。因技术提供了完备的数据，所以不需要操作员进行任何输入，即可进行数据的收集和整理。同时这种技术也存在劣势，包括需要假定任务操作行为，操作系统和操作员经验可能会以意想不到的方式影响任务绩效；面对正常事件和紧急事件的态势感知可能不同，测量场景和绩效测量的数据推断受约束；态势感知可能与被其他因素影响的性能混淆，如通常低效的灵敏度和诊断性。

3. 态势感知测量技术

（1）态势感知全局评估技术　态势感知全局评估技术（Situation Awareness Global Assessment Technique，SAGAT）由 Endsley 于 1987 年首次提出。它是一种在随机选择时间点下暂停任务模拟的测量手段，系统界面显示"空白"或"暂停模拟"，同时被试快速回答当前对态势感知的有关问题，将被试的感知与真实情境进行比较，以提供态势感知的客观度量。

SAGAT 涵盖对所有操作员的查询态势感知要求，包括第一层（感知层）、第二层（理解层）和第三层（预测层）组成部分。这些组成部分中涉及考虑系统功能和状态及外部环境的相关特征。这种方法最大限度地减少了可能的注意力偏差，因为被试无法提前准备测试问题，并且问题包含通常情况下的几乎每个方面。SAGAT 提供了一个目标，决策者进行无偏见评估，克服了事后收集数据时产生的记忆问题，同时最大限度地减少了由于二次任务加载或人为提示被试注意而导致的被试态势感知偏差。

SAGAT 的其他评分测量方法的变形包括：①态势感知控制室功能盘点（Situation Awareness Control Room Inventory，SACRI）根据信号检测理论计算敏感度和偏差分数；②态势感知定量评估（Quantitative Assessment of Situation Awareness，QUASA）以真假陈述的形式提出问题，并增加对每个答案的置信度评估；③态势感知验证和分析工具（Situation Awareness Verification and Analysis Tool，SAVANT）提供部分显示，以询问有关缺失信息的问题，并包括对回答每个问题的时间和准确性的评估；④在自动化环境下测量区域控制器的态势感知（Measuring Situation Awareness of Area Controllers within the Context of Automation，SALSA）在计算总分时对每种查询类型进行加权。

（2）现状评估方法　现状评估方法（the Situation Present Assessment Method，SPAM）由 Endsley 于 1995 年提出，它的测量形式是实时探针。SPAM 通常是在决策者正在执行正常操作任务时，通过口头沟通，实时提供测量结果。除了测试执行准确度之外，还收集每个态势感知探测的响应时间作为信息可用性的指标。

SPAM 还在每次态势感知测试之前提供"预备"提示，允许决策者延迟接收它，直到他们准备好进行测试。态势感知调查可以作为嵌入式调查进行，由决策者的同事扮演提问者的角色，因此它们对于场景来说似乎很自然。SPAM 提供与过去、现在和未来情况相对应的查询。

（3）态势感知评分技术　态势感知评分技术（Situational Awareness Rating Technique，SART）由 Taylor 于 1989 年提出。对于测试者来说，态势感知的主观测量比客观测量更容易，成本更低，但可能缺乏同样程度的准确性和诊断性。最常用的方法是让操作员按照指定的比例 ［如利克特量表（Likert scale）］，用系统概念对其态势感知进行评级。在 SART 中，决策者根据注意力资源的需求量、注意力资源的供应量和对所提供情景的理解进行评分系统设计。因此，除了考虑操作员对情况的态势感知外，还考虑操作员感知的工作量（注意力资源的供给和需求）。

5.3　人机交互相关的测评方法与流程

5.3.1　测评方法

目前人机交互认知测评的常用方法包括主观评价法、生理测评法和行为绩效评价法等。使用主观评价和行为绩效评价的应用研究最为广泛，其中基于眼动追踪评价手段的研究也大量产出，使其已成为较为成熟应用的评价手段之一。近年来基于脑电的生理测评研究也成为认知测评方法的新热点，目前 ERP 脑电生理技术主要应用在心理学实验上，并扩展为对人机交互的信息呈现、界面布局和用户体验评价等方面。

1. 主观评价法

主观评价法依据的是被试与界面视觉信息交互过程中的总体感受，这种感受是被试对视觉信息界面可用性和体验性的主观评价，主观评价的目的是更好地改进和优化视觉界面信息呈现。主观评价操作简单，评价成本低，评价精度不高，在视觉界面设计前期，可通过设计与主观评价的多次循环有效地优化视觉界面信息呈现。

被试主观评价通常以调查方式展开。常见的调查方法有问卷调查与访谈、焦点小组及放声思维法等。在具体设计评价的过程中，可单独使用上述方法中的一种，也可以综合使用几种方法同时进行设计评价。为了增加调查样本，提升调查数据的精准度，主观评价调查中常采用自我报告式问卷量表,利克特量表和语义差异量表是其中两种经典的评价量表。

主观评价可以作为认知绩效的辅助评价方法。主观评价可以设置在生理实验后,来评价打分。收集主观数据后,对指标进行统计分析。最后,通过数据分析视觉信息对认知绩效的影响。但主观评价法多依赖于简单的定性描述和主观判断,可信度不够。

(1)疲劳测试的卡罗林斯卡嗜睡量表 采用卡罗林斯卡嗜睡量表(Karolinska Sleepiness Scale,KSS)对用户主观疲劳程度进行调查,其具体等级描述见表 5-2。

表 5-2 KSS 主观疲劳等级描述

KSS 等级	描述
1	极度清醒
2	非常清醒
3	清醒
4	比较清醒
5	既不清醒也不疲劳
6	有点疲劳
7	疲劳,但容易保持清醒
8	疲劳,需努力保持清醒
9	疲劳,需努力挣扎才能保持清醒

按照用户的 KSS 等级将疲劳程度分为清醒、轻度疲劳、重度疲劳 3 个等级。当 KSS 等级 ≤3 时,用户处于清醒状态,精力充沛且能正常驾驶座舱,对外界响应能及时做出反应;当 4<KSS 等级≤7 时,相比于清醒状态,用户处于轻度疲劳状态,开始出现倦态、反应迟钝等现象,对车辆的操控能力下降,对外界环境变化不敏感,常有驶出车道的行为发生;当 7<KSS 等级≤9 时,用户处于重度疲劳状态,此时用户精神不济、神情恍惚,频繁出现与任务无关的操作。

(2)情景意识的主观问卷 在情景意识测量方式上,可以通过主观评价方式(态势感知评分技术),任务完成后以自评方式回答量表问题。SART 使用以下 10 个维度来衡量操作员的态势感知:情境的了解、注意力专注、信息量、信息质量、情境的稳定性、注意力集中、情境的复杂性、情境的变化、唤醒水平和剩余心理资源。SART 将参与者的每个维度都以 7 分评分量表进行评估(1 分为低,7 分为高),以获得态势感知的主观度量。部分 SART 量表维度见表 5-3。

表 5-3 部分 SART 量表维度

项目	项目解释	项目评分
情境的稳定性	情境很不稳定,如目标飞行器的位置姿态会突然变化(低),还是很稳定、变化小(高)	低→高 1 2 3 4 5 6 7

（续）

项目	项目解释	项目评分
情境的变化	情境中只有很少关系在改变（低），还是有很多在改变（高）	低→高 1 2 3 4 5 6 7
情境的复杂性	任务情境简单，事件关联程度小（低），还是情境复杂，关联密切（高）	低→高 1 2 3 4 5 6 7

观察者评价技术需要一个主题专家观察分析参与者的任务执行，然后通过态势感知行为评级量表（SABARS）给每个用户情景意识的行为进行评估。通过参与者在执行任务期间相关情景意识的行为对情景意识进行评级。

2. 生理测评法

生理测评法主要是通过测量被试在完成视觉界面任务时的血压、心跳、瞳孔变化以及脑电波等生理变化数据，客观地记录被试在任务过程中的生理变化，基于认知机理，进一步分析生理变化与界面元素设计的关联性，进而发现界面元素设计不合理之处并改进，实现对视觉界面信息呈现的评估和优化。

（1）眼动跟踪测评指标   眼睛是心灵的窗户，据估计，人所接收到的外界信息有80%来源于眼睛所建立的视觉通道。人在进行生理或心理活动时，会将其活动过程反映在眼睛上。眼动指标指能反映眼球变化的各种指标，随着先进眼动仪的出现，当前可以记录的眼动指标已达到几十种。通过研究眼动指标的变化可以了解人机交互过程中人所摄入的信息量大小以及人的心理活动。因此，国内外专家广泛使用眼动指标衡量工作负荷，常用眼动指标说明见表5-4。

表 5-4   常用眼动指标说明

一级指标	一级指标说明	二级指标	二级指标说明
注视指标	注视是指眼球中央凹对准某一对象超过一定时间，在此期间该对象被映射在中央凹上，从而形成清晰的像。这个时间阈值通常被规定为100ms，即如果中央凹对准某对象时间超过100ms，该眼动行为可被定义为注视	注视时间	实验过程中注视活动持续的时间，该指标反映被试提取信息的难易程度及其注意力分配情况，能够有效反映工作负荷变化。工作负荷越大时，被试注视时间越长
		注视次数	实验过程中注视活动发生的次数，该指标反映被试对注视对象的熟悉程度以及注视对象的复杂程度。工作负荷越大时，被试注视次数越多
		邻近指数	该指标反映注视点分布的随机性，但同时也受被试搜索策略的影响
		注视眼动	注视眼动包括眼震颤、漂移、微跳、眼跳入侵4类，其变化与工作负荷大小变化显著相关

（续）

一级指标	一级指标说明	二级指标	二级指标说明
扫视指标	扫视是指眼球由一个注视点快速移至下一个注视点的眼动过程。扫视可以获得时空信息，但不能形成比较清晰的像，其功能在于转换注视目标，将新的注视目标移到中央视觉范围内	扫视频率	单位时间内扫视活动发生的次数，该指标能有效反映工作负荷变化
		扫视持续时间	相邻注视点转换所需的时间，任务负荷增大时，扫视时间也呈增长趋势
		眼跳幅度	一次扫视过程从开始到结束所覆盖的范围，该指标反映视觉搜索活动工作量
眨眼指标	眨眼指上、下眼睑相互接触的现象。眨眼与人的心理活动紧密联系，被试注视较感兴趣的对象或处理较复杂的任务时，会将更多注意分配给任务相关的刺激，从而抑制眨眼活动的发生，这种现象被称为眨眼抑制	眨眼频率	单位时间内眨眼活动发生的次数。当视觉任务所需工作负荷较大时，大脑会将更多注意分配给注视和扫视活动，从而导致眨眼频率降低
		眨眼持续时间	单次眨眼活动持续的时间，该指标变化的原因和眨眼频率变化的原因类似，与被试工作负荷变化成反比关系
		眨眼闭合时间	单位时间内眼睛闭合所占的时间，心理学家通常将眼睑遮住瞳孔的面积超过瞳孔面积的70%定义为闭合
瞳孔指标	瞳孔位于角膜和晶状体之间，是光线进入眼球的通道，眼球通过改变瞳孔大小调节射入光量	瞳孔大小	瞳孔大小变化是一个重要的眼动指标，它与知觉、记忆、思维活动和语言加工等心理活动紧密相关，是最有效的工作负荷测量指标之一
		认知活动指数	认知活动指数通过计算指定时间段内瞳孔大小信号出现不连续的次数而得到，其对光源明暗变化不敏感

（2）脑电指标　通常以脑电信号产生的原理为分类准则，将脑电信号分为自发脑电信号与诱发脑电信号。自发脑电信号一般是当人类大脑未受到外部感官刺激，也未处于事件相关或心理认知思维状态时产生的脑电信号。一般来说，人类正常的脑电活动的频率在 $0.5 \sim 30\text{Hz}$ 之间，电压波幅在 $\pm 100\mu\text{V}$ 之间。

事件相关电位（Event Related Potential，ERP）是一种特殊的脑诱发电位，通过有意地赋予刺激以特殊的心理意义，利用多个或多样的刺激所引起的脑的电位。它反映了认知过程中大脑的神经电生理的变化，也被称为认知电位，即指当人们对某刺激进行认知加工时，从头颅表面记录到的大脑电位。

一般来说，获取大脑电活动的方式有 3 种：皮层脑电图（Electrocorticogram，ECOG）是指直接从大脑皮层或硬脑膜获得的脑电活动记录；局部场电位（Local Field Potential，LFP）也称颅内脑电图，是指在大脑中插入一个小尺寸的电极来记录大脑活动内容产生的电信号；自发脑电信号是通过放置在头皮表面的电极来记录的大脑皮层发出的脑电信号，是非侵入式的，对人体无害，可以在多种环境下使用，使用最广泛。根据 Courchesne、Pfefferbaum、Fahrion、Sutton、Kadir、Bekker 等学者相继研究的大脑不同频段波的特征，总结出常用脑电指标说明见表 5-5。

表 5-5　常用脑电指标说明

一级指标	一级指标说明	二级指标	二级指标说明
自发脑电信号	当大脑未受到外部感官刺激，也未处于事件相关或心理认知思维状态时产生的脑电信号	γ 波	γ 波是脑电波中的高频成分，多存在于躯体感觉中枢，一般在大脑执行跨模态的感觉处理任务或尝试回忆某对象时出现，易受复杂思维作业的影响
		β 波	β 波振幅为 $5\sim20\mu V$，在额区和中央区比较明显。β 波代表大脑的觉醒，一般认为 β 波是大脑皮层处于兴奋状态的主要电活动
		α 波	α 波振幅为 $20\sim100\mu V$，是脑电波中频率较快的波，在人体头部的任何部位均可检测到 α 波。α 波是正常人的基本脑电波，若无外加刺激，α 波频率非常恒定。人在清醒、安静、闭目时，α 波最明显，所以一般认为 α 波是大脑皮层在清醒、安静状态下的主要电活动
		θ 波	θ 波振幅为 $20\sim150\mu V$，是脑电波中频率较慢的波。通常健康成人在清醒状态下记录不到 θ 波，在困倦状态下才可以记录到，尤其是在受到挫折而感到抑郁时更为明显。θ 波是少年时期人体脑电波的主要成分
		δ 波	δ 波一般振幅比较大，为 $20\sim200\mu V$，是脑电波中频率最慢的波。通常健康成人在清醒状态下记录不到 δ 波，只有当深度麻醉、深度睡眠、缺氧、极度疲劳或者大脑器质性病变出现时，δ 波才会出现。所以一般认为 δ 波是大脑皮层在抑制状态下的主要电活动
ERP	当人们对某刺激进行认知加工时，从头颅表面记录到的大脑电位	N2	N2 是刺激呈现后出现的第二个负成分，因此被命名为 N2，其潜伏期为 $200\sim300ms$。N2 主要表现在脑的额-中央区，脑内源主要是激活了前扣带回等区域。在不同的作业任务下或处于不同的脑区，N2 具有不同的表现和意义。N2 有两种典型的含义：第一是由新异刺激引起的总体预警系统反应；第二是行为反应过程中的认知控制，包括反应抑制、反应冲突和错误监控等
		P300	P300 是晚成分中的第三个正波，最初发现时约 300ms，故称其为 P300，随着研究的进展，家族成分不断被发现，其潜伏期已经逐渐扩展到了 800ms。当任务执行性要求较低时，不需要用大量的资源，因此刺激的波幅较大，潜伏期相对较短；对于需要大量注意资源的任务，由于资源要用于任务执行，因此刺激诱发的波幅较小但潜伏期较长

（3）皮电　人的身体大约有 300 万个汗腺，在手掌、手指及脚底分布较为明显。当人的机体受到感官刺激或者情绪产生变化时，皮肤内的血管会产生收缩和舒张，机体的汗腺被激活而发生变化，进而分泌水分，通过毛孔进入皮肤表面，在分泌液中的离子改变电流正负平衡，把这种可测量的皮肤电导的变化（皮肤电导增加等于皮肤电阻降低）称为皮电活动（Electrodermal activity，EDA）。皮电活动能够非常快速、灵敏地反映刺激事件对个体的影响程度。

皮电活动是最敏感的情绪反馈之一，来源于皮肤汗腺的自主激活，与情绪、唤醒度和注意力等密切相关，是生理学反应系统中应用最广泛的测量指标类型。同时，因其具有稳定性高、测量简便、灵敏度高等优势，皮电活动成为反映个体交感神经兴奋性变化的最有效、最敏感的生理参数。皮电活动可以作为评价个体生理唤醒、认知负荷、努力程度、情绪反应及应激能力的良好指标，可应用于产品设计、用户体验测评及操作员应激反应等研究内容。

皮电的常见名称有皮肤电导（SC）、皮肤电反应（GSR 或 EDA）、皮肤电导反应（SCR）、皮肤交感反应（SSR）和皮肤电导水平（SCL）等。相关资料显示，皮电基本上采用 GSR 和 EDA 两种简称表示，但两者之间没有明确区别。常用皮电指标说明见表 5-6。

表 5-6　常用皮电指标说明

指标	指标说明
SCL	皮肤电导中的渐变水平
SCR	皮肤电导中出现的瞬时、较快波动
非特异性 SCR（Non-Specific SCR，NSSCR）	自发出现，与刺激事件无关
事件相关 SCR（Event-Related SCR，ERSCR）	特定事件（如视觉刺激或应激事件）诱发出的相应 SCR

（4）心电　心率变异性（Heart Rate Variability，HRV）是指个体连续心搏间瞬时心率的微小涨落。HRV 信号蕴含了有关心血管调节的大量信息，对这些信息的提取和分析可以定量评估交感神经和迷走神经活动的紧张性、均衡性及其对心血管系统活动的影响。常用心电指标说明见表 5-7。

主要概念解析：

1）心率（Heart Rate，HR）指正常人在安静状态下每分钟心跳的次数，单位为 bpm。

2）心跳间隔（Inter-Beat Interval，IBI）指两次连续心跳之间的时间间隔，即 R-R 间期（简称 NN 间期），通常以 ms 为单位，是计算 HRV 指标的重要数据。

表 5-7　常用心电指标说明

一级指标	一级指标说明	二级指标	二级指标说明
时域分析	时域分析是通过计算一系列有关 R-R 间期的数理统计指标来评价 HRV，揭示信号随时间变化的规律。时域指标主要反应交感神经与副交感神经张力的大小，进而评价自主神经系统总体程度。	平均心率（AVHR）	平均心率。心率加快，受测者情绪唤醒度增加
		SDNN	全部心博 NN 间期的标准差，评价整体 HRV 大小，是评价交感神经功能的敏感指标
		RMSSD	全部 IBI 连续差异的均方根，是评价副交感神经功能的敏感指标
		pNN20/pNN50	连续 NN 间期相差超过 $x$ms 的间隔个数占总个数的百分比，是评价副交感神经功能的敏感指标
		SDANN	24h 长时程数据，计算每段数据的平均值，然后计算总体平均值的标准差
频域分析	心率的搏动通常被认为是周期性的，可以通过计算功率谱密度（PSD）来量化 IBI 时间序列中的这些变化，提供能量随频率变化分布的基本信息。频域分析可以定量的评估交感神经和迷走神经的调控作用	Total Power	总功率，反映信号的总体变异性
		HF Power	高频能量，一般反映副交感神经的激活信息
		LF Power	低频能量，一般反映交感神经的激活信息
		LF/HF	低频与高频的能量比，反映自主神经的均衡控制
		HFN orm/LF Norm	归一化高低频比值，反映副交感神经调节的变化

（5）肌电　肌电图（Electromyography，EMG）用来测量和分析肌肉收缩时发出的肌电信号，其代表着肌肉的活动水平，可用其对肌肉功能进行研究。通过测量肌电反应的数据指标，如均方根（RMS）、积分肌电（iEMG）和中位频率（MF）等，进一步评估个体的神经与肌肉功能状态。

肌电信号分析可广泛应用于肌肉工作工效学分析、操作姿态分析、康复状态功能评价、疲劳识别及肌电假肢控制与动作模式研究等。常用肌电指标说明见表 5-8。

3. 行为绩效评价法

行为绩效评价通常建立在被试通过呈现的视觉界面完成具体任务的行为之上，完成任务的绩效评价一般用有效性和效率两项核心指标来描述。有效性指界面任务成功完成具有很好的可靠性，其度量指标可以是正向的成功率、反向的出错率或中性的求助频率。效率是指成功完成任务的速度，对于具体任务，可以通过测试被试任务完成的时间来度量，也可通过记录被试完成某任务的时间或考察在时间限制内完成任务的被试比例来衡量，但该客观评价方法难以处理认知心理层面的不确定模糊性问题。

表 5-8　常用肌电指标说明

一级指标	一级指标说明	二级指标	二级指标说明
时域分析	时域分析是将肌电信号看作时间的函数，以时间为自变量进行某些统计分析，不涉及任何非时间的自变量。时域分析可以提供在时间维度上评价肌电曲线变化特征的指标	Mean	肌电平均值，表示肌电信号的平均水平
		Max	表示肌肉活动的最大放电能力
		Min	表示肌肉活动的最小放电能力
		Variance	方差，表示肌电信号的离散程度趋势
		iEMG	积分肌电，表示在一定时间内肌肉参与活动时运动单位的放电总量，反映一段时间内肌肉的肌电活动强弱，是评价肌肉疲劳的重要指标
		Mean Absolute Value	平均绝对值
		Standard Deviation	标准差，表示肌电信号的离散程度
		Range	肌电信号幅度
		RMS	均方根值，指某段时间内所有振幅的均方根值，描述一段时间内表面肌电的平均变化特征
频域分析	频域信号是时域信号通过快速傅里叶变换（FFT）得出，可反映肌电信号在不同频率范围内的强度，得到肌电信号在有关频率特征的信息	中位频率（MF）	指放电频率的中间值，即肌肉收缩过程中放电频率的中间值，一般随着运动时间段增大而呈递减的趋势。快肌纤维兴奋表现在高频放电，慢肌纤维兴奋则表现在低频放电
		平均功率频率（MPF）	指该段时间内频率的平均值。在肌肉疲劳状态下，表面肌电频域指标 MPF 呈递减变化
周期性分析	周期性分析是自动识别任务间歇性用力的时间片段，并进行分段叠加统计。更加适用于长时程重复性的人因操作任务	Start Time	动态用力周期开始时间
		End Time	动态用力周期结束时间
		RMS	动态用力均方根值
		Mean Absolute Value	用力平均绝对值

　　基于行为的认知绩效评价指标主要包括正确率和反应时。正确率一般代表被试在完成信息任务后做出正确反应的次数，在一定程度上代表界面视觉信息认知的有效性。反应时一般代表被试完成认知任务时所需要的时间，在一定程度上代表信息认知的效率。

　　除此之外，识别速度、识别概率和探测率也可以作为行为绩效评价的指标维度。识别速度即反应时的倒数。识别概率是一种视觉生理阈限的定义，是正确识别次数与识别总次数的比值，在确定视觉辨认阈限时，一般采用的识别概率为50%。探测率是指正确探测到目标次数与目标呈现次数的比值，从一定意义上来说也是一种识别概率。

（1）任务完成效率　任务完成率通过完整正确完成目标任务的用户比例来衡量。计算公式为

$$L = \frac{\sum_{i=1}^{m} \dfrac{n_{iy}}{N_{iy}}}{m} \tag{5-1}$$

式中　L——任务完成率；

　　　m——被试数量；

　　　n_{iy}——第 i 个被试正确完成的任务数；

　　　N_{iy}——第 i 个被试应完成任务数。

任务完成效率为被试的任务完成率取算术平均值，其计算公式为

$$E = \frac{Lm}{\sum_{i}^{m} t_i} \tag{5-2}$$

式中　E——任务完成效率；

　　　t_i——第 i 个被试的任务完成时间。

（2）准确率　被试产生的错误数量为被试在可用性测试任务中出现错误的数量。被试产生的错误发生频率为被试在可用性测试中每分钟出现错误的数量。准确率计算公式为

$$\rho = \frac{N_{错误数}}{t_{总}} \times 60 \tag{5-3}$$

式中　ρ——准确率；

　　　$N_{错误数}$——被试在任务过程中出现任务数量；

　　　$t_{总}$——可用性测试的总时间。

4. 测评方法的优劣

就目前的测评方法而言，3 种测评方法都可以有效衡量个体认知活动中产生的认知负荷，但由于认知绩效的内潜性、多维性和复杂性等特点，在应用中就需要根据不同的评价目的、任务特征和认知信息载体选择合适的测评方法。

在评估以视觉信息为主的智能制造系统信息界面时，脑电、皮电、肌电等数据的记录大多需要佩戴传感器，接触式传感器不仅会对操作员的认知活动产生干扰，同时也不利于被试的操作任务，视觉生理测评技术采用了非接触式的数据采集方式，不会对被试的视觉认知活动造成干扰，且采集的数据可以从视觉认知的搜索和加工过程衡量操作员的认知负荷，因此运用视觉生理测评指标来衡量智能控制系统信息界面的认知绩效水平，无论是在理论上还是技术上都具有可行性。不同认知绩效评价方法包含的指标及优劣对比见表 5-9。

表 5-9　认知绩效评价方法优劣对比

分类	方法	指标	优点	局限性
主观评价法	利克特量表、语义差异量表、边说边做（Thinking Aloud）等	可用性体验、主观感受等相关指标	操作简单，评估成本低	评估精度不高，评价标准不唯一
行为绩效评价法	任务绩效测量	成功率、求助率和完成时间等	数据不受主观因素影响，有效性高	指标较为单一，不具有实时性
生理测评法	眼动、心电、皮电和脑电等	凝视时间、瞳孔大小、皮电、脑电波形变化等	数据来源客观，评价指标丰富，维度全面，可实现实时测量	数据庞大难处理，设备学习成本高

5.3.2　测评流程

在视觉认知绩效评价中，评价因素可以分为两个方面：认知成本和认知收益。认知成本是用户完成视觉认知任务所需的所有认知资源的总量。认知收益是用户完成视觉认知任务的结果。视觉认知绩效可以定义为相对于认知成本的认知收益的程度。

视觉认知绩效可以通过主观评价指标、生理指标和行为绩效 3 个方面进行评价，而这 3 类指标可以归纳为两大类指标，即成本型指标与效益型指标。成本型指标可以体现用户在视觉认知中的心理努力（Mental Effort，ME）程度与认知负荷水平，心理努力程度与认知负荷水平越高，则表示用户在视觉认知过程中花费了更多成本，其中主观评价指标与部分生理指标可归于此类；效益型指标可以体现用户通过视觉认知获得成果的大小，其中行为绩效与部分生理指标可归于此类。在考虑视觉认知绩效的评价时，成本型指标可以归为认知成本的因素，而效益型指标是认知收益的因素。因此，认知效益越高，认知成本越低，则视觉认知绩效越好。

（1）测评指标归类　将视觉认知绩效评价方法中的各类指标根据所体现的认知性质进行归纳梳理，分为成本型指标与效益型指标，见表 5-10。

表 5-10　视觉认知绩效评价指标分类

种类	测评方法		具体指标
成本型指标	主观评价法		可用性体验、主观感受等
	各类问卷、量表、用户访谈等		
	生理测评法	眼动	瞳孔大小、凝视时间、眨眼次数等
		脑电	波幅
		心电	心率
		皮电	皮肤电导水平
		呼吸	呼吸频率

（续）

种类	测评方法		具体指标
效益型指标	行为绩效评价法	行为记录	正确率、求助率、反应时、识别速度、识别概率、探测率等
	生理测评法	眼动	眼跳幅度、兴趣区凝视点占比等
		脑电	潜伏期

（2）测评流程　为了比较相对的综合认知绩效 e，Paas 和 Nboer 开发了一种计算方法，该方法通过将原始绩效（如测试所得分数）和心理努力数据（如测试时的努力程度）标准化为相应的分数 z，并使用式（5-4）进行综合计算：

$$e = \frac{z_{\text{performance}} - z_{\text{testingeffort}}}{\sqrt{2}} \tag{5-4}$$

在式（5-4）中，心理努力与任务的表现有关：心理努力越低而任务绩效越高时，综合认知绩效 e 就越高，反之亦然。为了能够更精确地衡量视觉认知绩效，Tuovinen 和 Pass 通过添加第三维度量——心理努力——将上述二维方法扩展到式（5-5）中：

$$e = \frac{z_{\text{performance}} - z_{\text{learningeffort}} - z_{\text{testingeffort}}}{\sqrt{3}} \tag{5-5}$$

根据上述计算方法，心理努力可用于衡量投入的认知努力量。为了将心理努力和绩效测量以有意义的方式结合在一起，可视化认知效率的公式可概述如下：

给定 3 个因变量的数据集：反应正确率（Response Accuracy，RA）、反应时（RT）和心理努力，由于它们是在不同类型的单位中测量的，首先需要将它们标准化，以使其具有可比性。

零-均值（Z-Score）规范化也称标准差标准化，经过处理的数据均值为 0，标准差为 1。转化公式为

$$x^* = \frac{x - \mu}{\sigma} \tag{5-6}$$

式中　μ——原始数据的均值；

　　　σ——原始数据的标准差，是当前用得最多的数据标准化方式。

由此，视觉认知绩效 e 的公式可转化为

$$e = \frac{z_{\text{RA}} - z_{\text{ME}} - z_{\text{RT}}}{\sqrt{3}} \tag{5-7}$$

视觉认知绩效被定义为认知成本（ME+RT）和认知收益（RA）之间的差异。在反应正确率越高，心理努力越低以及反应时越短的情况下，视觉认知绩效则越高；在反应正确率越低，心理努力越高以及反应时越长的情况下，视觉认知绩效则越低。当视觉认知绩效

为 0 时，认知成本和认知收益是平衡的。

基于视觉认知绩效的评价方法与指标测评模型，提出人机交互认知绩效测评流程如图 5-8 所示。

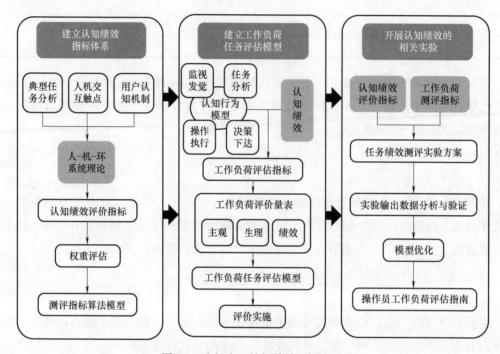

图 5-8 人机交互认知绩效测评流程

步骤一： 根据用户生理、心理和行为能力等反映认知绩效的人体特征参数需求，从典型任务分析、人机交互触点和用户认知机制角度出发，应用人-机-环系统理论，研究分析典型任务下用户执行任务交互和人机协同的特点，从生理、心理和行为能力的不同属性分析用户的认知因素，筛选出可以反映认知绩效水平的评价指标。

步骤二： 研究任务对用户认知能力的各项生理、心理评价指标权重的影响，构建典型任务下认知绩效的测评指标算法模型。

步骤三： 根据用户认知行为模型，结合认知绩效测评指标，量化工作负荷的评估指标，提出适用于典型任务下用户主观测评、生理测评与任务绩效评价量表，进一步构建工作负荷任务评估模型。

步骤四： 根据所构建的典型任务场景与流程，以及工作负荷测评指标，设计有关主观评价、任务绩效测评、生理参数测评的相关测评实验方案，并进行任务绩效测评，获取实验结果。

步骤五： 根据获取到的结果进行数据分析与验证，将对应的多参数值划分到对应不同工作负荷大小的类别之中，进行工作负荷任务评估模型的评估验证，并对工作负荷任务评估模型进行优化，输出操作员工作负荷评估指南。

5.4　认知测评实验设计与实施

5.4.1　实验设计

实验设计应包括典型任务模拟界面、生理数据测量与搜集平台和 NASA-TLX 量表。典型任务模拟平台可通过 E-Prime 实验生成系统进行界面的搭建。E-Prime 心理学实验操作平台是一个高等的图形设计环境，涵盖从实验生成到毫秒精度的数据收集与初步分析等功能，建立复杂的实验程序，进行实验设计、生成、运行、收集数据、编辑和预处理分析数据。E-Prime 能呈现的刺激可以是文本、图像和声音（可以同时呈现三者的任意组合），提供了详细的时间信息和事件细节（包括呈现时间、反应时等细节），可供进一步分析，有助于了解实际实验运行的时间问题。

实验中生理测量仪器根据所需要测量的生理指标来确定。眼动跟踪动态捕捉实验以及 ERP 脑电视觉注意实验，以信息图元为自变量，信息特征为因变量，综合运用行为和生理数据相结合的实验手段分析任务失败的生理反应机理。智能化信息交互界面的用户认知行为，包括多个层次和形式的活动，如感觉、知觉、学习、记忆、注意、思维、推理、语言和意识等，同时伴随心理活动、生理活动的相互作用，研究信息界面中用户行为、心理活动和生理活动的关联和统一，需选取眼动、ERP 相结合的生理测量技术，作为生理评价模型的技术支持。其中，眼动指标可对界面视觉信息的获取、理解和搜索策略进行最直接有效的定量表达；ERP 技术的高空间定位性和高锁时性，可为界面信息可视化认知过程提供脑区时空二维的解读。

根据眼动跟踪设备 Eye Tracker 系统和 64 导联的 NeuroScan ERP 研究分析系统，结合眼动指标（如注视时间、注视点数、任务完成率和目标任务耗时偏差等）和反应时数据，以及不同测量手段的响应数据，分析不同态势环境下设计认知过程中形象思维的行为反应指标、眼动指标及 ERP 脑生理指标，分析生理反应与认知绩效之间的关系，获取信息交互界面信息因子的生理反应指标。

实验完毕后要求被试立即填写 NASA-TLX 量表，以便对每次具体阶段/场景的工作量进行评价。该量表从脑力需求、体力需求、时间需求、作业绩效、努力程度和受挫水平 6 个维度对工作负荷进行评估，所有维度都用一条 20 等分直线来进行测量，作业绩效的直线得分从左至右依次减少，其他 5 个维度的直线得分从左至右依次增加。如果把 6 个维度进行排列组合，总计有 15 对，在测试中，操作员需要选出每一个组合中与工作任务负荷更加相关的维度，运用此种方法得出每个维度的权重，将得出的权重值与其打分相乘可以算出加权平均值，所有加权平均值之和即为工作负荷。

5.4.2　模拟任务具体情境设定

实验采用典型任务下的模拟界面进行测试，具体界面内容参照前期操作员的工作任务行为流程分析结果，根据具体实验需求，飞行模拟界面可以在 E-Prime 软件中进行人为设置，还可以设计人机交互流程及不同的任务状态等。

5.4.3　被试样本

根据实验惯例，选择实验样本 20 人左右。被试年龄要求为 20~30 岁，要求身体健康，没有任何心脏、脑部疾病史和服用任何慢性药的病史，视力或矫正视力在 1.0 以上，实验之前应保证充足的睡眠，习惯用右手且性格乐观开朗、积极向上。根据实验条件选择被试群体，在被试招募和选择的过程中，应至少考虑以下方面：

1）年龄（所有年龄或某一年龄段）。

2）性别（男女不限或某一性别）。

3）职业。

4）驾驶经验。

5）生理或心理认知能力。

5.4.4　实验流程

为了保证获得的实验数据的准确性与有效性，人机交互模拟实验过程主要分为以下环节：

在实验前准备阶段，需要检查并校准实验仪器，以及检查监控录像设备能否正常使用，电源线、数据传输线是否都连接良好，配套使用的计算机能否正常工作，数据采集、转换和分析软件能否正常运行，实验相关的环境场景是否合理到位。明确被试之后，对被试进行培训，并教会他们实验软件的具体动手操作方法。由于脑电的数据测量和数据传输都是以电极作为媒介，为了保障电极良好的导电性，实验前要求被试与电极接触的皮肤保持清洁、干燥，将彩色脑电地形图仪及心电监测仪的电极分别佩戴于被试的头上，并进行预实验（大约 10min），使被试适应在佩戴实验仪器的情况下对 E-Prime 平台进行界面模拟操作，消除被试的紧张心理。最后，对所有被试讲解实验方案，使被试充分了解实验步骤，从而使实验能够顺利进行。

为了和人机交互模拟实验的测试数据进行对比分析，需要采集被试的生理静态测量数据。20 名被试保证充足的睡眠（7~9h），生活规律，实验前未服用任何药物或饮用刺激性饮料。上午的 8:00~10:00 这个时间段，对处于静坐状态下的被试进行脑电与心电指标数据的测量，每名被试测量 10min。为了降低实验仪器适应过程对数据的影响，静态实验结束后采用后半段（后 5min）的数据。全部被试的生理数据都采集完毕后，用分析软件对数据进行提取、预处理与存储。

为了保证所采集数据的有效性，在实验中应注意以下事项：

1）实验前，被试不得饮酒、服用刺激性药物，保证实验前一晚正常的睡眠。

2）实验当天，保证被试与电极相接触的皮肤保持清洁、干燥。

3）实验过程中，模拟驾驶舱内及附近空间中的实验人员与被试都要关闭手机，尽可能保持安静，以减少其他电波信号、噪声等对脑电地形仪及心电监测仪的干扰。

4）实验过程中，被试与实验人员不能做与实验无关的事。

5.5 本章小结

本章系统地梳理了人机交互测评技术的研究现状，包括测评技术与方法、人机交互评估模型以及关于智能协同的测评研究，并结合认知负荷、态势感知等认知绩效测评理论，形成人机交互测评方法、流程与认知测评实验设计。

人机交互工作负荷测评实验

6.1 工作负荷测评实验范式

6.1.1 认知抑制实验范式

认知抑制是指个体选择注意的分心信息并对其进行注意控制，是高级的认知抑制控制，在实验中一般采用 Stroop 范式、Simon 范式和 Flanker 范式进行测量。

（1）Stroop 范式及其变式　在 Stroop 范式中，被试需对与任务有关的刺激做出反应，而忽略与任务无关的刺激。经典的范式是颜色词 Stroop 范式：屏幕上显示黄颜色的"蓝"字（字的颜色与含义不同）或蓝颜色的"蓝"字（字的颜色与含义一致）。被试需要报告屏幕上是什么字。字的颜色和含义矛盾的反应时比字的颜色和含义一致的反应时短，这种现象被称为 Stroop 效应。因实验需要，实验人员设计了许多 Stroop 任务的衍变式，这里主要介绍以下两种变式。

1）双语 Stroop 范式：屏幕上呈现两种语言的颜色词。例如，被试的第一语言为汉语（母语），第二语言为英语，屏幕上呈现汉语和英语这两种语言的颜色词。被试需要用汉语和英语两种不同语言命名颜色词。然后，双语心理词典的表征模式可以基于语言间（使用两种不同语言分别命名颜色词）和同种语言（只使用英语或汉语中的一种语言命名颜色词）的不同干扰效果推断出来。

2）情绪 Stroop 范式：在这个范式中，呈现一个启动刺激来诱导被试当前的情绪，启动刺激可以是情绪面孔或情绪词，目标刺激是色块，实验要求被试对色块颜色命名，记录被试的反应时。结果显示，不同维度的情绪启动刺激对应的反应时不同。

（2）Simon 范式及其变式　在 Simon 范式中，目标刺激的定向会干扰被试产生的定向反应，这与反应维度相矛盾。在左耳或右耳呈现一个位置词的听觉刺激（如"左"或

"右"），被试需根据听觉刺激中词的意思做出反应。实验结果显示，位置不一致时（"左"呈现在右耳）的反应时慢于位置一致时（"右"呈现在右耳）的反应时，表明位置反应的选择会受到与实验任务无关的位置信息的干扰，称之为 Simon 效应。目前，Simon 范式的实验变式主要有以下两种。

1) 情感 Simon 范式：常用于研究情绪冲突。在实验中，被试忽略情绪刺激的积极或者消极效价，对刺激的非情绪维度（颜色）进行口头报告，判断是积极的还是消极的。研究发现，被试对积极刺激做出积极反应比做出消极反应快，而对消极刺激做出消极反应比做出积极反应快，这种现象被称为情感 Simon 效应。

2) 外在情感 Simon 范式是 Jan D However 在内隐联想测试的基础上改编而来的，用于对内隐社会认知的研究。它具有内隐联想测试和情绪任务的特点。在实验中，首先呈现积极或消极词，这些词由彩色、黑白或两种不同的色彩组成，被试需要对这些词进行分类。当词以黑白色出现时，被试需根据词的积极或者消极效价进行分类。当词以其他色彩出现时，被试需忽视词义而根据颜色进行分类。当积极的内隐态度词以颜色出现时，若分类的准确度与反应时提高，则说明被试对颜色的反应与对具有明显积极效价的黑白词的反应相似。

(3) Flanker 范式及其变式　在 Flanker 范式中，屏幕中央呈现靶刺激，靶刺激两侧呈现干扰刺激，干扰刺激会影响被试对靶刺激的反应，该范式也称为侧翼范式或侧抑制范式。通常实验条件有：干扰刺激与靶刺激的特征相同（实验刺激一致）；靶刺激与干扰刺激的特征不同（实验刺激不一致）；只有靶刺激（中性刺激）。在实验中，被试仅对靶刺激反应，实验刺激一致的反应时要比实验刺激不一致的反应时快。Flanker 范式也有其变式，如在屏幕中央呈现愤怒/快乐面孔作为目标刺激，在目标刺激两侧呈现快乐/愤怒面孔作为干扰刺激，被试需注意目标刺激而忽视干扰刺激。若目标刺激是愤怒面孔，则按右键反应；若目标刺激是快乐面孔，则按左键反应。结果显示，干扰刺激是愤怒面孔，目标刺激是快乐面孔的试次产生的干扰效应显著大于干扰刺激是快乐面孔，目标刺激是愤怒面孔的试次，其产生的原因是当愤怒面孔作为干扰刺激时，会自动捕捉个体的注意，从而干扰任务的完成。

6.1.2　行为抑制实验范式

行为抑制是指对冲动行为模式的抑制，而这种冲动行为模式不符合自身行为，这对人类生存具有重要意义。这里主要介绍以下 3 种研究范式。

(1) Go/No go 范式　在 Go/No go 范式中，对 Go 刺激反应，对 No go 刺激无须反应，让 Go 刺激出现的比率高于 No go 刺激，使被试形成 Go 的优势反应，而在 No go 中则体现了行为抑制。其中对 No go 刺激的错误反应是抑制控制的行为指标，但其对准确度过度依赖，且由于要进行按键，因而在研究抑制相关的神经活动时，易受运动因素干扰，且这种干扰难以消除。

（2）停止信号范式　一个完整的停止信号任务包括两种任务类型：反应任务和停止任务。反应任务是指仅有反应信号的任务，需要被试进行按键反应；停止任务是指反应信号出现后，间隔一段时间，出现一个听觉信号——停止信号，这时被试停止按键反应。反应任务占总试次的75%~80%。

（3）双选择Oddball范式　在Oddball范式中，刺激由概率较高的标准刺激和概率较低的偏差刺激组成，被试只对偏差刺激反应，而双选择Oddball范式与Oddball范式的不同点在于，双选择Oddball范式中被试需要对标准刺激与偏差刺激进行不同的按键反应。在该范式中，抑制控制的行为指标是偏差刺激与标准刺激两者的反应之差。

6.1.3　认知灵活性实验范式

认知灵活性是指人的思维根据所处环境变化及时改变的能力，同时心理表征也会随之改变。它反映了反应潜力可以随时变化，以适应各种变化和不可预测的情况。其常用范式有威斯康星卡片分类测试和维度变化卡片分类任务。

（1）威斯康星卡片分类测试实验范式　威斯康星卡片分类测试（Wisconsin Card Sorting Test，WCST）是用来测量认知灵活性的一种常用方法，于1948年设计，目的是研究成年人的抽象思维。WCST共132张卡片，包括4张不同颜色形状的参考卡片和由颜色、形状与数字这3个维度组成的128张对比卡片。在被试不知道分类标准的情况下对这些卡片进行分类，主试只需进行正反馈和负反馈，通过反馈，被试可以总结并找到正确的分类标准。尽管一些学者批评了测试的实施和评分方法，但因其容易操作，且适用于6岁以上人群，因此它仍被用于考察认知灵活性，并按照被试的分类表现成绩进行相应等级判断。

（2）维度变化卡片分类任务实验范式　维度变化卡片分类任务（Dimensional Change Card Sorting，DCCS）是测验认知灵活性的经典实验之一，由Frye等设计，与WCST不同点在于，DCCS需提前告知被试分类标准，如颜色、形状，被试需按照此标准对卡片进行分类，并将颜色卡片记为1、2类。在实验中，分别使用红色正方形卡片与黄色三角形卡片，连续进行多个分类实验，随后转变实验阶段，按形状分类，然后将形状卡片分别记为1、2类，以测试不兼容规则下的灵活转换能力。这个实验适用对象为青少年与成年。

6.1.4　工作记忆实验范式

工作记忆主要由中央执行功能、言语回路和视空间模板、情景缓冲器组成，是外界信息在头脑中保持更新提取的一种记忆系统。经典的工作记忆实验范式有：工作记忆广度任务和 N-Back 任务。这里主要介绍的是工作记忆广度任务中的两种实验任务：数字广度测试和数点数广度任务。

（1）数字广度测试实验范式　数字广度测试是测量儿童语言记忆广度的经典范式。主试随机向被试呈现一组无规律的数字（0~9），被试需要根据主试呈现的数字顺序的相同或相反的顺序背诵。例如，被试需记忆 3 个数字，则主试向被试呈现 3、4、5 数字序列，被试记忆的正确结果应为 3、4、5 或 5、4、3。若记忆结果正确，则下次记忆数字序列长度增加一位；若记忆结果错误，则数字广度记为此次的数字序列长度。记录的最长广度和准确度被用作评估儿童工作记忆的指标。

（2）数点数广度任务实验范式　数点数广度任务首先呈现由一定数量的绿点和黄点组成的一些卡片，卡片上随机列出一些绿点和黄点。步骤：首先主试按规定的顺序向被试呈现两张正面朝下的卡片，被试翻看一张卡片（如卡片上有 4 个黄点和 6 个绿点），被试只需要数黄点数，数好后翻转此卡片，恢复正面朝下，翻开另一张卡片（如卡片上有 5 个黄点和 5 个绿点），在数完黄点数后，同样翻转此卡片，恢复正面朝下。最后，主试按之前出示卡片的顺序指向卡片，让被试回忆卡片上的黄点数。如果能够正确回忆（黄点数分别是 4 和 5），则通过实验。若一次不成功，可呈现另外两张卡片，进行第二次实验。若第二次实验成功，也当作通过实验，两张卡片系列广度记为 2。依次增加卡片数量，若被试在某一系列卡片两次实验均不通过，则停止测试。工作记忆广度与卡片数量成正比，即随着卡片数量的增加，工作记忆广度增加。

6.1.5　其他认知控制实验范式

研究认知控制各成分的实验范式很多，这里主要介绍一种研究整体认知控制功能的实验范式：刺激-反应相容性（Stimulus-Response Compatibility，SRC）范式。刺激-反应相容性的概念是 1953 年由 P. M. 菲茨提出的，具体来说如果刺激和反应之间的匹配关系能够产生非常好的结果，那么刺激和反应之间的关系是非常相容的。例如，若位于左边的目标刺激与对应左边目标的按钮一致，即左边目标按左键，反应会比左边目标按右键更快。

6.2　工业制造人机交互认知任务操作难度的脑力负荷检测

6.2.1　脑力负荷检测

脑力负荷指为达到特定的主观和客观绩效水平而付出的注意资源，其影响因素包含任务需求（如任务操作难度、任务数量）、外部支持（如环境条件、技术支持和协作支持）及个体差异等多个维度。研究证实不同频段的脑电波功率对认知需求的变化敏感。Cheng

和 Hsu 使用脑电波测量来估计工人的疲劳状态，研究发现 θ 波段的脑电波活动增加表明注意力水平降低。Borghini 等学者引入了基于脑电波的脑力负荷指数，以估计在不同难度水平驾驶期间驾驶员的精神负荷。Schraufet 等学者描述了 α 波段的脑电波功率作为驾驶员在次要听觉任务期间的任务表现的指标。Rojas 等学者基于 5 个频段的 PSD 特征，使用线性判别分析对无人机操控员的认知负荷进行分类。这些发现总体上表明，脑电波功率水平是认知工作量变化的有力指标。一些研究报告表明 θ 波段的脑电波功率随着驾驶复杂性的增加而增大，但还有一项研究发现了相反的结果。总体而言，这些从非智能工厂的研究中获得的结果可能并不严格适用于当前的智能制造行业。因此，有必要更好地了解心理工作量如何影响工厂操作员的生理指标及任务表现。考虑到智能化技术对于脑力负荷的影响常与任务需求密切相关，本节采用某智能工位机操作平台，面向操作员作业任务，开展脑力负荷的综合影响实验研究，采用脑电波技术考察个体在不同脑力负荷操作任务条件下各频段脑电功率谱的差异，提取脑力负荷变化敏感指标，将主观量表、作业绩效测量及脑电波测量作为操作员脑力负荷的评价方法，为智能工位机任务操作难度分配及任务操控流程优化提供实验依据。

6.2.2　认知任务操作难度的脑力负荷实验设计

（1）实验假设　在执行智能工位机操作任务时，以任务操作难度为变量，研究不同任务操作难度引起的主观量表、作业绩效以及脑电波指标差异。实验提出以下假设：

1）随着任务操作难度的提升，NASA-TLX、任务误操作率、θ 波段和高 β 波段的全脑平均 PSD 显著提升。

2）不同频段各个电极对不同脑力负荷程度具有差异化的敏感性和诊断性。

（2）实验设计　为探究不同智能工位机认知任务操作难度下的脑力负荷差异。实验中采用单因素被试内设计，以智能工位机任务操作难度为变量，包括低难度任务 C1、中难度任务 C2 和高难度任务 C3。不同难度任务通过完成不同任务的操作步数和人机交互模式进行调控，随任务操作难度的提升，完成不同目标任务的操作步数逐渐增多、操作难度逐步提高。

（3）实验被试　招募并选取 22 名在校研究生作为被试，11 男 11 女，年龄在 20~24 岁之间。被试视力或矫正视力正常，右利手且无色盲。在正式实验之前，对被试进行系统的理论培训与实际操作训练，直至被试可以理解完整的运行流程和熟练进行模拟操作。

（4）实验设备　该实验在人机交互实验室进行，实验采用 E-Prime3 编程软件，该软件可呈现操作任务界面，同时能满足操作员使用鼠标与操作系统交互的条件，其主要功能为收集并记录操作员的人机交互行为，包括点击、输入等具体操作单元的准确时间。硬件系统由多台显示屏、控制组件和服务器等设备组成。实验同步采用德国 Brain Products 脑

电采集系统采集被试 32 个电极点的脑电信号：Fp1、F7、FT7、T3、TP7、T5，FP1、F3、
FC3、C3、CP3、P3、O1，Fz、FCz、
Cz、CPZ、Pz、Oz，Fp2、F4、FC4、
C4、CP4、P4、O2，F8、FT8、T4、
TP8、T6，FT9、FT10、TP9、TP10。
记录带宽为 0～200 Hz，采样频率为
1000 Hz。以被试 FZ 电极点为在线参
考电极。脑电采集系统构建的实验场
景如图 6-1 所示。

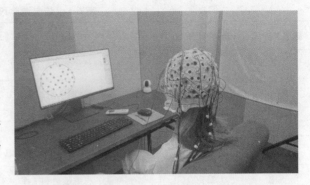

图 6-1　脑电采集系统构建的实验场景

（5）实验材料　本实验采用某智
能工厂工位机系统的操作任务界面为
实验材料，如图 6-2 所示，界面尺寸为 1440×1080 像素，格式为 .bmp，位深度为 8，以符
合脑电实验的显示需求。实验以任务操作难度为变量，任务操作难度分为高、中、低 3 个
水平，任务操作步骤随任务操作难度逐渐增加。

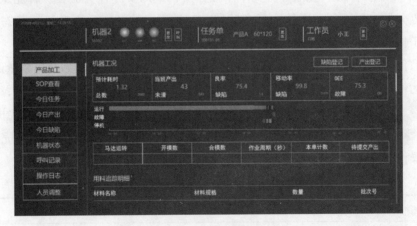

图 6-2　实验材料

6.2.3　测量方法与指标

本研究综合采用主观量表、作业绩效测量及脑电波测量作为操作员脑力负荷的评价方
法。其中，主观量表选用 NASA-TLX 量表评估个体的脑力负荷水平。量表共包含 6 项题
目，分别代表 6 个维度，即脑力需求、体力需求、时间需求、作业绩效、努力程度和受挫
程度，在已有研究中，量表的 Cronbach's α 系数为 0.707，具有良好的信度；作业绩效指
标包括操作员任务正确率。脑电波指标测量选取全脑 δ、θ、α、低 β 和高 β 5 个不同频段
脑电波的全脑平均与各电极 PSD 作为脑电评价指标，具体的脑电波频段及各个频段随任务

操作难度变化而变化的情况见表6-1。

表 6-1　脑电波频段

脑电波频段	频率范围/Hz	思想状态	随着任务操作难度的提升，频段功率的变化
δ	0.5~4	深层次的放松和恢复性睡眠	增加
θ	4~8	困倦、昏昏欲睡、沉思和做梦	增加，与疲劳和信息检索有关
α	8~13	放松、平静和清醒	增加，随着次要任务的信息处理增加
低 β	13~21	警觉、积极集中、忙碌和焦虑	减少
高 β	21~30	专注、思维敏捷和工作	增加

6.2.4　脑力负荷测评实验

（1）实验任务与流程　实验中要求被试人员完成由低难度任务-输入任务、高难度任务-监测任务、中难度任务-完成任务 3 个子任务所构成的实际任务流程。智能工位机任务操作难度划分见表6-2。在 C1 输入任务阶段，被试需要按照指示更改机器状态为运行状态，修改工作人员；在 C3 监测任务阶段，被试需要按照任务指示修改任务单，记忆良率与移动率数值，登记缺陷产品；在 C2 完成任务阶段，被试需要对产品产出数量进行登记，修改机器为停机状态。在 C2、C3 阶段，被试还需要完成视觉警报的按键反馈，告警包括配料低告警、产品缺陷告警、机器故障告警 3 种类型，C2 阶段的警报为单次视觉警报，C3 阶段的警报为两次视觉警报，要求被试根据告警类型尽可能迅速而准确地完成不同的按键响应操作。

表 6-2　智能工位机任务操作难度划分

任务	C1	C2	C3
主任务	输入任务：更改机器状态为运行状态，修改工作人员	完成任务：对产品产出数量进行登记，修改机器为停机状态	监测任务：修改任务单，记忆良率与移动率数值，登记缺陷产品
副任务	—	完成视觉警报的按键反馈	完成视觉警报的按键反馈

在实验培训阶段，被试根据实验任务指导书充分熟悉实验任务。在正式实验阶段，被试需佩戴脑电帽及耳机完成实验任务。每名被试均需要完成对应于实验条件下的 3 种难度实验任务各 1 次，并在每次实验任务完成后填写 NASA-TLX 量表。实验任务之间安排适当休息，单次实验任务时长约 1min。

（2）实验结果　采用数据统计学分析软件 SPSS Statistics 26.0 对各类脑力负荷测量指标进行统计学分析，统计检验采用 95% 置信区间。应用被试单因素重复测量方差分析（One-Way Repeated Measure ANOVA）检验和 Friedman 检验研究任务复杂度因素对于测量指标的主效应，并采用 Bonferroni 多重比较方法进行事后检验。

1）NASA-TLX 量表结果。不同任务操作难度下的 NASA-TLX 量表结果如图 6-3 所示，脑力负荷评分随着任务操作难度的提升呈现出上升趋势。经单因素重复测量方差分析检验发现，任务操作难度对 NASA-TLX 量表评分主效应显著（$F = 42.733$，$p < 0.01$，$\eta^2 = 0.692$）。主体间效应检验进一步显示，任务操作难度 C2 的 NASA-TLX 量表评分（46.32±2.244）显著高于任务操作难度 C1（39.38±2.68），$p = 0.00$；任务操作难度 C3 的 NASA-TLX 量表评分（47.55±2.43）显著高于任务操作难度 C2，$p = 0.036$；任务操作难度 C3 的 NASA-TLX 量表评分显著高于任务操作难度 C1，$p = 0.00$。

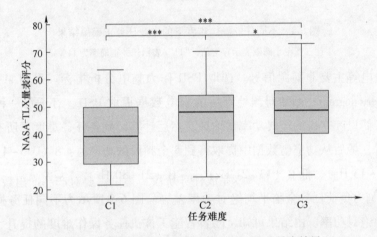

图 6-3　不同任务操作难度下的 NASA-TLX 量表结果

注："＊＊＊"表示具有显著性差异，$p<0.01$；"＊"表示具有显著性差异，$p<0.05$。

2）作业绩效测量结果。不同任务操作难度下的作业任务正确率结果如图 6-4 所示，作业任务正确率随着任务操作难度的提升呈现出下降趋势。经 Friedman 检验发现，任务操作难度对作业任务正确率主效应显著（$\chi^2 (2) = 23.507$，$p = 0.00$），效应量 WKendall = 0.588。Bonferroni 调整的事后检验显示，任务操作难度 C3 的作业任务正确率（64%±4%）显著低于任务操作难度 C1（94%±2.55%），$p = 0.00$；任务操作难度 C3 的作业任务正确率显著低于任务操作难度 C2（85.71%±3.28%），$p = 0.003$；任务操作难度 C2 的作业任务正确率与任务操作难度 C1 的正确率主效应不显著。

3）脑电波测量结果。采用 MATLAB R2019 软件和 EEGLAB 14.1.1b 工具包对脑电原始信号进行预处理。首先进行电极定位，采用大脑平均值作为重参考值，使用 0.5~50 Hz 有限脉冲响应（Finite Impulse Response，FIR）带通滤波。选取 C1 任务结束前的 11s、C2 和 C3 任务中警报前后 11s 脑电波数据进行分析，最后对数据运行独立成分分析（Independent Component Analysis，ICA），利用 EEGLAB 插件对独立成分进行分类标记，剔除眼

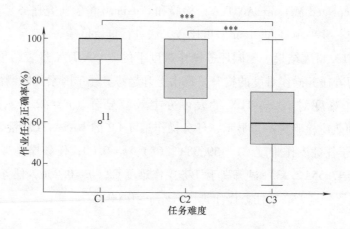

图6-4　不同任务操作难度下的作业任务正确率结果

注：图中小圆圈表示异常值，"11"表示任务正确率为11%。

电、肌电、心电等主要非脑源信号。选取 PSD 作为脑电分析指标。采用 MATLAB R2019 的周期图（Periodogram）函数对预处理后的脑电数据提取 PSD。对于每一种任务操作难度，进行基于傅里叶变换的经典功率谱估计，然后计算得到各任务难度下所有脑电数据段的平均功率谱，最后从功率谱数据中提取得到 5 个频段的功率值：δ（0.5~4 Hz）、θ（4~8 Hz）、α（8~13 Hz）、低 β（13~21 Hz）、高 β（21~30 Hz）。

4）不同脑力负荷任务全脑平均绝对功率差异。图6-5所示为不同任务操作难度下各频段全脑平均绝对功率。由结果可知，随着智能工位机任务操作难度的提升，各频段的脑电活动均表现出增强趋势，脑力负荷水平升高。

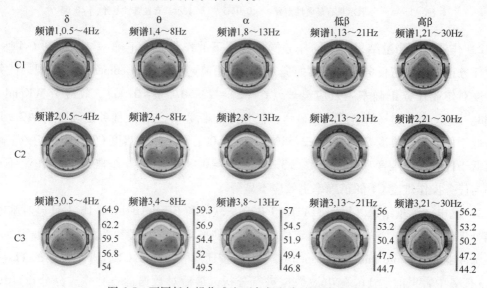

图6-5　不同任务操作难度下各频段全脑平均绝对功率

图 6-6 显示了不同任务操作难度下各频段全脑平均 PSD，在 θ、α、高 β 频段的差异有统计学意义（θ：$F = 4.641$，$p = 0.016$；α：$F = 7.785$，$p = 0.001$；高 β：$F = 3.685$，$p < 0.05$），具体表现在 C3 在 θ、α、高 β 频段的全脑平均 PSD 显著高于 C1（$p < 0.05$），C2 在 α 频段的全脑平均 PSD 显著高于 C1（$p < 0.001$）。在 θ 频段，C3 的全脑平均 PSD 显著高于 C1（$p = 0.013$，$p < 0.05$）；C2 与 C1 和 C3 与 C2 的全脑平均 PSD 主效应不显著。在 α 频段，C3 的全脑平均 PSD 显著高于 C1（$p = 0.012$，$p < 0.05$）；C2 的全脑平均 PSD 显著高 C1（$p = 0.009$，$p < 0.05$）；C3 与 C2 的全脑平均 PSD 主效应不显著。在高 β 频段，C3 的全脑平均 PSD 显著高于 C1（$p = 0.01$，$p < 0.05$）；C2 与 C1 和 C3 与 C2 的全脑平均 PSD 主效应不显著。

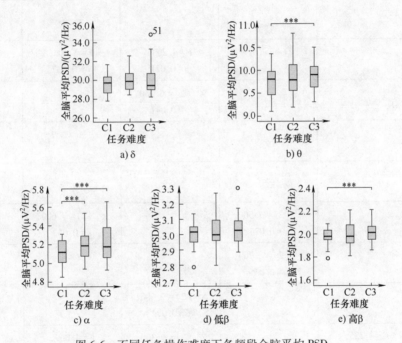

图 6-6　不同任务操作难度下各频段全脑平均 PSD

5）不同脑力负荷任务操作难度下各电极 PSD 差异。表 6-3 显示了不同任务操作难度下各电极 PSD 在各频段的单因素重复测量方差分析检验或 Friedman 检验结果。从表中可以看出，并未在全脑平均 PSD 表现出显著性的 δ、低 β 频段，却可以通过 Fp2、Oz 、F7、CP1 电极对不同任务操作难度差异表现出诊断性（$p < 0.05$）。图 6-7 所示为不同任务操作难度下电极 PSD 在各频段分析结果的脑形图电极位置。脑区频段 PSD 在不同任务操作难度间差异显著，δ、α、低 β、高 β 频段在右前额区、枕区均有显著差异（$p < 0.05$），θ 频段在额中区、顶枕区有显著差异（$p < 0.05$），α、低 β、高 β 频段在双侧额区、顶区、顶枕区有显著差异（$p < 0.05$）。

表 6-3　不同任务操作难度下各电极 PSD 在各频段的单因素重复测量方差

分析检验或 Friedman 检验结果

电极点	脑电波频段				
	δ	θ	α	低 β	高 β
Fp2	$\chi^2(2)=7.300$, $p=0.026$	—	$\chi^2(2)=6.100$, $p=0.047$	$\chi^2(2)=12.900$, $p=0.002$	$F=6506$, $p=0.04$
F3	—	$F=7.363$, $p=0.002$	—	—	—
Fz	—	—	$\chi^2(2)=6.300$, $p=0.043$	—	—
F8	—	—	—	—	$F=6.707$, $p=0.03$
F7	—	—	$F=4.268$, $p=0.021$	$F=3.603$, $p=0.037$	$F=3.406$, $p=0.044$
FC5	—	—	$\chi^2(2)=6.100$, $p=0.047$	—	$F=4.125$, $p=0.024$
FC6	—	—	—	—	$F=7.091$, $p=0.02$
CP5	—	—	—	—	$F=3.377$, $p=0.045$
CP1	—	$\chi^2(2)=7.500$, $p=0.024$	—	$\chi^2(2)=7.600$, $p=0.022$	—
P3	—	$\chi^2(2)=6.700$, $p=0.035$	—	—	—
P4	—	—	$\chi^2(2)=7.600$, $p=0.022$	—	$\chi^2(2)=6.100$, $p=0.047$
Oz	$F=4.225$, $p=0.022$	—	$\chi^2(2)=9.300$, $p=0.010$	$F=4.069$, $p=0.025$	$\chi^2(2)=7.900$, $p=0.019$

表 6-4 显示了不同任务操作难度下各电极 PSD 在各频段的 Bonferroni 多重比较方法进行事后检验的结果。从表 6-4 中可以看出，不同频段不同电极对任务操作难度差异的敏感性不同，δ、α、低 β、高 β 4 个频段的前额区 Fp2 电极、枕区 Oz 电极（$p<0.05$）对不同任务难度差异的敏感性较好，在 α、低 β、高 β 3 个频段的额区 F7 电极（$p<0.05$）对不同任务操作难度差异的敏感性较好，α 和高 β 频段的额后区 FC5 电极、顶枕区 P4 电极（$p<0.05$）对不同任务操作难度差异的敏感性较好。同时可以发现，C2 相对 C3 的脑力负荷变化水平在 α、高 β 频段的额区电极 Fz、F8、FC5、CP5 差异显著（$p<0.05$），在其他频段的电极没有表现出显著性。

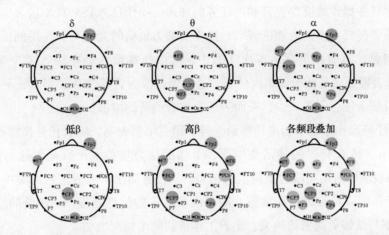

图 6-7　不同任务操作难度下电极 PSD 在各频段分析结果的脑形图电极位置

表 6-4　不同任务操作难度下各电极 PSD 在各频段的 Bonferroni 多重比较

电极点	EEG 频段与任务操作难度										
	δ	θ		α			低 β		高 β		
	C1-C3	C1-C2	C1-C3	C1-C2	C1-C3	C2-C3	C1-C2	C1-C3	C1-C2	C1-C3	C2-C3
Fp2	$p=0.007$	—	—	$p=0.040$	$p=0.027$	—	$p=0.004$	$p=0.001$	$p=0.042$	$p=0.00$	—
F3	—	—	$p=0.003$	—	—	—	—	—	—	—	—
Fz	—	—	—	—	—	$p=0.018$	—	—	—	—	—
F8	—	—	—	—	—	—	—	—	—	—	$p=0.004$
F7	—	—	—	—	$p=0.012$	—	—	$p=0.035$	—	$p=0.049$	—
FC5	—	—	—	—	$p=0.04$	$p=0.027$	—	—	$p=0.044$	—	—
FC6	—	—	—	—	—	—	—	—	—	$p=0.03$	—
CP5	—	—	—	—	—	—	—	—	—	$p=0.044$	$p=0.002$
CP1	—	$p=0.018$	$p=0.018$	—	—	—	—	$p=0.027$	$p=0.011$	—	—
P3	—	—	$p=0.011$	—	—	—	—	—	—	—	—
P4	—	—	—	$p=0.027$	$p=0.011$	—	—	—	$p=0.04$	$p=0.027$	—
Oz	$p=0.033$	—	—	$p=0.018$	$p=0.004$	—	$p=0.029$	$p=0.039$	$p=0.040$	$p=0.007$	—

（3）讨论与结论　脑力负荷又被称为心理负荷或认知负荷，是衡量个体心理努力程度的指标，实验选取智能工位机操作任务为实验材料，通过主观量表、作业绩效以及脑电波测量，探讨操作员执行不同智能工位机认知任务操作难度的脑力负荷差异。

1）不同任务操作难度下主观量表与作业绩效测量差异。以 NASA-TLX 量表与作业绩效指标作为操作员脑力负荷的评价指标，在工效学研究领域一直有广泛应用。本次实验结果显示，随着任务操作难度的提升和副任务的加入，操作员 NASA-TLX 量表得分和作业任务正确率都显著提高。多资源理论表示，操作员脑力负荷的大小与所使用的认知资源量和认知资源冲突量均有直接关联。本次实验中，在中高难度任务中融入了少量告警任务，NASA-TLX 量表得分显著低于低难度任务，这可能是因为告警任务的引入，导致任务需求增加，操作员剩余注意资源减少，进而表现为主观负荷的增加。

2）不同任务操作难度下脑电功率谱差异。研究结果表明，随着任务操作难度的提升，全脑平均 θ、α、高 β 频段的脑活动增强，个体的脑力负荷水平升高，这与前人研究结果一致：θ 频段脑电活动与脑力负荷呈正相关，当任务需求增大或注意力集中时 θ 频段的脑活动增强；α 频段对脑力负荷敏感，随着次要任务的信息处理，α 频段的脑活动增强；高 β 频段功率与认知负荷密切相关，随着工作负载的增加而增加。

通过单因素重复测量方差分析检验和 Friedman 检验研究不同脑力负荷状态在各个测量指标主效应之间的差异。结果发现不同的任务难度使不同频段各个电极具有差异化的活动。随着任务操作难度提升，在前额区和枕区低频段 δ 脑电活动显著增强，在额中区和顶枕区低频段 θ 脑电活动显著增强，在额区、顶区和枕区低 β 频段脑电活动显著增强，在广泛脑区 α、高 β 频段脑电活动显著增强。

通过 Bonferroni 多重比较方法进行事后检验。δ、α、低 β、高 β 4 个频段的前额区 Fp2 电极、枕区 Oz 电极对不同任务操作难度差异的敏感性较好，这与 Dehais 和 Dengbo 等学者的研究结果相似，但在各频段的具体表现不同。α、低 β、高 β 3 个频段的额区 F7 电极对不同任务操作难度差异的敏感性较好，这与 Orun 等学者的研究结果相同。α 和高 β 频段的额后区 FC5 电极、顶枕区 P4 电极对不同任务操作难度差异的敏感性较好。与此同时，研究发现并未在全脑平均 PSD 表现出显著性的 δ、低 β 频段，却可以通过 Fp2、Oz、F7 等电极对不同任务操作难度差异表现出诊断性，此发现可为不同实验条件下脑力负荷生理测量指标的选择提供依据。

（4）实验结论

1）由不同任务操作难度所导致的操作员脑力负荷，在 NASA-TLX 量表、作业任务正确率、全脑平均 θ、α 和高 β 频段的 PSD 指标表现出了较好的敏感性。

2）不同频段各个电极对不同的任务操作难度或脑力负荷影响因素具有差异化的敏感性和诊断性，低频段 δ 脑电活动增强体现在前额区和枕区，低频段 θ 脑电活动增强体现在额中区和顶枕区，低 β 频段脑电活动增强体现在额区、顶区和枕区，广泛脑区的 α、高 β 频段脑电活动增强。

通过开展任务操作难度对智能工位机操作员脑力负荷的影响研究，可为不同实验条件下脑力负荷生理测量指标的选择提供依据。可通过上述指标的在线监测对操作员的认知功能状态进行实时评估，减少操作失误。未来需要进一步探究不同操作任务下，个体脑电活动特征、眼动特征、HRV 和任务绩效等生理、行为指标之间的关系，为操作员脑力负荷的客观评估提供更加有效敏感的指标。

6.3　本章小结

　　本章系统地归纳了人机交互工作负荷测评实验范式，包括认知抑制实验范式、行为抑制实验范式、认知灵活性实验范式、工作记忆实验范式及其他认知控制实验范式，并展开了不同任务操作难度下工业数据信息的脑力负荷评估实验。

基于注意捕获范式的认知测评实验

7.1 工业数据图符编码认知的注意捕获实验

7.1.1 工业数据图符特征分析

通过第 4 章介绍的注意捕获机制的实验方法，本节将应用注意捕获的认知测评实验范式，以核电监控界面信息色彩编码为变量，测评工业数据图符色彩编码的注意捕获水平，并寻求最佳的工业数据图符可视化呈现方式。

提取核电监控系统中的硼酸和水补给系统界面中的数据图符作为研究对象，对其中重要的监控设备进行划分，依据每个功能区的参与者（水、硼酸、水和硼酸）不同，可将界面重要监控设备的测量数据分成 3 类，即水数据图符、硼酸数据图符、水和硼酸混合溶液数据图符，见表 7-1。因此，提取整个界面中起主要作用的两种元素——水与硼酸来作为实验材料。

表 7-1 原界面数据图符

数据图符	原界面图符样式				
水数据图符	010MD 0.00 m3/h	8REA109MN 8.37 m	8REA110MN 10.62 m	8REA002BA Water cubage 300.1 m3	8REA001BA ater cubage 236.6 m3
硼酸数据图符	0.14 MPa 8REA055MP	8.00 m 8REA074MN	8.00 m 8REA054MN	0.14 MPa 8REA055MP	8.00 m 8REA074MN	8.00 m 8REA054MN
水和硼酸混合溶液数据图符	1128 mg/L REN012MG	1.40 m RCV012MN	0.00 m3/h 080MD	0.00 m3/h 059MD		

为了增加信息的可识别性和差别性，在原界面纯字符的基础上增加了色彩图符——动态色环，并用颜色刺激来提高用户的视觉认知效率。表示单一参与者（水、硼酸）工作区域的数据图符的色环颜色在色彩的三原色——红、黄、蓝中选择，表示两种参与者（水和

硼酸）共同工作区域的数据图符的色环颜色采用这两者的混合色。

7.1.2　工业数据图符色彩编码的注意捕获实验

（1）实验目的　本实验通过设定变量，分析数据图符在不同色彩编码情况下对操作员搜索效率的影响，从而分析数据图符色彩语义和字符色彩组合对注意捕获效应的影响，研究数据可视化表达的合理方式。实验假设如下：

1）当数据图符带有色彩刺激时，会产生注意捕获效应。

2）当线索色环的色彩语义与数据图符的特征属性一致时，搜索效率最高。

（2）实验设计

1）变量。实验以字符组合方式（2组：白底黑字/黑底白字）、线索色环颜色（4组：红/黄/蓝/无）及线索有效性（2组：有效/无效）3个因素为自变量，通过行为指标进行数据分析。实验按照搜索任务分为"硼"和"水"两组。

2）实验材料。实验有3种刺激画面：线索画面、注视画面和搜索画面。线索画面上有以"+"为圆心的虚拟圆所均匀分布的4个信息图符：当色环存在时，图符都由一个数据框和一个圆环构成，其中一个圆环为有色且满色的圆环，颜色为红［H（色相）：0，S（饱和度）：75，B（明度）：72］、黄（H：45，S：75，B：72）、蓝（H：195，S：75，B：72）中的一种，数据框内数字为"10"，其余3个为灰色圆环，数据框内数字为"0"；当色环不存在时，线索画面只有4个数据框。注视画面中央有一个深灰色的"+"。搜索画面中的靶子信息为汉字"水"或"硼"中的一个，非靶子信息的汉字为"混""合""砂"，汉字前有一个数据框，4个数据框中分别为数字"1""2""3""4"，数字与汉字组合随机分配。数据框字符有黑底白字和白底黑字两种形式。测试背景采用核电控制界面的主体背景色（H：240，S：0，B：87）。

3）实验流程。实验流程如图7-1所示。屏幕上依次出现线索画面、注视画面、搜索画面，被试根据搜索画面上靶子前的数字按动1~4键。实验共分为"硼"和"水"两组。每一个靶子进行64次搜索任务，共进行128次搜索任务，搜索任务出现的顺序随机。

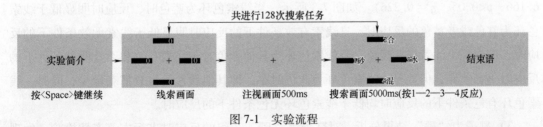

图 7-1　实验流程

（3）实验设备与被试　设备选用一台15.6in计算机呈现刺激，屏幕分辨率为1366×768像素，实验程序采用E-Prime编写。在某大学选22名（男女各11人）研究生和本科生作为被试参与本次实验,被试均为工科背景,平均年龄为 23 周岁,无色弱、色盲等现象,矫正视力在 1.0 以上。

(4) 实验结果 选取 20 组有效数据,删除反应时不到 700ms 或超过 3000ms 的试次,删除每个被试反应时平均数上下两个标准差以外的试次,一共删除了 8.7% 的数据。

对反应时进行方差齐性检验,发现字符组合方式($p=0.416$,$p>0.05$)、线索色环颜色($p=0.314$,$p>0.05$)及线索有效性($p=0.682$,$p>0.05$)的显著性均大于 0.05,即方差齐性假设成立,因此可以对数据进行下一步方差分析。

1)字符组合方式结果分析。对整体数据进行反应时统计,字符组合为白底黑字的平均反应时(1452.87ms)低于字符组合为黑底白字的平均反应时(1491.19ms),且在线索有效和无效两种条件下,字符组合为白底黑字的反应时均低于字符组合为黑底白字的反应时(见图 7-2),进行反应时的单因素重复测量方差分析表明,数据字符组合的主效应并不显著($F=1.572$,$p=0.212$,$p>0.05$,$\eta^2=0.012$)。

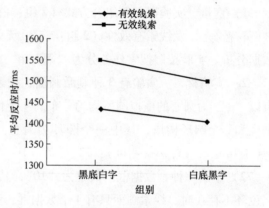

图 7-2 字符组合反应时

2)靶子为"水"结果分析。对靶子为"水"一组的反应时进行方差齐性检验,发现线索色环颜色($p=0.669$,$p>0.05$)、线索有效性($p=0.301$,$p>0.05$)的显著性均大于 0.05,即方差齐性假设成立,因此可以对数据进行下一步方差分析。

对这两种变量进行单因素重复测量方差分析表明,线索有效性的主效应显著($F=9.692$,$p=0.003$,$p<0.01$,$\eta^2=0.226$),线索有效时的反应时(1321.16ms)明显低于线索无效时的反应(1439.06ms),同时线索有效性与线索色环颜色没有产生交互作用($F=0.182$,$p=0.670$,$p>0.05$,$\eta^2=0.226$),更为重要的是线索色环颜色的主效应显著($F=6.166$,$p<0.05$,$\eta^2=0.226$)。如图 7-3 所示,当线索色环为蓝色时,反应时明显低于线索色环为红色或者黄色的反应时,且线索有效条件下的反应时明显低于线索无效条件下的反应时,即出现了注意捕获现象;当线索色环为其他颜色时,线索有效和无效两种条件下的反应时仍有差异,但差异比线索色环为蓝色时小,即其他颜色的注意捕获量少;同时,线索色环有色条件下的反应时均低于线索色环无色条件下的反应时。

3)靶子为"硼"结果分析。对靶子为"硼"一组的反应时进行方差齐性检验,发现线索色环颜色($p=0.215$,$p>0.05$)、线索有效性($p=0.338$,$p>0.05$)的显著性均大于 0.05,即方差齐性假设成立,因此可以对数据进行下一步方差分析。

对这两种变量进行单因素重复测量方差分析表明，线索有效性的主效应显著（$F=10.523$，$p<0.05$，$\eta^2=0.270$），线索有效时的反应时（1521.25ms）明显低于线索无效时的反应时（1607.09ms），同时线索有效性与线索色环颜色没有产生交互作用（$F=0.375$，$p=0.772$，$p>0.05$，$\eta^2=0.270$），更为重要的是线索色环颜色的主效应显著（$F=3.027$，$p<0.05$，$\eta^2=0.037$）。如图 7-4 所示，当靶子为"硼"，线索色环为红色时，反应时明显低于线索色环为黄色和蓝色的反应时，且线索有效条件下的反应明显低于线索无效条件下的反应时，即出现了注意捕获现象；当线索色环为其他颜色时，线索有效或无效两种条件下的反应时仍有差异，且差异比线索色环为红色时更大，但总反应时更高，搜索效率不高；同时，线索色环有色条件下的反应时均低于线索色环无色条件下的反应时。

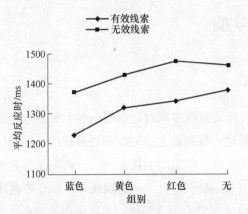

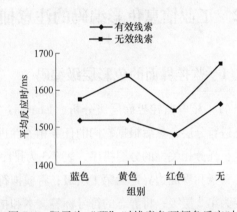

图 7-3　靶子为"水"时线索色环颜色反应时　　图 7-4　靶子为"硼"时线索色环颜色反应时

对靶子为"水"和"硼"两组的反应时进行的单因素重复测量方差分析表明，靶子身份的主效应显著（$F=69.443$，$p<0.001$，$\eta^2=0.538$），数据表明靶子为"水"的反应时（1380.11ms）明显低于靶子为"硼"的反应时（1564.67ms），但是靶子身份未与其他因素产生交互作用，这说明靶子身份的反应时有差异，但不对每个靶子条件下的注意捕获现象产生影响。在两组反应时数据中，线索有色条件下的反应时均低于线索无色条件下的反应时。

7.1.3　工业数据图符色彩编码优化设计

实验数据表明，带有蓝色圆环的水数据图符搜索效率最高，带有红色圆环的硼酸数据图符搜索效率最高。根据水的属性和人的认知，会自觉将水的属性和蓝色联系在一起，而根据硼酸溶液的酸性特征，会自觉将酸性特质的溶液与红色联系在一起。实验结果与数据属性特征的色彩语义一致，根据该结果对数据图符进行优化。

在该核电厂控制系统的监控界面中，将显示水数据功能的数据图符设计为蓝色（H：

195，S：75，B：72）圆环动态图符和白底黑字的组合；将显示硼酸数据功能的数据图符设计为红色（H：0，S：75，B：72）圆环动态图符和白底黑字的组合；将显示水和硼酸混合溶液数据功能的数据图符根据其信息特征，设计为蓝色和红色的混合色——紫色（H：270，S：75，B：72）圆环动态图符和白底黑字的组合（见表7-2）。

表7-2 数据图符优化结果

数据图符功能	水数据图符	硼酸数据图符	水和硼酸混合溶液数据图符
优化数据图符	236.6	8.00	1128

7.2 工业信息色彩编码的注意捕获实验

7.2.1 监控界面的色彩层级编码

（1）核电监控界面层级分析 Laar 通过咨询相关领域专家对显示器中各个元素包含的信息进行分层，然后根据它们的任务相关性进行排序。根据此方式对水和硼酸补给的界面信息进行任务相关性的分层排序，表7-3为排序方式和每个信息组的排名理由。将在原界面的屏幕背景和界面边界定为第1层级；将模拟符号（包括阀门、开关、管道线等）和任务区域块定为第2层级；将静态的符号标签文本和指示性文本定为第3层级；将屏幕中的动态数据和动态信息（包括动态数据图符和开关显示符号）定为第4层级；将警告符号定为第5层级。

表7-3 核电监控界面的信息分层方法

信息组	层级排序	排名理由	界面元素
背景和边界	1	基本层、屏幕边界、冲洗区和相关文本	3REA001YCD Boron and Water Makeup
模拟结构和任务区域块	2	划分较低的分组信息	8REA001BA 131VD 130VD
静态文本	3	大多数需要放在第2层级上的标签	8REA001BA Water Cubage / Water Make-up
动态数据和动态信息	4	频繁更新的相关任务信息	300.1 0.14 1128 •1•
警告符号	5	不频繁更新但极其重要的信息	

核电监控界面的色彩层级编码主要为对以上 5 个信息层级的元素进行色彩的可视化设计，实验中将以水和硼酸补给界面为样本对界面进行色彩编码的认知规律研究。

（2）核电监控界面色彩编码可视化　李晶和薛澄岐采用定量化的方式，用两种颜色的色差来判断其相互干扰的程度，通过它们的反应时差判断注意捕获的程度，得出了不同色相、明度和饱和度的视觉感知层次和注意捕获程度。色差 E_{ab} 公式为

$$E_{ab} = \sqrt{\Delta L^2 + \Delta a^2 + \Delta b^2} \tag{7-1}$$

当明度和饱和度相同而色相不同时，若色差小于 30，则信息之间的干扰随色差增大而减小；若色差大于 30，则干扰程度基本一致。当色相和饱和度相同而明度不同时，若色差小于 20，则信息之间的干扰极其显著；若色差在 20～45 之间，则干扰程度随色差增大而减小；若色差大于 45，则干扰程度趋于稳定。当色相和明度相同而饱和度不同时，若色差小于 20，则信息之间的干扰极其显著；若色差在 20～50 之间，则干扰程度随色差增大而减小；若色差大于 50，则干扰程度趋于稳定。

根据色差分析方法和可视化分层色彩编码的十项原则对各个信息层级的内容进行色彩编码设计，对设计结果进行定量化分析验证。第 1 层级为界面边界和背景元素，其中标题栏及其文字使用 1 级灰色和 3 级灰色，为保证文本可读性，色差相差 22，屏幕背景按照功能区划分为 4 份，采用和标题背景同一明度和饱和度的颜色，色彩选择以色度相差 90°进行划分，色差检验后均大于 10 且小于 20，因此保证这 4 种颜色有足够的差异性，且尽管背景大面积使用了这 4 种颜色，也能保证感知距离一致；第 2 层级为屏幕上的任务区域块和模拟符号，区域块背景采用与比第一层级的标题背景色差相差 11 的 2 级灰色，模拟符号采用 3 级和 4 级灰色的组合，管道线使用色彩调色盘，因为只有两种颜色的管道，因此采用色度相差 180°的两种颜色进行划分；第 3 层级为静态文本，即一些数据名称，具有重要的指示性，因此要保证其文本可读性，颜色采用 5 级灰色，该色与其所处背景色的色差均远大于 20；第 4 层级为动态数据和动态信息，其中动态文字信息采用黑色，动态数据背景采用白色，动态数据图符边框使用 6 级灰色，动态符号信息使用色彩调色盘，界面有 4 种动态色彩，因此这 4 种颜色保证明度和饱和度相同，色度以 90°进行划分，经色差检验，4 种颜色色差相差大于 50，因此四者之间有显著的差异性；第 5 层级为警告符号，采用高饱和度、高明度的红、绿两种颜色进行划分，与其他颜色相比具有明显的突出特征。

7.2.2　监控界面信息色彩编码的注意捕获实验

（1）实验目的　本实验通过选择不同的自变量，分析不同界面信息色彩分层情况下对用户认知绩效的影响。实验假设：监控界面的信息按照重要度和任务相关性进行分层编码，重要信息会达到更好的认知效果，增强其注意捕获能力。

（2）实验设计　实验以核电厂水和硼酸补给界面为样本，以 3 种界面色彩效果，即单色样本、有色样本和分层样本为自变量，对视觉搜索实验得到的行为指标和视觉生理指标进行数据分析。界面背景色彩编码如图 7-5 所示。实验样本材料见表 7-4。第一种是单色样本，界面采用黑灰两种颜色，即背景为灰色，界面信息为黑色；第二种是有色样本，界面上所有字体（包括总标题）都为黑色，趋势线为蓝色，模拟图标全部为灰色，动态信息使用饱和度较高的颜色，该界面有色但不产生分层效果；第三种是产生分层效果的分层样本界面。

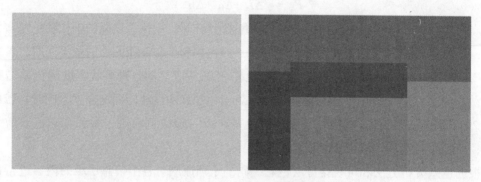

图 7-5　界面背景色彩编码

表 7-4　实验样本材料

变量	单色样本	有色样本	分层样本
界面编码结果			

首先屏幕中会出现搜索任务，即搜索具体的动态符号，寻找某具体图标的数据（4 个功能区域各一次搜索任务，任务一为搜索水和硼酸共用回路数据，任务二为搜索监控区数据，任务三为搜索水补给回路数据，任务四为搜索硼酸控制回路数据）。了解任务之后单击鼠标继续，然后灰色注视点"+"在屏幕中央呈现 1000ms，随后搜索集在屏幕上出现，被试需要在搜索集中尽快找到目标数据，找到之后单击鼠标，屏幕中将出现选择题供被试作答，作答完成后进行下一轮搜索实验。练习结束后，共进行 12（3×4）次正式搜索任务。实验流程如图 7-6 所示。

刺激材料导入眼动跟踪设备 Tobii X120 的 Studio 系统，设定目标靶子和任务材料等。实验在人机交互实验室进行，选取 13 名工科背景大学生作为被试，眼动跟踪记录被试每个任务材料的搜索时间以及相关眼动生理反应指标。

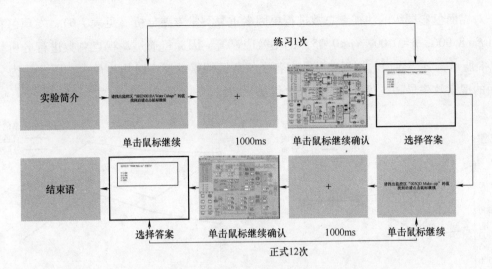

图 7-6   实验流程

（3）实验结果   实验共获得 13 份数据，删除 3 份不合理数据，最终有效数据为 10 份。对正确率进行方差齐性检验，发现色彩层级（$p = 0.022$，$p < 0.05$）的显著性小于 0.05，即方差齐性假设不成立，因此不对正确率数据进行下一步方差分析。

对反应时进行方差齐性检验，发现色彩层级（$p = 0.634$，$p > 0.05$）的显著性大于 0.05，即方差齐性假设成立，因此可以对数据进行下一步方差分析。

对反应时进行单因素重复测量方差分析（见表 7-5），发现色彩层级（$F = 6.373$，$p = 0.019$，$p < 0.05$）的主效应显著，因此可通过反应时进行分析。如图 7-7 所示，分层界面的反应时在各个任务区搜索的反应时均为最少，因此认为分层界面的搜索效率最高，色彩编码方式更优。

表 7-5   反应时的单因素重复测量方差分析

源	III 类平方和	自由度	均方	F	p
色彩层级	0.135	2	0.068	6.373	0.019
误差	2.523	9	0.280		
总计	18.655	12			
修正后总计	2.658	11			

注：R 方 = 0.012（调整后 R 方 = 0.004），是假设检验里模型对结果检验的信效度。

对搜索界面的总注视点的个数能够反映被试对目标的确定性，即注视点总数越多，就代表被试对目标越不确定，搜索效率越低。对注视点总数进行方差齐性检验，界面色彩层级（$p = 0.911$，$p > 0.05$）的显著性大于 0.05，因此可进行下一步方差分析。

对界面色彩层级的注视点总数进行单因素重复测量方差分析（见表7-6），发现色彩层级（$F = 8.906$, $p = 0.007$, $p<0.05$）的主效应显著，因此可通过注视点总数进行分析。如图7-8所示，分层界面的注视点总数在各个任务区搜索的反应时均为最少，因此认为分层界面的搜索效率最高，色彩编码方式更优。

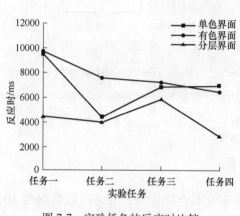

图7-7　实验任务的反应时比较

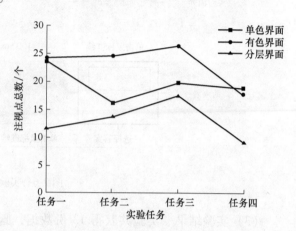

图7-8　实验任务的注视点总数比较

表7-6　注视点总数的单因素重复测量方差分析

源	III类平方和	自由度	均方	F	p
色彩层级	218.180	2	109.090	8.906	0.007
误差	110.242	9	12.249		
总计	4491.110	12			
修正后总计	328.422	11			

注：R 方 = 0.664（调整后 R 方 = 0.590）。

（4）讨论与结论

1）凝视时间与信息复杂性。凝视涉及信息的复杂性和对信息的视觉认知处理过程，从操作员的凝视时间可以大致观察出其认知活动所用的时间。对凝视时间进行方差齐性检验，界面色彩层级（$p = 0.369$, $p>0.05$）的显著性大于0.05，因此可进行下一步方差分析。

对凝视时间进行单因素重复测量方差分析（见表7-7），发现色彩层级（$F = 4.840$, $p = 0.037$, $p<0.05$）的主效应显著。分层界面的凝视时间平均值（3137ms）小于单色界面（4689ms）和有色界面（5249ms）的凝视时间平均值。如图7-9所示，在任务三，即搜索水补给回路数据中，分层界面的凝视时间略大于单色界面，可能是因为该区域处于界面中上方，在人眼视觉搜索目标的起点位置，界面色彩分层对提高视觉搜索效率的效果不明显。但在其他3个任务中，分层界面的凝视时间均为最短，因此认为其搜索效率最高，色彩编码方式更优。

表 7-7　凝视时间的单因素重复测量方差分析

源	III类平方和	自由度	均方	F	p
色彩层级	9.128	2	4.564	4.840	0.037
误差	8.487	9	0.943		
总计	237.940	12			
修正后总计	17.616	11			

注：R 方 = 0.518（调整后 R 方 = 0.411）。

2）目标兴趣区的可达性。在显示界面中搜索特定的目标时，第一次到达目标兴趣区的时间也是对界面呈现合理性一个重要指标。兴趣区的可达性越快，说明目标对注意的捕获能力越强，界面呈现方式越好。对被试首次进入兴趣区的时间进行方差齐性检验，界面色彩层级（$p = 0.329$，$p > 0.05$）的显著性大于 0.05，因此可进行下一步方差分析。

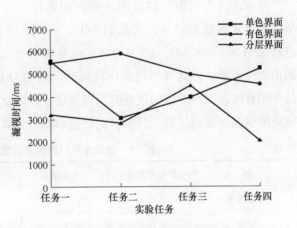

图 7-9　实验任务的凝视时间比较

对首次进入时间进行单因素重复测量方差分析（见表 7-8），发现色彩层级（$F = 4.479$，$p = 0.045$，$p < 0.05$）的主效应显著，因此可通过首次进入时间分析。分层界面的首次进入时间平均值（1775ms）远远小于单色界面（4158ms）和有色界面（4640ms）的首次进入时间平均值。如图 7-10 所示，在任务二中，单色界面的首次进入时间略小于分层界面，可能是由于任务二的兴趣区位于界面中央，人眼观察界面的中央区域，此位置关注度较高，因此首次进入时间数据差异较小，但其他位置的首次进入时间明显高于分层界面，因此分层界面中目标兴趣区对被试注意的吸引程度更高，色彩编码方式更优。

表 7-8　首次进入时间的单因素重复测量方差分析

源	III类平方和	自由度	均方	F	p
色彩层级	18.825	2	9.412	4.479	0.045
误差	18.914	9	2.102		
总计	186.810	12			
修正后总计	37.738	11			

注：R 方 = 0.499（调整后 R 方 = 0.387）。

3）兴趣区的关注程度。操作员对兴趣区
的首次注视时间可以反映出目标兴趣区对被
试的吸引程度，对目标兴趣区的首次注视时
间越短就越能引起注意。对被试进入兴趣区
的首次注视时间进行方差齐性检验，界面色
彩层级（$p = 0.139$，$p > 0.05$）的显著性大于
0.05，因此可进行下一步方差分析。

对被试进入兴趣区的首次注视时间进行
单因素重复测量方差分析（见表 7-9），发现
色彩层级（$F = 4.521$，$p = 0.044$，$p < 0.05$）

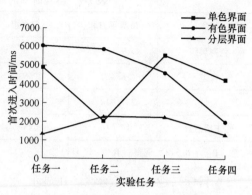

图 7-10　实验任务的首次进入时间比较

的主效应显著，因此可通过首次注视时间进行分析。如图 7-11 所示，在分层界面中，各
任务中首次进入兴趣区的注视时间均为最少，因此认为界面以色彩分层的方式呈现时，目
标更能引起被试的注意，分层界面的色彩编码方式更优。

表 7-9　首次注视时间的单因素重复测量方差分析

源	III 类平方和	自由度	均方	F	p
色彩层级	0.012	2	0.006	4.521	0.044
误差	0.012	9	0.001		
总计	0.467	12			
修正后总计	0.025	11			

注：R 方 = 0.501（调整后 R 方 = 0.390）。

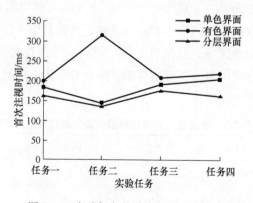

图 7-11　实验任务的首次注视时间比较

（5）界面优化设计　根据实验结果可知，水和硼酸补给监控界面以色彩分层的方式呈
现时，具有更好的认知绩效，注意捕获的能力更强，由此对原界面进行优化设计，方案如
图 7-12 所示。

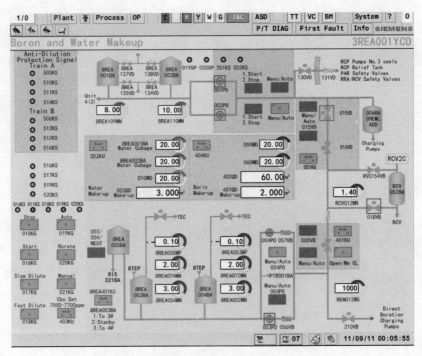

图 7-12 水和硼酸补给监控界面优化设计方案

7.3 本章小结

本章运用人机交互测评方法与流程，结合注意捕获认知绩效实验范式，开展了核电监控界面信息色彩编码的视觉认知实验。测评图符色彩编码以及工业信息层级色彩编码的注意捕获水平，寻求最佳的工业数据可视化呈现方式，从而增强了工业信息的注意捕获。

应用篇

智能制造人机交互应用案例

MES 的人机交互设计

8.1　MES 的人机交互

8.1.1　MES

制造执行系统（Manufacturing Execution System，MES）是一套面向制造企业车间执行层的生产信息化管理系统。MES 可以为企业提供制造数据管理、计划排产管理、生产调度管理、库存管理、质量管理、人力资源管理、工作中心/设备管理、工具工装管理、采购管理、成本管理、项目看板管理、生产过程控制、底层数据集成分析和上层数据集成分解等管理模块，为企业打造一个扎实、可靠、全面且可行的制造协同管理平台。

从人机交互的信息结构来看，以某制造企业的 MES 为例，导航栏模块主要包含计划、质量、仓库、产品、人员、文件、统计和系统等信息元，还包含当前登录用户以及搜索栏等信息元。

8.1.2　MES 信息元提取——生产界面

由 MES 中各生产界面的信息元提取可知，快捷工具栏中界面所呈现的是当前工序"装配"，在当前工序旁边有在线叫料、Andon（安灯，原为日语音译）等功能图符；在下方功能区内，有序列号、产品信息、订单信息以及计量信息等信息元；在功能区左中部，有动画指导、作业指导书以及订单物料清单（BOM）等信息元；在功能区右侧，有排产时间、BOM、测试步骤和结果等信息元。由于该系统位于生产工位中，全部信息元具有很强的功能属性。

导航栏的信息元包括计划、质量、仓库、产品、人员、文件、统计和系统。二级菜单计划栏中包含用户管理、排产浏览、自动排产配置和工作时间管理等三级菜单栏；二级菜单质量栏中包含生产记录浏览、版本更新系统、标签打印浏览、成品抽检比例设置、成品检验管理、成品检验浏览、即时消息管理、损失工时类型管理和 Andon 类型管理等三级菜单栏；二级菜单仓库栏中包含配料清单浏览、仓库物料管理、成品交接单管理、供应商管理和托盘管理等三级菜单栏；二级菜单产品栏中包含产品系列管理、产品型号管理、产品管理、产品修改日志、产品详细信息、自定义物料管理、产品物料批量管理、产品工序配置批量管理、物料不合格信息管理、标签模板国家配置管理和忽略订单物料管理等三级菜单栏；二级菜单人员栏中包含管理、员工管理和个人信息修改等三级菜单栏；二级菜单文件栏中包含标签文件管理、作业指导文件管理和物料图片文件管理等三级菜单栏；二级菜单统计栏中包含工时统计、流通一次合格率统计、物料不合格统计、产量统计、在线叫料统计、损失工时统计、Andon 统计、报废统计、报表和操作日志等三级菜单栏；二级菜单系统栏没有下级菜单栏。

8.1.3 MES 信息元提取——报表看板

报表看板对每天的相关生产数据进行展示，数据报表需要人为进行填写、更换。报表看板分为 KPSI（关键绩效系统指标）管理、产能需求管理、WTG 管理和执行力管理 4 个模块，对各个模块展开信息元提取分析，见表 8-1。

表 8-1 报表看板信息元提取

模块	信息元提取
KPSI 管理：对各团队的安全、质量、订单完成、库存以及效率等信息进行分析，并呈现措施与解决，同时统计出每月的数据进行分析	KPSI 管理模块所呈现的信息元包括未遂事件起数/日、急救伤害起数/日、可记录/损失工作日伤害起数/日、未遂事件起数/月、急救伤害起数/月、可记录/损失工作日伤害起数/月、线别、目标、月份、序号、问题描述、措施、责任人、日期、计划完成日期、实施状态、成品检验不良、开箱不合格、生产异常订单、缺料异常订单、质量异常订单、过期生产订单、及时交货率、月生产效率、库存原材料（Inventory-Raw Material）的库存金额、库存成品（Inventory-Finish Goods）的库存金额和发货异常的订单等
产能需求管理：通过对员工的计划来达到每天的产能需求，同时也可以通过控制员工数量来控制产能	产能需求管理模块所呈现的信息元包括计划人数、固定人数、变动人数、借入人数、借出人数、休假人数、实际可用人数、最长加班时长、正常时长、需求时长和产能预测等
WTG 管理：WTG 是 Where Time Go 的简写，是指时间都去哪了。WTG 管理模块主要是将每天时间利用的去向进行呈现，从中可以发现时间利用上的问题，从而对时间的利用进行优化	WTG 管理模块所呈现的信息元包括人员效率、异常损失时间、未记录损失时间、日常损失时间、支持团队、假期、加班时间、出勤数据、出勤时间总和、效率数据、异常损失统计、实际效率、目标效率、（产出工时/实际效率）-出勤时间、异常损失时间的总和、异常损失时间占比、未记录时间占比、安全问题、质量问题、人员问题、设备问题、物料问题、工程问题、系统问题、其他问题、序号、部门、问题描述、措施、责任人、计划完成日期和实施状态等

（续）

模块	信息元提取
执行力管理：主要是对各团队的执行力的一个评价，可以看到解决问题的及时程度	执行力管理模块包括执行力评分和 DOJO（执行百分比）

8.2　MES 人机交互过程的用户研究

8.2.1　MES 人机交互的用户分类

以某公司的制造组装部为例，如图 8-1 所示。自上而下位于顶端的为 RT/SI（商用衡器和标准衡器）组装部，分为制造团队和支持团队，制造团队共包含 4 个团队，每个团队都需要开展制造、计划和生产的任务工作。主管管理的工程师，根据职能不同，所负责的内容也不同，制造工程师主要负责问题 Andon 以及生产一次通过率，计划工程师主要负责交付和库存，生产工程师主要负责效率和订单完成量。根据工程师所负责的内容不同，工程师所管理的一线员工的数量也不同。RT/SI 组装部的支持团队不直接参与生产等活动，支持团队包括仓库、计划和文档等，主要为生产提供帮助，仓库进行库存和配送，计划对各生产进行调节，文档对档案等纸质信息进行整理。

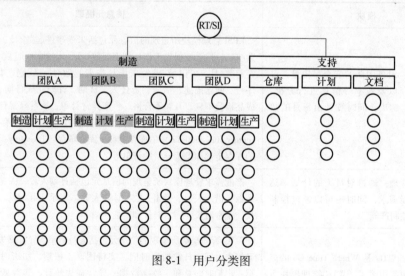

图 8-1　用户分类图

8.2.2　MES 人机交互的用户行为分析

1. 一线员工的用户需求及行为分析

一线员工的主要工作是进入生产车间进行产品组装工作，如图 8-2 所示。一线员工的用户需求包括打卡、换工作服、工作安排的下达、解决发现的生产问题以及听取每日产线安排和生产任务。一线员工的用户行为主要包括根据计划进入工位，开始进行产品组装工作；整个生产过程中，产线出现故障时，进行 Andon 操作，寻求辅助。

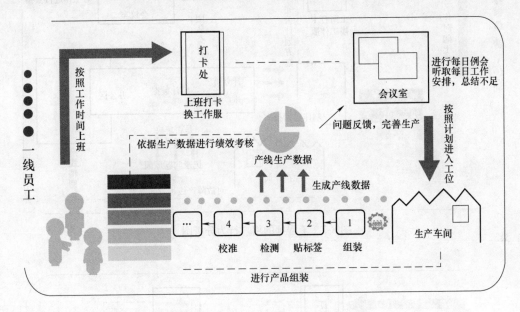

图 8-2　一线员工的用户行为分析图

2. 工程师的用户需求及行为分析

工程师的主要工作是对产线的正常排产进行辅助、统计相关生产数据以及计划安排等，如图 8-3 所示。工程师的用户需求包括团队会议、生产过程问题分析、产线辅助、生产数据的统计汇报和产线问题的分析等。

3. 主管的用户需求及行为分析

主管的主要工作是管理团队整体生产情况，分析相关问题产生的原因，同时提出解决方案，如图 8-4 所示。主管的用户需求包括收到团队的产线生产数据后，分析生产数据的变化、探究原因、提出改善方案，通过团队会议研讨，提出解决方案。

4. 经理的用户需求及行为分析

经理的用户需求是掌握整个部门的运营情况，能够获得部门效益最大化。如图 8-5 所示，经理的用户行为包括通过查看部门的生产数据，分析整个部门的生产问题，同主管召开会议进行生产数据分析，提出合理化建议，通过企业会议传达企业的生产目标。

8.2.3　MES 人机交互的用户需求分析

在用户访谈对象的选择方面，主要对不同职位的用户进行访谈，同时所选用户需要对

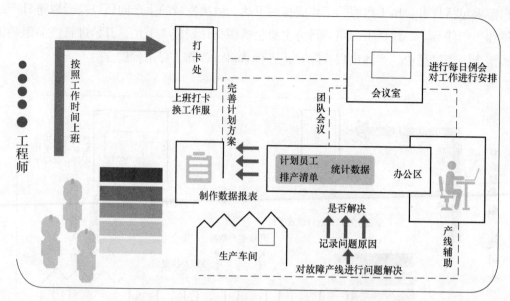

图 8-3　工程师的用户行为分析图

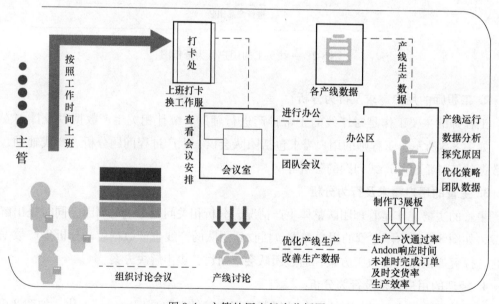

图 8-4　主管的用户行为分析图

信息系统有所掌握。因为一线员工主要进行组装生产工作，所以此次访谈对象涉及了经理、主管和工程师 3 种不同职位的用户，分别对 1 位经理、2 位主管和 2 位工程师共 5 位用户进行访谈。分别对 5 位用户进行关于信息系统的访谈，每位用户用时 30min，将访谈内容进行有效的筛选。通过对不同用户进行访谈，可以了解到不同职位用户的需求，根据

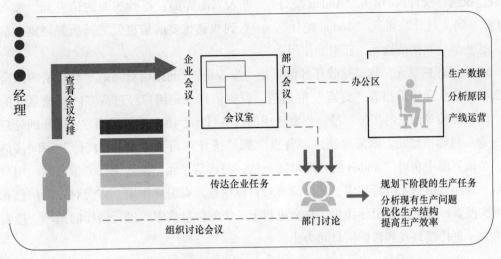

图 8-5　经理的用户行为分析图

经理、主管和工程师的访谈内容以及期望需求，对不同用户的需求进行归纳。

8.3　构建信息元和信息链

8.3.1　MES 中的信息元

　　MES 中有着明显的信息层级，不同的信息元位于不同的信息节点上，当收到任务信号时，用户将会根据任务目标在信息系统中进行目标的寻找。本节基于间接信息元和目标信息元对 MES 信息系统中的信息元进行分析，如图 8-6 所示。

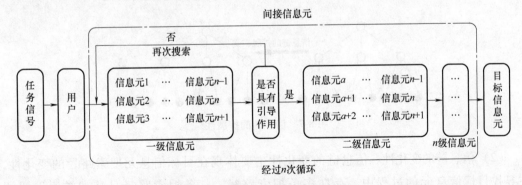

图 8-6　间接信息元与目标信息元

　　（1）间接信息元　间接信息元在信息搜索过程中起引导的作用，如果将接收任务信号比作"发令枪"，那么间接信息元就是"马拉松的路途"。在 MES 中，从 MES 的"首页"

开始，找到"统计"，单击"Andon 统计"，进入当前界面，得到想要的信息元。那么从"首页"到"统计"再到"Andon 统计"，一直到找到想要的信息元之前所要浏览的信息元，这些都是间接信息元，起引导作用。

（2）目标信息元　如果接收任务信号是"发令枪"，间接信息元是"马拉松的路途"，那么目标信息元将承担着"终点"的角色。目标信息元是用户经过许多间接信息元的引导，以及经验等信息的指导，最终想要达成的任务目标。用户想要得到"Andon 的处理时间"这一目标信息元，就需要经过"首页"到"统计"再到"Andon 统计"等间接信息元。在该界面中获得"Andon 的处理时间"这一目标信息元。接收到任务信号后，用户开始对一级间接信息元进行搜索，如果没有对目标信息元有引导作用，将会对一级信息元进行再次搜索；如果具有引导作用，将会进行下一级的信息搜索，进行同样的循环，搜索过程将会一直持续到找到目标信息元为止。

8.3.2　MES 中的信息链

信息元依据信息关联属性建立信息间关系，用户在寻找目标信息元时，经过一系列间接信息元的相关引导，这条由间接信息元到最后的目标信息元所形成的路径，就叫作信息链，信息链可以对信息流起导向作用。本节将结合 MES 信息链的扩展性和变化性两个属性进行分析。

（1）信息链的扩展性　信息链的扩展性表示信息链中信息元的增加，即信息链的长短是可变的，如图 8-7 所示。如果目标信息元是"工时统计"，那么就需要从"首页"进入"统计"，再进入"工时统计"，到此已经形成一个完整的信息链；如果需要一个更加精准的信息元"O 组的工时统计"，那么就需要在"工时统计"信息元的下级加上"O 组的工时统计"，此时信息链增加了一个信息元，则整个信息链的长度也有所延伸。

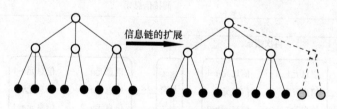

图 8-7　信息链的扩展性

（2）信息链的变化性　信息链的变化性主要体现在目标信息元搜索路径的变化性，在寻找目标信息元的过程中，存在多条搜索路径。一条搜索路径是从"首页"进入"统计"，再进入"Andon 统计"；另一条搜索路径则是从"首页"直接进行"Andon 统计"的搜索。这说明经过的间接信息元不相同，也体现了信息链的变化性，如图 8-8 所示。

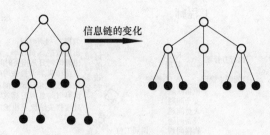

图 8-8　信息链的变化性

8.3.3　建立 MES 人机交互的信息链

通过对信息元和信息链的分析，基于 MES 后台管理信息、报表看板信息等，分别按照基于用户分类、基于企业效率目标以及基于企业成本目标建立信息链。通过实地调研，对企业用户进行了初步的分类，同时在与部门经理的访谈中了解到企业的目标与需求为提高效率和降低成本。

1. 基于用户分类的信息链建立

依据用户的行为分析，建立基于用户分类的信息链，如图 8-9 所示。工程师依据订单、工时和工效计划员工，员工根据工程师的工位计划安排，找到相应的工位，开始进行物料组装、扫描标签、打印完工标签、粘贴完工标签、检测安全性、观察检测结果、检测仪表、检测气密性、观察检测结果、打印标签和包装封箱等操作工序。在组装过程中会存在质量异常、缺料异常和设备问题等，就需要进行 Andon 和辅助，从而呼叫工程师进行帮助。工程师通过识别工位进行问题定位，从而将问题解决，在解决问题中所消耗的工时会影响到订单的完成量和及时交货率。同时员工的假期、加班和事故会影响到实际可用人数、计划人数、固定人数、变动人数、借入和借出人数、休假人数、未遂事件、急救伤害及可记录/损失工作日等信息元，从而影响到整个出勤数据和损失时间，然后影响到人员效率、实际效率和目标效率，间接地影响到订单完成量和及时交货率。

工程师通过产能需求管理、WTG 管理、KPSI 管理以及执行力管理 4 个模块对生产过程中的信息进行统计，其中包括质量、订单、库存、效率和安全等。工程师将这些生产信息进行数据统计汇报给主管。主管将这些数据整合为 6 个指标，分别是未准时完成订单，生产一次通过率，Andon 响应时间，原料、成品库存，及时交货率以及生产效率，经理查看 6 个指标后，了解相关问题，对生产过程进行相关的改良。

通过基于用户分类的信息链建立，可以明确各用户与相关信息的关系，对信息元的定位更加精准，便于对基于用户分类的信息呈现进行信息元的用户分类，将各用户相关的信息元依据不同用户进行准确的信息呈现，减少无效的信息呈现，提高用户的信息搜索绩效，从而提高整个工作效率。

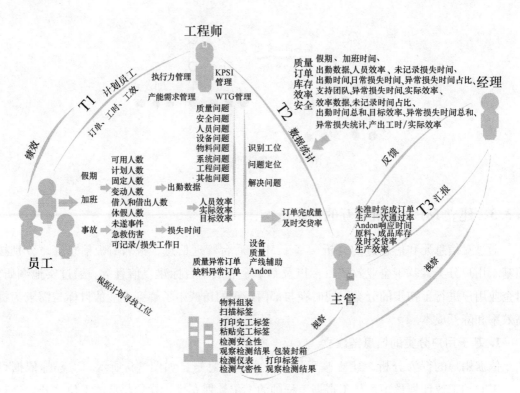

图 8-9 基于用户分类的信息链图

注：T1~T3 为会议展板

2. 基于企业效率目标的信息链建立

从企业效率出发，每个员工层级所要呈现的信息元都应与企业效率相关，采用自上而下的信息传输方式，如图 8-10 所示。经理收到企业目标后向主管进行传达，主管根据企业目标召开团队会议，团队基于企业目标给出优化建议，然后对员工数量进行计划，对工时进行优化。员工可以通过提高生产效率、加班等增加工时的方法提高效率，工程师对初步优化方案进行数据评估，主管将统计结果告知经理。在整个以企业效率为目标的过程中，经理所要关注的信息主要为效率、实际生产效率和效率目标值；主管所要关注的信息为损失占比、未记录损失时间占比、日常损失占比、实际效率、加班时间总和及效率目标值等；工程师所要关注的信息为异常损失时间（安全、质量、人员、设备、物料、工程、其他）、异常损失时间总和、日常损失时间总和、未记录时间总和等工时相关信息及问题；员工所要关注的信息为假期（法定假期、特殊假期、病假、事假等）和加班时间。在整个以提高企业效率为目标的信息链中，各级用户所要关注的信息以工时和人员数量为基准。

3. 基于企业成本目标的信息链建立

从企业成本出发，每个员工所关注的信息都应与企业成本相关，如图 8-11 所示。基

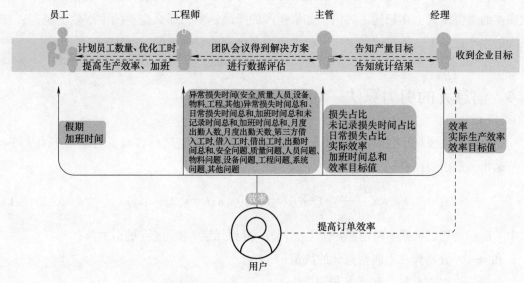

图 8-10   基于企业效率目标的信息链

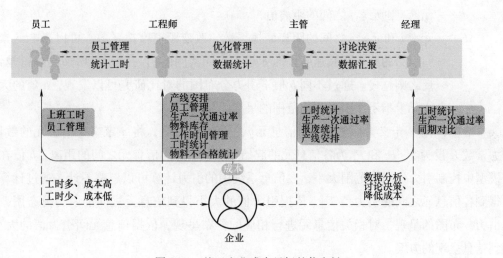

图 8-11   基于企业成本目标的信息链

于企业成本目标的信息链同样自上而下传输信息，经理所要关注的信息有工时统计、生产一次通过率和同期对比；主管所要关注的信息有工时统计、生产一次通过率、报废统计和产线安排；工程师所要关注的信息有产线安排、员工管理、生产一次通过率、物料库存、工作时间管理、工时统计和物料不合格统计；员工所要关注的信息有上班工时和员工管理。根据企业成本，员工数量和成本呈正相关，工时和成本呈正相关，物料不合格和成本呈正相关，而生产一次通过率和成本呈负相关。通过对数据的分析、整理，可以得到相关指标的高低，从而对方案进行讨论、优化，得到最佳的运行状态。

通过企业效率和企业成本两个角度的分析，可以看到工时的消耗是影响企业效率和企业成本的重要因素。在相同工时内，如果生产的产品越多，那么企业的生产效率越高；在相同的生产任务下，如果消耗的工时越少，那么企业的成本越低。

8.4 信息元的引力算法

引力模型主要揭示各对象之间的联系状况，主要功能是区分各对象之间的引力大小，本节采用一般引力模型

$$F_{ij} = K\frac{P_i P_j}{d_{ij}^b} \quad (i \neq j; i=1,2,\cdots,n; j=1,2,\cdots,m) \tag{8-1}$$

式中　F_{ij}——通过元素 i 和元素 j 的引力计算，得到元素 i 和元素 j 的引力值；

　　n 和 m——分别代表不同信息元的数量；

　　K——引力常数，常将 K 值设为 1；

　P_i 和 P_j——元素 i 和元素 j 的起始重要度；

　　d——元素 i 和元素 j 之间的距离值；

　　b——元素 i 和元素 j 之间的距离摩擦系数，改变距离摩擦系数，可以影响元素之间引力的距离衰减速度，即 b 越大，元素间的引力随距离增加衰减得越快，反之则越慢。通过不同 b 值下引力分布图的对比研究可以发现，b 值的大小实际上指示了引力作用范围的尺度差异。

本节中，将 F_{ij} 定义为信息元 i 和信息元 j 之间的引力值，将 n 定义为信息元的数量，引力常数 K 设为 1，P_i 和 P_j 为各信息元的起始重要度，d 为信息元之间的距离，b 值在原有模型中控制引力作用的范围大小，在信息系统中的引力计算可以忽略不计。通过计算可以得到各信息元之间的引力值 F_{ij}，依据引力值的大小得到信息元之间的引力分布图，根据引力分布图的呈现，对相关信息元进行相应的分布呈现，依据信息元间引力值的大小，得到信息呈现的方案。

8.4.1 信息元间距离

根据产线信息系统层级，对信息元进行节点划分。将信息元划分为不同层级，不同层级的信息元将处于不同的节点。

根据 MES 产线信息系统的信息结构，分别对不同层级的信息元进行 A～D 的编码，第 1 层级编码为 A，第 2 层级编码为 B，第 3 层级编码为 C，第 4 层级编码为 D，相同层级的信息元用数字进行编码。各信息元间的距离可以由编码进行计算，以每个层级为一个距离单元，处于不同层级的信息元将会存在不同的距离单元。例如，信息元

AB4C1D2 与信息元 AB7C5D5 的距离为 6 个节点，所以信息元 AB4C1D2 与信息元 AB7C5D5 的距离为 6。

基于所建信息链对信息元进行节点划分，不同用户所要关注的信息位于不同的层级，用户一线员工、工程师、主管和经理分别以编码 P1、P2、P3 和 P4 为信息节点，二级节点和三级节点分别以 T1~T3 会议展板为节点来对相同层级的信息元进行编码，P1 和 P2 之间相距一个距离单元，所以位于两个层级上的信息元距离为 1。例如，信息元 P1T1A1 与信息元 P3T2 的距离为 4，信息元 P1T1A1 与信息元 P3T2 的距离为 4。基于信息链的各信息元节点划分见表 8-2。

表 8-2 基于信息链的各信息元节点划分

一级节点	二级节点	三级节点
P1	P1T1	P1T1A1
P2	P2T1	P2T1A1
	P2T2	P2T2A2
P3	P3T2	P3T2A1
	P3T3	—
P4	P4T3	—

8.4.2 信息元的起始重要度

信息元的起始重要度 P 的获取，主要通过调研的方法。信息元的调研包含了与工时相关的信息元，同时还加入了生产一次通过率、Andon 响应时间、及时交货率和未准时完成订单数量等与工时相关的指标信息元。

（1）调研内容 为提高用户在使用产线信息系统时的信息元搜索效率和用户的认知绩效，对企业产线信息系统工时相关的信息元进行起始重要度调研。调研内容为对工时相关的信息元进行起始重要度评分，评分等级为 1~5 五个等级，1 代表起始重要度相对较低，5 代表起始重要度相对较高，2~4 处于两者之间，起始重要度的程度居中，每个信息元的选项为单选，直接在问卷上面选择 1~5，并在相应的分值上打钩。为了便于计算，将信息元按照顺序进行编码，一级信息元用 Y 进行编码，二级信息元用 E 进行编码，依次用序数对其进行标注。

（2）调研对象 调研对象为 RT/SI 部门的员工，需要涉及不同的用户，由于部门经理数量为 1，主管数量为 4，所以这两类用户的采样分别为 1 和 4。最终有效问卷数为经理 1 份、主管 4 份、工程师 20 份。将所得问卷数据进行整合、汇总可以得到信息元的起始重要度均值，见表 8-3。

表 8-3　信息元的起始重要度均值

信息元	经理用户	主管用户	工程师用户
人员效率（Y1）	3.00	4.50	4.30
异常损失时间（Y2）	3.00	3.75	4.50
未记录损失时间（Y3）	3.00	3.50	3.70
日常损失时间（Y4）	3.00	4.00	3.80
假期（Y5）	4.00	2.25	2.80
加班时间（Y6）	3.00	3.25	3.60
出勤数据（Y7）	4.00	3.75	4.00
效率目标值（E8）	5.00	3.75	4.10
实际效率（E9）	5.00	4.50	4.40
实际生产效率（E10）	5.00	4.25	4.20
产出工时（E11）	5.00	4.25	4.30
安全（E12）	4.00	4.75	4.70
质量（E13）	4.00	4.75	4.60
人员（E14）	4.00	4.00	4.10
设备（E15）	4.00	4.25	4.00
物料（E16）	4.00	4.25	4.00
工程（E17）	4.00	4.00	3.90
系统（E18）	4.00	4.25	4.00
异常损失时间总和（E19）	5.00	4.00	4.20
异常损失时间占比（E20）	4.00	4.00	4.00
未记录时间占比（E21）	3.00	3.50	3.10
未记录时间总和（E22）	3.00	3.25	3.10
日常损失时间总和（E23）	3.00	3.25	3.90
日常损失时间占比（E24）	3.00	3.75	3.90
加班时间占总出勤率比（E25）	4.00	3.50	3.80
（产出工时/实际效率）-出勤时间（E26）	5.00	3.50	4.10
出勤时间总和（E27）	3.00	3.25	4.30
月度出勤天数（E28）	3.00	3.25	3.90

（续）

信息元	经理用户	主管用户	工程师用户
月度出勤人数（E29）	3.00	3.50	3.80
第三方借入工时（E30）	3.00	2.50	3.80
借入工时（E31）	3.00	2.50	3.50
借出工时（E32）	3.00	2.50	3.50
生产一次通过率（Y33）	5.00	4.75	4.60
及时交货率（Y34）	5.00	4.75	4.30
Andon 响应时间（Y35）	5.00	4.50	4.30
未准时完成订单数量（Y36）	5.00	4.50	4.50

8.5　信息元间的引力

将需要计算的信息元 i 和信息元 j 进行罗列，信息元 i 设定为生产一次通过率，信息元 j 为除生产一次通过率外的其他信息元，起始重要度 P_i 为中心信息元，将其起始重要度均值设为 5，起始重要度 P_j 分别设为各信息元在问卷调查中的起始重要度均值，信息元间距离 d 由信息元 i 和信息元 j 在信息链以及 MES 的节点确定，将信息元 i 和信息元 j 的起始重要度 P_i 和 P_j，以及信息元间的距离 d 代入引力模型公式，通过计算可以得到信息元 i 和信息元 j 之间的引力值 F_{ij}。

8.5.1　P4 用户的信息元引力

根据信息元 i 和信息元 j 的起始重要度，以及信息元 i 和信息元 j 之间的距离 d，将相关数值代入引力模型公式，进行计算得到经理用户的信息元间引力值 F_{ij}，见表 8-4。

表 8-4　基于经理用户的信息元间引力值

信息元 i	信息元 j	起始重要度 P_i	起始重要度 P_j	信息元间距离 d	引力模型公式	信息元间引力值 F_{ij}
Y33	Y1	5.00	3.00	3.00	$F_{ij}=K\dfrac{P_iP_j}{d_{ij}^b}$ $(i\neq j ; i=1, 2, \cdots, n; j=1, 2, \cdots, m, K=1, b$ 忽略不计$)$	5.00
Y33	Y2	5.00	3.00	3.00		5.00
Y33	Y3	5.00	3.00	3.00		5.00
Y33	Y4	5.00	3.00	3.00		5.00
Y33	Y5	5.00	4.00	3.00		6.67

（续）

信息元 i	信息元 j	起始重要度 P_i	起始重要度 P_j	信息元间距离 d	引力模型公式	信息元间引力值 F_{ij}
Y33	Y6	5.00	3.00	3.00		5.00
Y33	Y7	5.00	4.00	3.00		6.67
Y33	E8	5.00	5.00	4.00		6.25
Y33	E9	5.00	5.00	4.00		6.25
Y33	E10	5.00	5.00	4.00		6.25
Y33	E11	5.00	5.00	4.00		6.25
Y33	E12	5.00	4.00	4.00		5.00
Y33	E13	5.00	4.00	4.00		5.00
Y33	E14	5.00	4.00	4.00		5.00
Y33	E15	5.00	4.00	4.00		5.00
Y33	E16	5.00	4.00	4.00		5.00
Y33	E17	5.00	4.00	4.00	$F_{ij}=K\dfrac{P_iP_j}{d_{ij}^b}$	5.00
Y33	E18	5.00	4.00	4.00	$(i\neq j$；$i=1,2,\cdots,$	5.00
Y33	E19	5.00	5.00	4.00	n；$j=1,2,\cdots,m,$	6.25
Y33	E20	5.00	4.00	4.00	$K=1,b$ 忽略不计)	5.00
Y33	E21	5.00	3.00	4.00		3.75
Y33	E22	5.00	3.00	4.00		3.75
Y33	E23	5.00	3.00	4.00		3.75
Y33	E24	5.00	3.00	4.00		3.75
Y33	E25	5.00	4.00	4.00		5.00
Y33	E26	5.00	5.00	4.00		6.25
Y33	E27	5.00	3.00	4.00		3.75
Y33	E28	5.00	3.00	4.00		3.75
Y33	E29	5.00	3.00	4.00		3.75
Y33	E30	5.00	3.00	4.00		3.75
Y33	E31	5.00	3.00	4.00		3.75
Y33	E32	5.00	3.00	4.00		3.75
Y33	Y34	5.00	5.00	1.00		25.00
Y33	Y35	5.00	5.00	1.00		25.00
Y33	Y36	5.00	5.00	1.00		25.00

8.5.2　P3 用户的信息元引力

根据信息元 i 和信息元 j 的起始重要度，以及信息元 i 和信息元 j 之间的距离 d，将相关数值代入引力模型公式，进行计算得到主管用户的信息元间引力值 F_{ij}，见表 8-5。

表 8-5　基于主管用户的信息元间引力值

信息元 i	信息元 j	起始重要度 P_i	起始重要度 P_j	信息元间距离 d	引力模型公式	信息元间引力值 F_{ij}
Y33	Y1	5.00	4.50	2.00		11.25
Y33	Y2	5.00	3.75	2.00		9.38
Y33	Y3	5.00	3.50	2.00		8.75
Y33	Y4	5.00	4.00	2.00		10.00
Y33	Y5	5.00	2.25	2.00		5.63
Y33	Y6	5.00	3.25	2.00		8.13
Y33	Y7	5.00	3.75	2.00		9.38
Y33	E8	5.00	3.75	3.00		6.25
Y33	E9	5.00	4.50	3.00		7.50
Y33	E10	5.00	4.25	3.00		7.08
Y33	E11	5.00	4.25	3.00		7.08
Y33	E12	5.00	4.75	3.00		7.92
Y33	E13	5.00	4.75	3.00		7.92
Y33	E14	5.00	4.00	3.00	$F_{ij} = K \dfrac{P_i P_j}{d_{ij}^b}$	6.67
Y33	E15	5.00	4.25	3.00	$(i \neq j;\ i=1,\ 2,\ \cdots,$	7.08
Y33	E16	5.00	4.25	3.00	$n;\ j=1,\ 2,\ \cdots,\ m,$	7.08
Y33	E17	5.00	4.00	3.00	$K=1,\ b$ 忽略不计)	6.67
Y33	E18	5.00	4.25	3.00		7.08
Y33	E19	5.00	4.00	3.00		6.67
Y33	E20	5.00	4.00	3.00		6.67
Y33	E21	5.00	3.50	3.00		5.83
Y33	E22	5.00	3.25	3.00		5.42
Y33	E23	5.00	3.25	3.00		5.42
Y33	E24	5.00	3.75	3.00		6.25
Y33	E25	5.00	3.50	3.00		5.83
Y33	E26	5.00	3.50	3.00		5.83
Y33	E27	5.00	3.25	3.00		5.42
Y33	E28	5.00	3.25	3.00		5.42
Y33	E29	5.00	3.50	3.00		5.83
Y33	E30	5.00	2.50	3.00		4.17
Y33	E31	5.00	2.50	3.00		4.17
Y33	E32	5.00	4.50	3.00		7.50
Y33	Y34	5.00	4.75	1.00		23.75
Y33	Y35	5.00	4.50	1.00		22.50
Y33	Y36	5.00	4.50	1.00		22.50

8.5.3 P2 用户的信息元引力

根据信息元 i 和信息元 j 的起始重要度，以及信息元 i 和信息元 j 之间的距离 d，将相关数值代入引力模型公式，进行计算得到工程师用户的信息元间引力值 F_{ij}，见表 8-6。

表 8-6 基于工程师用户的信息元间引力值

信息元 i	信息元 j	起始重要度 P_i	起始重要度 P_j	信息元间距离 d	引力模型公式	信息元间引力值 F_{ij}
Y33	Y1	5.00	4.30	3.00		7.12
Y33	Y2	5.00	4.50	3.00		7.50
Y33	Y3	5.00	3.70	3.00		6.12
Y33	Y4	5.00	3.80	3.00		6.33
Y33	Y5	5.00	2.80	3.00		4.67
Y33	Y6	5.00	3.60	3.00		6.00
Y33	Y7	5.00	4.00	3.00		6.67
Y33	E8	5.00	4.10	4.00		5.13
Y33	E9	5.00	4.40	4.00		5.50
Y33	E10	5.00	4.20	4.00		5.25
Y33	E11	5.00	4.30	4.00		5.38
Y33	E12	5.00	4.70	4.00		5.88
Y33	E13	5.00	4.60	4.00	$F_{ij}=K\dfrac{P_iP_j}{d_{ij}^b}$	5.75
Y33	E14	5.00	4.10	4.00	$(i\neq j$; $i=1, 2, \cdots,$	5.13
Y33	E15	5.00	4.00	4.00	n; $j=1, 2, \cdots, m,$	5.00
Y33	E16	5.00	4.00	4.00	$K=1$, b 忽略不计)	5.00
Y33	E17	5.00	3.90	4.00		4.88
Y33	E18	5.00	4.00	4.00		5.00
Y33	E19	5.00	4.20	4.00		5.25
Y33	E20	5.00	4.00	4.00		5.00
Y33	E21	5.00	3.10	4.00		3.88
Y33	E22	5.00	3.10	4.00		3.88
Y33	E23	5.00	3.90	4.00		4.88
Y33	E24	5.00	3.90	4.00		4.88
Y33	E25	5.00	3.80	4.00		4.75
Y33	E26	5.00	4.10	4.00		5.13
Y33	E27	5.00	4.30	4.00		5.38
Y33	E28	5.00	3.90	4.00		4.88

（续）

信息元 i	信息元 j	起始重要度 P_i	起始重要度 P_j	信息元间 距离 d	引力模型公式	信息元间引力值 F_{ij}
Y33	E29	5.00	3.80	4.00		4.75
Y33	E30	5.00	3.80	4.00		4.75
Y33	E31	5.00	3.50	4.00	$F_{ij}=K\dfrac{P_iP_j}{d_{ij}^b}$	4.38
Y33	E32	5.00	3.50	4.00	$(i\neq j；i=1,2,\cdots,$	4.38
Y33	Y34	5.00	4.30	2.00	$n；j=1,2,\cdots,m,$	10.75
Y33	Y35	5.00	4.30	2.00	$K=1,b$ 忽略不计)	10.75
Y33	Y36	5.00	4.50	2.00		11.25

　　根据信息元间引力计算，可以得到经理、主管和工程师用户的信息呈现引力分布图。依据各信息元间引力值的大小，来确定各信息元之间的距离。引力值越大，信息元越大，距离越近；反之，信息元越小，距离越远。基于引力分布图现有的特征，需要对引力分布图进行颜色的设计，同时需要将引力分布图作为一个整体模块进行布局分析，如 P4 用户的一级和二级信息元引力分布图（见图 8-12）。

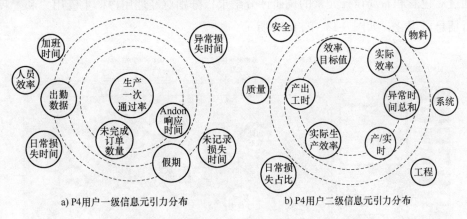

a) P4用户一级信息元引力分布　　　　　　b) P4用户二级信息元引力分布

图 8-12　P4 用户一级和二级信息元引力分布图

8.6　MES 人机交互的信息呈现

　　基于 MES 分析，现有的系统可以分为导航栏模块和信息呈现模块。基于引力模型的信息呈现可以划分为快捷导航栏模块、状态栏模块和基于引力关系的信息呈现模块 3 个模块进行布局。

　　Melissa 等人通过研究发现界面的密集程度会影响认知难度，从而影响用户的搜索效率，所以在信息可视化的过程中需要降低界面密度，信息呈现的密度越高，搜索起来就会越困难。Parkinson 等人发现纵列方式的菜单栏可以减少 25%的搜索时间，所以快捷导航栏模块以纵向排布可以有效地提高用户的搜索效率。Graham 等人通过对界面布局的研究发现，相对于底部而言，界面上端的信息关注度较高，相对于周边信息而言，界面中心部位的信息关注度更高。基于前人的研究可以将状态栏的布局设计放置到界面上端，将基于引力关系的信息呈现设计到界面的中心部位，从而使信息的传递更加高效。将快捷导航栏模块（导航栏）、状态栏模块（状态栏）和基于引力关系的信息呈现模块（呈现栏）3 个模块进行不同的布局，见表 8-7，通过用户调研获取最优的布局方式。

表 8-7 布局设计元素呈现

布局设计元素	布局呈现					
布局模块						
布局框架	上：状态栏 左：导航栏 右：呈现栏	上：状态栏 左：呈现栏 右：导航栏	上：状态栏 中：呈现栏 下：导航栏	左：导航栏 右：呈现栏 下：状态栏	左：呈现栏 右：导航栏 下：状态栏	左：状态栏 中：呈现栏 右：导航栏

通过对色彩和布局设计元素的调研评分结果，分别对经理用户、主管用户和工程师用户进行信息可视化，如图 8-13~图 8-15 所示。

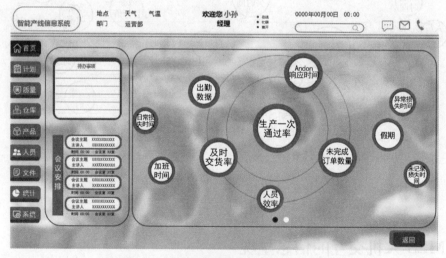

图 8-13 基于经理用户的信息可视化方案

基于经理用户的信息可视化，生产一次通过率信息元位于交互系统界面的中心位置，及时交货率、Andon 响应时间以及未完成订单数量等信息元的注意捕获能力次于生产一次通过率信息元。基于经理用户的行为分析，在信息呈现上增加了会议安排的功能模块，包含会议主题、会议时间、会议汇报人以及会议室位置，使得经理用户能够更好地安排自己的会议时间。

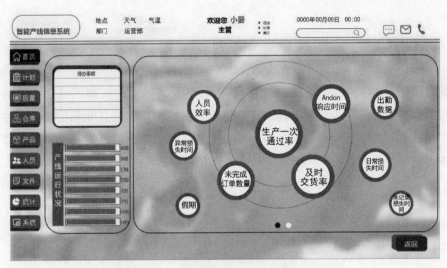

图 8-14　基于主管用户的信息可视化方案

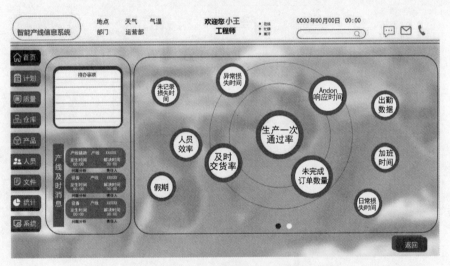

图 8-15　基于工程师用户的信息可视化方案

基于主管用户的信息可视化，位于视觉中心位置的是生产一次通过率信息元，其注意捕获能力最强，然后是及时交货率信息元，再是 Andon 响应时间信息元和未完成订单数量信息元，其他信息元依据引力值大小逐次排布。基于主管用户的行为分析，在信息呈现上增加了产线运行状况的功能模块。

基于工程师用户的信息可视化，生产一次通过率信息元位于信息系统的中心位置，其注意捕获能力最强，然后是未准时完成订单数量信息元，及时交货率信息元和 Andon 响应时间信息元相对较弱。基于工程师用户行为分析，工程师用户需要对产线进行产线辅助，以保证产线故障及时排除，使产线正常运作，所以在信息呈现上增加了产线及时消息的功能模块。

8.7　本章小结

本章以 MES 为应用案例，展开了生产制造信息元的提取，获得了该系统的信息呈现问题；通过用户需求的分析构建智能制造环境下的人机交互的信息元和信息链，并结合引力模型，获得了不同层级用户的信息引力分布图，提供了符合信息元和信息链关联的工业制造系统信息可视化方案。

工业制造 SAP 系统的人机交互设计

9.1　SAP 系统的人机交互

随着企业的现代化发展以及竞争范围的扩大，对企业管理的要求得到了进一步的加强，企业的信息化建设也有了更高的集成需求。在企业生产制造的过程中，需要集成多个部门或机构的设备以及数据，协调它们之间的工作分配，形成高效合理的分工合作。SAP（Systems Applications And Products in data processing）系统作为当前企业管理信息系统的领导者，其功能涵盖财务、采购、库存、生产、销售等各个环节，能够实现对现有管理流程的优化，促进企业管理水平的提升以及管理制度的改善。

SAP 系统是一种制造信息系统，用于客户/服务机结构和开放系统、集成的企业资源计划系统。其主要功能为提供工程设计、采购、库存、生产销售和质量等服务，以及提供人力资源管理、Free EIM 业务工作流系统，并通过因特网应用链接功能。SAP 系统的信息模块结构化设计满足了用户与技术信息之间相互联系的需求，有助于形成一整套业务措施。然而，由于 SAP 系统涵盖多个信息模块，需要在人机交互界面上显示不同模块的多个信息，大量的信息数据显示易造成操作者在使用过程中的认知迷失或信息混淆。并且在人机交互界面的信息呈现上，SAP 系统较少关注如何有效展现信息以及如何提高操作者的认知能力。

因此，以某企业 SAP 系统信息数据以及企业生产管理需求为研究对象，对该企业 SAP 系统基于任务域模型开展不同用户的系统信息元需求分析，并且构建信息元关联结构，从而对 SAP 系统的信息进行有效呈现，提高操作者的工作效率。

9.2　SAP 系统人机交互的任务域模型

9.2.1　任务域模型及其特征

任务域模型是一种基于抽象层级理论的任务信息结构分析模型，帮助设计师进行以目标为导向、与任务相关联的信息解构，从理论上有效解决"任务-信息"的关联分析问题。

抽象层级理论是生态界面设计的重要组成部分，有别于传统的自底向上的表示法体系，抽象层级将某一个或一类复杂的任务环境定义为一种多层级的组织，自顶向下地解释人类与界面信息的交互行为。抽象层级的分析是对任务环境的分析，而非对具体任务的分析，即它分析整个控制系统。这可以使人们不局限于某一具体情形或事件，因此具有更好的适应性。基于该理论的任务域分析则是对任务进行逐级细分，拆解成一个个具有特定含义的子任务（见图9-1），自顶向下展开信息分析，判断层级的哪些部分与当前目标有关，并解决相应的信息呈现问题。

任务域模型中不仅将任务进行划分，同时通过构建"任务-信息"的关联映射梳理相应人机交互界面的信息元呈现需求。任务域中"任务-信息"关联映射具有以下特征：

1）在任务域分析的过程中，任务域中一般包含多个子任务。任务的完成具有明显的时间效应，可以根据任务的开始时间、终止时间将该任务定位在用户的工作时间轴上。

2）每个任务都与某个或某些特定的界面视觉元素（Infornation，Info）有关，人类的主动搜索行为将围绕这些界面视觉元素展开。

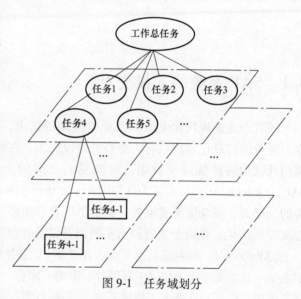

图9-1　任务域划分

3）任务域与任务、任务与界面视觉元素之间均为一对多的映射关系，即在一条任务时间轴上可能存在多个重复的任务，一个特定的任务往往由多个界面视觉元素共同构成。

9.2.2　SAP 系统的用户分析

通过对企业 SAP 系统的目标用户进行调研，了解他们的任务过程，获得他们在完成日常工作以及任务过程中的真实需求，从而为后期梳理不同用户的信息需求做准备。

调研以某企业的 SAP 系统的使用用户为对象，由于该企业的生产需求，需要多种不同类型的工程师共同进行操作管理，完成生产检查、库存管理和订货发货等任务，因此该 SAP 系统的使用用户有4类：计划工程师、采购工程师、质量工程师和制造工程师。通过访谈调研，对4类用户的使用需求进行初步了解，调研人员信息记录见表9-1。由表9-1可以看出，计划工程师与采购工程师是 SAP 系统的主要用户，对该系统的使用操作需求较大；质量工程师和制造工程师使用该系统的频率较低，使用需求也较小，为次要用户。

表 9-1 调研人员信息记录

用户级别	职位	SAP 系统使用频率	SAP 系统使用目的
主要用户	计划工程师	经常	1）产品投入组装前，计划各环节的物料使用率 2）产品组装完成后，总结实际完成效率和计划之间的差距，并提出改进措施
	采购工程师	经常	1）产品投入生产前，配备好各生产环节所需的物料种类及数量 2）产品组装过程中，关注物料使用率
次要用户	质量工程师	有时	关注产品在生产完成后的质量
	制造工程师	有时	关注产品在投入生产前后的物料库存、使用数量

9.2.3 SAP 系统的任务分析

从 SAP 系统的功能需求分析，可将系统功能分为 6 个模块：订单交付和订单完成（OTD&OFT）、库存、战略库存、订单交货（LT-PDT）、订单收货（LT-GR）以及生产周期（LT-PLT）。各功能模块之间存在一定的逻辑次序关系，形成从订单交付到订单投入制造的一系列流程。工程师得到任务指示后，定位于任务相关的功能模块，通过筛选信息条件查看该功能模块中的任务数据，根据任务需求进行修改调整，完成任务指示后退出。

根据前期用户访谈调研可知，不同用户对 SAP 系统的使用需求不同，操作目的也不同。通过进一步调研得知，计划工程师与采购工程师对该系统的功能需求包括订单交付和订单完成、库存、战略库存、订单交货、订单收货以及生产周期 6 类。质量工程师只在订单收货阶段进行操作，制造工程师只在生产周期阶段进行操作。具体情况如下：

从计划工程师的角度，在订单交付和订单完成阶段，计划工程师需要及时了解订单交付和完成的天数，以及与计划完成时间相比，从达标率可以直接看出完成订单的效率；在库存阶段，计划工程师需要从不同的维度对成品的总金额进行收集整理，以便上级部门对公司的成品情况深入了解；在战略库存阶段，计划工程师需要对库存中近 3 个月订单产品的金额、数量和近 12 个月的订单产品进行对比，从而分析近 3 个月存在的问题；在订单交货阶段，计划工程师需要及时关注订单交货情况及物料情况，分析交货风险及供应商订单量等信息；在订单收货阶段，计划工程师需要根据实际的收货情况来分析并关注物料情况，寻找改进措施以及防止物料短缺；在生产周期阶段，计划工程师需要对产品的整个生产周期情况进行整理汇总，以便分析生产周期中实际每个阶段的用时与计划相比存在的差异。若实际与计划存在较大差异，则需重点分析具体哪一阶段出现了问题，寻找改进措施。

从采购工程师的角度，在订单交付和订单完成阶段，采购工程师需要关注订单交付和订单完成的天数，通过订单时间安排及风险评估了解订单完成效率；在库存阶段，将所采购的物料放入仓库后，采购工程师需要从不同维度统计原材料的花费总金额，以便确保公司正常的采购量，同时向公司定期汇报采购的实施情况；在战略库存阶段，采购工程师需要关注库存中近3个月和近12个月的订单金额与数量，进而对库存数量进行风险评估及调节；在订单交货阶段，采购工程师需要及时关注前15的供应商的订单量，以此来寻找推动改进的机会；在订单收货阶段，采购工程师需要关注收货前15名的供应商，以便在这些供应商身上搜索相应的信息来推动改进；在生产周期阶段，客户下单后，采购工程师第一时间就要根据客户的订单量去购买原材料，进而将购买的原材料交付给物料工程师，以便物料工程师进行存储与释放。

从质量工程师的角度，在订单收货阶段，质量工程师从不同的故障模式角度对进厂检验失效产品进行分析，以此来提高通过率。

从制造工程师的角度，在生产周期阶段，当物料工程师把原料释放到产线上后，制造工程师就可以进行生产，并且要尽快完成生产，以免因为生产效率低而影响订单交付时间，从而影响公司的效益。

9.2.4　SAP系统任务域模型构建

该SAP系统的主要功能是使不同类型的工程师通过实时查看相关数据图表，能够及时了解物料库存情况、产线生产效率、成品质检情况等信息，从而做出改进调整，提高系统排产效率。由于该企业的生产需求，需要计划工程师、采购工程师、质量工程师和制造工程师4类工程师共同完成订单交付和订单完成、库存、战略库存、订单交货、订单收货以及生产周期6类任务。不同类型工程师之间的任务需求也有所不同，并且操作之间存在一定的逻辑次序关系，形成从订单交付到订单投入制造的一系列流程。

在SAP系统中，在完成生产管理总任务的要求下，针对计划工程师、采购工程师、质量工程师、制造工程师分别划分不同子任务，基于任务域模型理论，可初步构建SAP系统的多用户任务域划分，如图9-2所示。

9.2.5　SAP系统的"任务-信息"关联映射

SAP系统中生产管理总任务下有多个子任务，子任务与某些特定的界面视觉元素相关，存在一对多的映射关系。为了进一步突出任务过程中信息的视觉流向性、功能区的组间关系以及信息元素的重要度对用户的影响，对SAP系统的任务域模型进一步深化，构建"任务-信息"关联映射，如图9-3所示。通过该任务域模型可知SAP系统的整体信息架构，基于多用户以及多任务的信息关联，构建任务与信息之间的逻辑关系，优化系统信息的逻辑结构、布局方式以及视觉呈现。

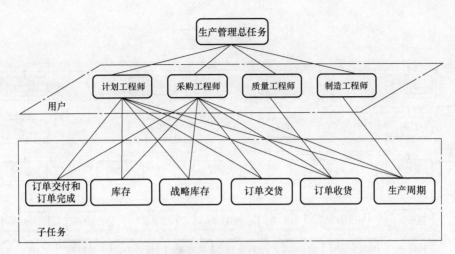

图 9-2   SAP 系统任务域模型

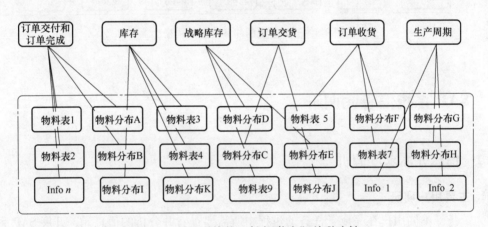

图 9-3   SAP 系统的 "任务-信息" 关联映射

根据任务域理论,构建 SAP 系统的任务信息架构模型,如图 9-4 所示。主要分为以下步骤:

1) 确定 SAP 系统所涉及的用户对象。

2) 根据用户的工作职责以及任务分析确定其子任务。

3) 针对所要完成的子任务在人机交互界面上进行信息筛选,以快速获取用户所需的信息元素,如根据用户的实际需求对日期、物料种类等信息的快速筛选。

4) 通过用户访谈以及问卷调研,梳理不同用户的信息需求,并且结合任务分析相关联的信息元,将其组合成信息块,其次通过信息元的重要度需求调研进行人机交互界面的信息元合理布局,一般采用重要度较高的信息块位于界面左上方,重要度较低的信息块位于右下方的方法。

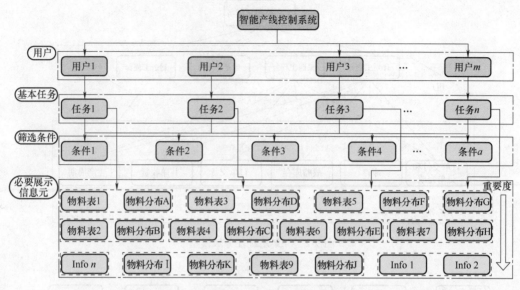

图 9-4 SAP 系统的任务信息架构模型

9.3 SAP 系统信息元调研

9.3.1 信息元需求度调研

1. 主要用户调研

为了获得不同用户在完成子任务的过程中所需要查看并分析的信息元，开展 SAP 系统的用户信息元需求调研，从而得到针对不同用户的界面信息元呈现需求，进而通过信息梳理改进信息呈现的逻辑结构，方便用户能够更快地搜索信息以及操作管理，提高工作效率。

调研采用问卷调研的方式，受访者共有 29 名，均为使用该系统的主要用户，其中包括 15 名计划工程师和 14 名采购工程师。问卷调研根据任务分类分 3 次进行，分别是基于库存、订单交付和订单完成、产线时长（PDT/GR/PLT）的调研。根据任务分析提取所需信息元，受访者从中选择与自己的生产管理职能相关的信息元。调研结果见表 9-2~表 9-4。

表 9-2 主要用户对"库存"界面信息元需求度的调研结果

信息元	计划工程师/人	采购工程师/人
总的产能基准数	1	5
成品月分布图	5	1

（续）

信息元	计划工程师/人	采购工程师/人
策略组维度的成品数	1	0
产品族维度的成品数	0	0
原材料月分布图	8	7
ABC/XYZ 维度的原材料分布图	1	4
采购员维度的原材料分布图	3	9
库存机会改进表	10	11
MOQ（最小订购量）机会改进表	12	10
MOQ 风险调节表	8	10
库存风险调节表	9	10

　　由表 9-2 可知，对于计划工程师来说，剔除"总的产能基准数""策略组维度的成品数""产品族维度的成品数"和"ABC/XYZ 维度的原材料分布图"这 4 个用户需求数不足 2 的信息元，保留"成品月分布图""原材料月分布图""采购员维度的原材料分布图""库存机会改进表""MOQ 机会改进表""MOQ 风险调节表"和"库存风险调节表"这 7 个信息元作为计划工程师"库存"界面中的信息元。

　　对于采购工程师来说，"成品月分布图""策略组维度的成品数"和"产品族维度的成品数"的用户需求数分别为 1、0、0，不具有代表性，不是必要展示的信息元，将其剔除；而"总的产能基准数""原材料月分布图""ABC/XYZ 维度的原材料分布图""采购员维度的原材料分布图""库存机会改进表""MOQ 机会改进表""MOQ 风险调节表"和"库存风险调节表"的用户需求数均不止一个，甚至"库存机会改进表"等信息元的用户需求数超过受访者人数的一半，所以将这 8 个信息元作为采购工程师"库存"界面中的信息元。

表 9-3　主要用户对"订单交付和订单完成"界面信息元需求度的调研结果

信息元	计划工程师/人	采购工程师/人
总的产能基准数	4	5
OTD 月分布图	11	4
产品族维度的 OTD 失败分析	4	3
OFT 分布图	7	0

（续）

信息元	计划工程师/人	采购工程师/人
OTD 失败改进表	7	7
OFT 机会改进表	6	3
OFT 风险调节表	6	1

由表 9-3 可知，对于采购工程师来说，"OFT 分布图"和"OFT 风险调节表"的用户需求数较少。用户在完成任务过程中，可通过其他途径顺利完成任务，因此将其剔除，以达到简化界面信息的目的；而"总的产能基准数""OTD 月分布图""产品族维度的 OTD 失败分析""OTD 失败改进表"和"OFT 机会改进表"的用户需求数相对较多，具有普遍性，所以将这 5 个信息元确定为采购工程师"订单交付和订单完成"界面中的信息元。计划工程师与采购工程师在订单交付和订单完成阶段不同的是，原界面中的信息元均为计划工程师完成任务所需的，不存在视觉干扰的现象。

表 9-4　主要用户对"产线时长"界面信息元需求度的调研结果

信息元	计划工程师/人	采购工程师/人
PDT/GR/PLT 月分布图	10	11
ABC/XYZ 维度的 PDT/GR/PLT 分布图	7	8
PDT/GR/PLT 分布图	7	8
PDT/GR/PLT 机会改进表	12	12
PDT/GR/PLT 风险调节表	10	10
前 15 的可改进供应商	8	12
前 15 的可改进物料类别	1	9
IQC（来料质量控制）检验失效分析	1	1
总的产能基准数	4	5
PDT/GR/PLT 物料使用量改进	9	7

由表 9-4 可知，对于计划工程师来说，除了不需要关注"前 15 的可改进物料类别"和"IQC 检验失效分析"这两个信息元外，将其他 8 个信息元作为"产线时长"界面所要展示的必要视觉信息元素。对于采购工程师来说，从工作职责的角度，除了不需要关注"IQC 检验失效分析"，其余 9 个信息元均为完成任务所需的。

通过对调研结果进行分析可以得出，大多数信息元都是主要用户所需要的，对其进行保留和梳理。但也存在用户不需要和只有一名用户觉得需要看到的信息元。对于用户不需要的信息元进行去除；对于只有一名用户选择的信息元，对其进行跟踪调查可知，该信息元可以通过查看其他功能下的信息元得到，因此也可将其去除。

2. 次要用户调研

由于质量工程师以及制造工程师的子任务较少，因此采用用户访谈的方式对其进行信息元梳理，来获取该类用户的系统信息需求。本次用户访谈共访问了使用该系统的 4 位工程师，其中包括 2 名质量工程师和 2 名制造工程师，具体访谈结果见表 9-5。

表 9-5　次要用户对信息元需求度的访谈结果

工程师	职位	主要需求
邓工	质量工程师	1）产品检验通过情况 2）不合格品的问题所在 3）不断优化验收环节，提高产品质量 4）物料库存的可改进之处
卓工	质量工程师	1）产品检验失败率 2）产品检验不通过的原因所在
裴工	制造工程师	从开始制造到结束这一阶段各物料的详细情况
王工	制造工程师	制造前的物料准备情况和生产过程中的物料信息

由表 9-5 可知，对于质量工程师来说，只需要关注订单收货阶段所涉及的所有信息元，即保持原界面中的信息元不变；对于制造工程师来说，只需要关注生产周期阶段所涉及的相关信息元，包括从开始组装到完成组装的物料机会改进表及其分布图、从释放原材料到开始组装的物料机会改进表及其分布图。

9.3.2　信息元重要度调研

为了获取界面的信息元较优的布局方式，采用问卷调研的方法，对不同用户开展信息元重要度调研。本次问卷通过一个五阶利克特量表测量计划工程师、采购工程师、制造工程师以及质量工程师的任务信息的重要度需求。针对计划工程师以及采购工程师设计了 6 大类共 52 项指标评价，包括订单交付和订单完成、库存、战略库存、订单交货、订单收货、生产周期 6 类任务中的所有信息元。针对质量工程师设计了 1 大类共 8 项指标评价，包括订单收货任务中的所有信息元。针对制造工程师设计了 1 大类共 4 项指标评价，包括生产周期任务中的部分信息元。问卷调研共发放 37 份问卷，发放对象为 B 部门不同职位的 37 名工程师，均为专家用户，最终回收有效问卷 37 份。经过调研获得的各信息元重要度均值见表 9-6~表 9-8。

表 9-6　主要用户对必要展示信息元的重要度汇总

基本任务	信息元	重要度均值	
		计划工程师	采购工程师
订单交付和订单完成	实际 OTDr（按时交货率）平均值	4.60	4.00
	实际 OTDc（按时交货数量）平均值	3.80	3.50
	实际 OFT 平均值	4.80	3.00
	实际完成时间的平均值	4.20	3.00
	OTD 月分布图	4.40	4.25
	产品族维度的 OTD 失败分析	4.00	3.25
	OTD 失败改进表	4.80	5.00
	OFT 机会改进表	4.80	3.00
	OFT 分布图	4.40	—
	OFT 风险调节表	4.60	—
库存	库存	—	3.75
	总库存	—	3.50
	成品库存	—	3.75
	原材料库存	—	2.75
	成品库存机会改进表	4.80	4.50
	成品月分布图	4.80	—
	原材料月分布图	4.60	3.75
	ABC/XYZ 维度的原材料分布图	—	2.75
	采购员维度的原材料分布图	4.20	4.00
	原材料库存机会改进表	4.80	4.50
战略库存	库存机会改进表	4.60	4.00
	总量	4.40	3.50
	总的种类	3.60	4.00
	库存风险调节表	4.60	4.50
	12 个月实际最小批量值和推荐值之间的对比	4.00	2.75
	3 个月实际最小批量值和推荐值之间的对比	4.00	4.00
	MOQ 机会改进表	4.60	4.75
	MOQ 风险调节表	4.60	5.00

（续）

基本任务	信息元	重要度均值	
		计划工程师	采购工程师
订单交货	PDT 月分布图	3.80	4.25
	ABC/XYZ 维度的 PDT 分布图	4.40	3.25
	PDT 机会改进表	4.40	5.00
	PDT 分布图	3.80	3.75
	PDT 风险调节表	4.60	4.00
	前 15 的可改进供应商	4.40	5.00
	前 15 的可改进物料类别	—	3.75
订单收货	GR 月分布图	4.00	3.75
	IQC 检验失效分析		
	检验失败可供改进的物料	4.60	4.00
	GR 机会改进表	4.40	4.00
	GR 分布图	3.80	2.50
	GR 风险调节表	4.40	3.25
	前 15 的可改进供应商	4.60	4.75
	前 15 的可改进物料类别	—	3.50
生产周期	总的产能基准数	3.80	2.25
	PLT 月分布图	4.00	3.25
	PLT 物料使用量改进	4.40	2.50
	从订单创建到释放原材料阶段的物料分布图	3.80	3.00
	从释放原材料到开始组装的物料分布图	4.00	3.00
	从开始组装到完成组装阶段的物料分布图	4.20	3.00
	从订单创建到释放原材料的物料机会改进表	3.80	4.00
	从释放原材料到开始组装的物料机会改进表	4.00	4.00
	从开始组装到完成组装的物料机会改进表	4.60	4.00

表 9-7　质量工程师对必要展示信息元的重要度汇总

基本任务	信息元	重要度均值
订单收货	GR 月分布图	4.11
	IQC 检验失效分析	3.89
	检验失败可供改进的物料	2.89
	GR 机会改进表	3.56
	GR 分布图	2.89
	GR 风险调节表	4.44
	前 15 的可改进供应商	3.22
	前 15 的可改进物料类别	3.11

表 9-8　制造工程师对必要展示信息元的重要度汇总

基本任务	信息元	重要度均值
生产周期	从释放原材料到开始组装的物料分布图	2.70
	从开始组装到完成组装的物料分布图	4.80
	从释放原材料到开始组装的物料机会改进表	2.70
	从开始组装到完成组装的物料机会改进表	4.20

9.3.3　信息元关联性分析

有效的信息呈现与合理、高效的界面信息结构息息相关，信息元不仅是信息结构的功能单位，也是构成信息结构的基础。由于 SAP 系统的信息量巨大，并且任务流程复杂，因此需要在梳理信息元的基础上进一步组合信息块，将任务相关的信息元进行整合，从而便于用户对大量信息的搜索认知。

在计划工程师以及采购工程师的订单交付和订单完成任务中，"实际 OTDr 平均值""实际 OTDc 平均值""实际 OFT 平均值"和"实际完成时间的平均值"这 4 个信息元同属于数据文本信息，并且在任务过程中，计划工程师需要将这 4 个数据进行相互比较从而展开管理工作，因此可将这些信息元进行整合，构建物料总产能信息块，方便用户查看该类信息。

在计划工程师和采购工程师的订单交付和订单完成任务中，当工程师对"OFT 机会改进表"中的物料进行针对性改进时，需要先从物料表单中根据改进值的大小找出具体需要改进的物料编号，然后在"OFT 分布图"中查看该物料号各阶段的组装情况。在计划工程师和采购工程师的订货收货任务中，工程师需要先查看"GR 机会改进表"，再查看"GR 分布图"，完成涉及失败物料的任务。由此可见，机会改进表、分布图在不同阶段中总是属于同一个任务信息流，因此可将机会改进表、分布图整合为信息块。

在计划工程师和采购工程师的战略库存任务中，由于该阶段不存在具体物料的分布图，工程师需要先查看"MOQ 机会改进表"和"MOQ 风险调节表"的相关物料后，再将该物料编号的实际最小批量值与推荐值进行对比。此外，工程师需要先查看"库存机会改进表"和"库存风险调节表"相关物料后，再查看该物料的库存数量以及所属的物料种类是否充足，因此可将这两个任务流所涉及的信息元分别整合成信息块。

通过对其他信息元的梳理和任务分析，最终组合成的信息块见表 9-9~表 9-14。

表 9-9　主要用户关于"订单交付和订单完成"的信息块

主要用户	信息块
计划工程师	OFT 机会改进表、OFT 分布图
	OTD 失败改进表、产品族维度的 OTD 失败分析
	OFT 风险调节表、OFT 分布图
	实际 OTDr 平均值、实际 OTDc 平均值、实际 OFT 平均值、实际完成时间的平均值
采购工程师	OTD 失败改进表、产品族维度的 OTD 失败分析
	实际 OTDr 平均值、实际 OTDc 平均值、实际 OFT 平均值、实际完成时间的平均值

表 9-10　主要用户关于"库存"的信息块

主要用户	信息块
计划工程师	成品库存机会改进表、成品月分布图
	原材料库存机会改进表、采购员维度的原材料分布图、原材料月分布图
采购工程师	原材料库存机会改进表、采购员和 ABC/XYZ 维度的原材料分布图、原材料月分布图
	总库存、成品库存、原材料库存、半成品库存

表 9-11　主要用户关于"战略库存"的信息块

主要用户	信息块
计划工程师/ 采购工程师/	MOQ 风险调节表、实际最小批量值和推荐值之间的对比
	DDMRP 风险调节表、数量、种类
	MOQ 机会改进表、实际最小批量值和推荐值之间的对比
	DDMRP 机会改进表、数量、种类

表 9-12　主要用户关于"订单交货"的信息块

主要用户	信息块
计划工程师/ 采购工程师	PDT 风险调节表、PDT 分布图
	PDT 机会改进表、PDT 分布图

表 9-13　用户关于"订单收货"的信息块

用户	信息块
计划工程师/ 采购工程师	GR 机会改进表、GR 分布图
	GR 风险调节表、GR 分布图
质量工程师	GR 机会改进表、GR 分布图
	GR 风险调节表、GR 分布图
	IQC 检验失效分析、检验失败可供改进的物料

表 9-14　用户关于"生产周期"的信息块

用户	信息块
计划工程师/ 采购工程师	从开始组装到完成组装的物料机会改进表及其分布图
	从释放原材料到开始组装的物料机会改进表及其分布图
	从订单创建到释放原材料阶段的物料机会改进表及其分布图
	实际 PLT 值、PLT 最小值、PLT 最大值、频次、95% 的置信区间
制造工程师	从开始组装到完成组装的物料机会改进表及其分布图
	从释放原材料到开始组装的物料机会改进表及其分布图

9.3.4　信息块重要度分析

　　基于前文的信息元重要度调研以及信息元关联性分析,对于组合后的信息块进行重要度分析,从而进一步完善 SAP 系统的人机交互界面呈现布局。由于信息块存在多个信息元,对信息块的重要度评价取决于该信息块中信息元的重要度最大值。针对不同用户的信息块重要度见表 9-15 ~ 表 9-20。

表 9-15　主要用户关于"订单交付和订单完成"的信息块重要度

信息块	计划工程师	采购工程师
OFT 机会改进表、OFT 分布图	4.80	—
OTD 失败改进表、产品族维度的 OTD 失败分析	4.80	5.00
总的产能基准数	4.80	4.00

（续）

信息块	计划工程师	采购工程师
OFT 风险调节表、OFT 分布图	4.60	—
OTD 月分布图	4.40	4.25
OFT 机会改进表	—	3.00

表 9-16　主要用户关于"库存"的信息块重要度

信息块	计划工程师	采购工程师
成品库存机会改进表、成品月分布图	4.80	—
原材料库存机会改进表、采购员维度的原材料分布图、原材料月分布图	4.80	—
成品库存机会改进表	—	4.50
原材料库存机会改进表、采购员和 ABC/XYZ 维度的原材料分布图、原材料月分布图	—	4.50
总的产能基准数	—	3.75

表 9-17　主要用户关于"战略库存"的信息块重要度

信息块	计划工程师	采购工程师
MOQ 风险调节表、实际最小批量值和推荐值之间的对比	4.60	5.00
DDMRP 风险调节表、数量、种类	4.60	4.50
MOQ 机会改进表、实际最小批量值和推荐值之间的对比	4.60	4.75
DDMRP 机会改进表、数量、种类	4.60	4.00

表 9-18　主要用户关于"订单交货"的信息块重要度

信息块	计划工程师	采购工程师
PDT 风险调节表、PDT 分布图	4.60	4.00
PDT 机会改进表、PDT 分布图	4.40	5.00
前 15 的可改进供应商	4.40	5.00
ABC/XYZ 维度的 PDT 分布图	4.40	3.25
PDT 月分布图	3.80	4.25
前 15 的可改进物料类别	—	3.75

表 9-19　用户关于"订单收货"的信息块重要度

信息块	计划工程师	采购工程师	质量工程师
前 15 的可改进供应商	4.60	4.75	3.22
检验失败可供改进的物料	4.60	4.00	—
GR 机会改进表、GR 分布图	4.40	4.00	3.56
GR 风险调节表、GR 分布图	4.40	3.25	4.44
GR 月分布图	4.00	3.75	4.11
前 15 的可改进物料类别	—	3.50	3.11
IQC 检验失效分析、检验失败可供改进的物料			3.89

表 9-20　用户关于"生产周期"的信息块重要度

信息块	计划工程师	采购工程师	制造工程师
从开始组装到完成组装的物料机会改进表及其分布图	4.60	4.00	4.80
PLT 物料使用量改进	4.40	2.50	—
PLT 月分布图	4.00	3.25	—
从释放原材料到开始组装的物料机会改进表及其分布图	4.00	4.00	2.70
从订单创建到释放原材料阶段的物料机会改进表及其分布图	3.80	4.00	
总的产能基准数	3.80	2.25	—

9.4　SAP 系统的信息元关联结构

根据不同用户对信息元的需求度、信息块的重要度分析，以及任务域模型的实际应用，建立面向主要用户和次要用户的 SAP 系统信息元关联结构。

9.4.1　主要用户的信息元关联结构

面向计划工程师和采购工程师的 SAP 系统信息元关联结构如图 9-5 和图 9-6 所示。用户需要经历从基本任务到选择筛选条件再到查看必要展示信息元的任务流程。必要展示信息元中信息块是根据重要度从大到小排列的，OTD 失败改进表这一信息块的重要度值最大，所以将其置于上方，OFT 机会改进表这一信息块的重要度值最小，所以将其置于下方，信息块根据重要度值从左往右、从上往下依次排列。

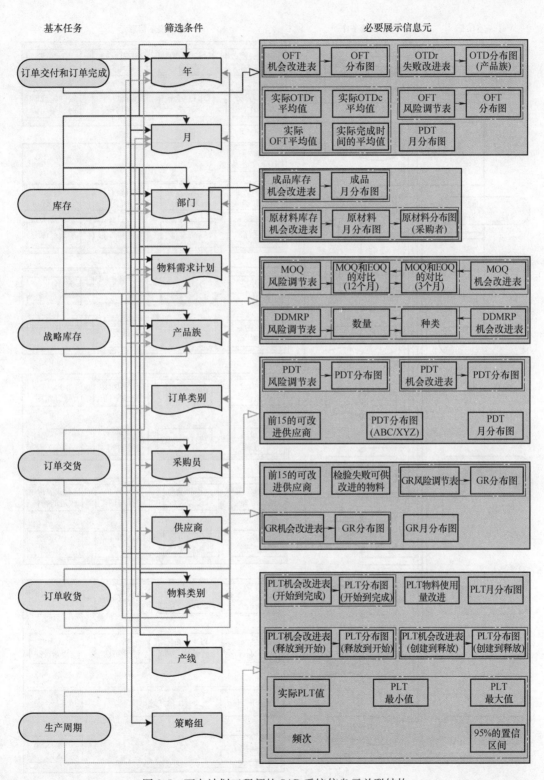

图 9-5　面向计划工程师的 SAP 系统信息元关联结构

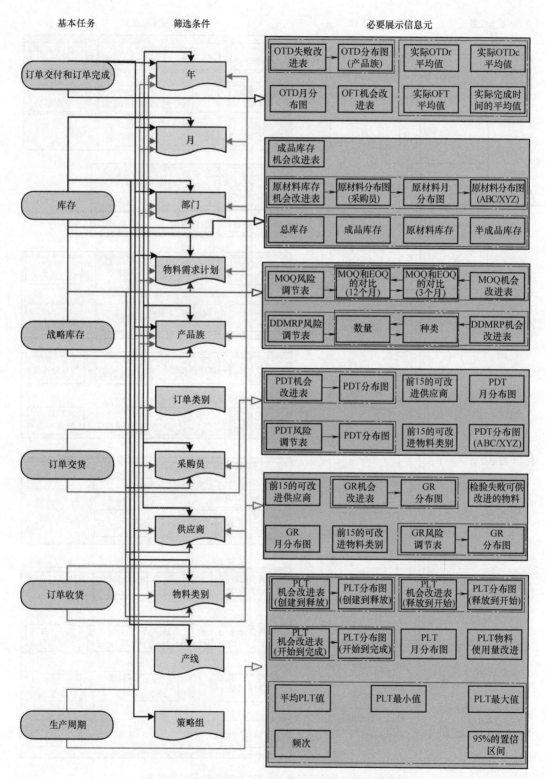

图 9-6　面向采购工程师的 SAP 系统信息元关联结构

通过所建立的任务模型可以看出，计划工程师和采购工程师在完成工作的过程中，均需要面临查看订单交付和订单完成、库存、战略库存、订单交货、订单收货、生产周期 6 个方面数据并分析的基本任务。在功能区部分，虽然两类用户的基本任务相同，但是每个基本任务拆解成的子任务和任务的完成流程都不同，所以面向两者所构建的信息结构也完全不同。

9.4.2　次要用户的信息元关联结构

面向质量工程师和制造工程师的 SAP 系统信息元关联结构在建立方式上与主要用户相同，如图 9-7 和图 9-8 所示。

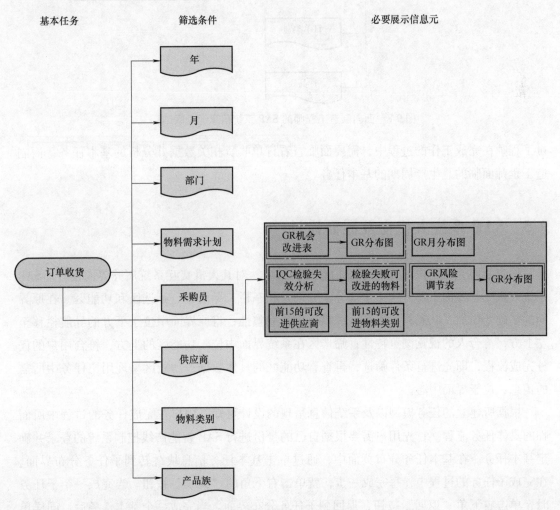

图 9-7　面向质量工程师的 SAP 系统信息元关联结构

由所建立的任务模型可看出，次要用户相较于主要用户面临的基本任务显著减少。质

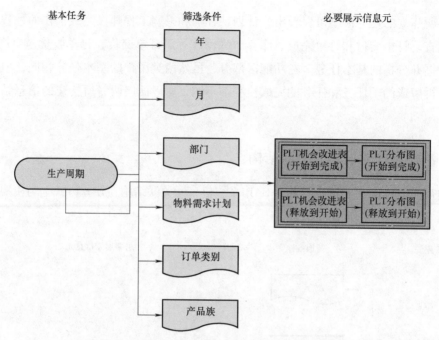

图 9-8　面向制造工程师的 SAP 系统信息元关联结构

量工程师在完成工作的过程中，需要面临查看订单收货相关数据并分析的基本任务，而制造工程师面临的是生产周期的基本任务。

9.5　SAP 系统人机交互界面设计

　　构建面向 4 类用户的 SAP 系统信息元构架后，对其人机交互系统展开界面设计。SAP 系统人机交互界面主要分为 4 个部分，分别是状态栏、导航栏、筛选区和功能区。在原界面的基础上增加了状态栏，使其系统界面更具完整性；将原界面中位于下方的导航栏移至左上方，符合人的视觉浏览特性；筛选区在系统界面中位于功能区的上方，符合用户的任务完成流程，即先进行条件筛选，再查看功能区的具体数据；功能区呈现用户任务中所需的信息，位于界面中心。

　　根据所建立的任务模型以及系统信息呈现的设计可知，用户在完成任务的过程中所面临的具体任务流程。首先用户需要根据自己的身份进行 SAP 智能产线控制系统的登录并确定基本任务。在基本任务分布页面中，通过单击基本任务信息块跳转到子任务分布界面。在完成子任务的过程中，每完成一步，就单击右下角的"继续"按钮。当完成一个子任务时，单击右下角"返回"按钮，返回到子任务分布界面。当完成一个基本任务后，同样单击右下角，返回到该基本任务分布页面，然后单击下一个基本任务信息块。

　　由于完成子任务所需的交互方式基本相同，因此以采购工程师完成"OTD&OFT"这一基本任务的一个子任务为例，对其交互过程进行呈现，如图 9-9 ~ 图 9-11 所示。具体情况如下。

步骤一：单击功能区的第一个信息块，跳转到"OTDr 失败改进"相应界面。

图 9-9　基于采购工程师的子任务分布页面

步骤二：鼠标移入"OTDr 失败改进"相应页面中的物料号区域，自动弹出该物料的详细信息，继续单击该物料号，跳转到该物料号的"产品族维度的 OTD 失败分析"相应界面。

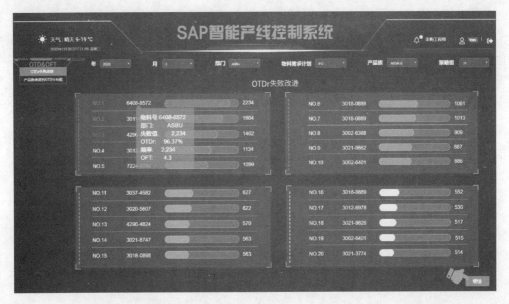

图 9-10　基于采购工程师的"OTDr 失败改进"

　　步骤三：单击"产品族维度的 OTD 失败分析"相应页面右下角，返回到子任务分布界面。

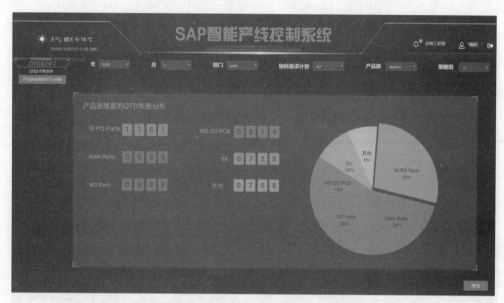

图 9-11　基于采购工程师的"产品族维度的 OTD 失败分析"

9.6　本章小结

　　本章以某企业 SAP 系统为例，展开了人机交互的信息呈现研究。通过构建计划工程师、质量工程师、制造工程师等不同用户层级的任务模型，获得了 SAP 系统的信息元重要度和信息元的关联性，从而应用于 SAP 系统人机交互界面中。

PCB 车间数字化集成工业平台设计

10.1　PCB 车间数字化集成需求

在智能制造背景下，建立基于物联网平台的智能制造服务体系，通过物联网工具平台软件的实施，形成基于传统设备互联、现场和业务数据互通的工业互联定制化服务，不断推进 PCB 产线信息系统集成化平台的应用和工业互联服务网络构建，形成数字化车间信息中心新模式。本章将对制造过程全流程实时监控进行实证分析，以某 PCB 车间工序为对象，分析制造系统与各工序设备的连接、相关材料信息及产品加工参数的记录，以及各工序生产视觉信息的实时监控的人机交互模式。本章展开 SMT（表面贴片技术）生产线的数据采集与分析，针对生产模块、设备模块、质量模块和计划仓库模块等模块的信息采集，建立各个模块（系统）的逻辑性信息结构，提出集成多层展示的数字集成化工业物联平台方案，运用人机交互技术实现实施工序、生产流程、产品检测、预警监视、管理报表和生产看板等几个子系统的信息可视化设计，形成数据多层展示的 PCB 车间工业物联平台数据中心，如图 10-1 所示。

图 10-1　PCB 车间工业物联平台数据中心

本章案例提供一套智能产线工业物联数据集成化平台的信息可视化方案，应用于制造企业设计、生产和运营全方面的智能物联数据中心。具体展现以 PCB 车间生产管理过程的工位看板和信息中心为依托。

10.2 工业平台信息中心整体解决方案

基于"智改数转"智能车间新战略，建议 PCB 车间系统架构基于总部管理的需求，充分考虑整体方案的可用性、扩展性以及系统的高效安全性；建议 PCB 车间支持本地部署、云部署和混合部署等方式，能够无缝结合公有云和私有云，核心系统通过公有网络进行无缝融合；构建不同功能模块的集成化数据信息中心，对生产线的订单情况、在制品情况和生产状况等，设备的各种参数、维护和故障等信息，以及质量、计划仓库、能源和工程等管理信息进行实时更新。

本方案在生产制造各环境核心管理功能和信息高度集成的基础上，深化信息数据的管理，建设 PCB 车间的数据集成化平台，提升整体供应链效率和效益。该数据中心的建设目标是通过系统的集成化对大量的数据资料进行搜索、加工、分析和处理，以及实现对仓库减配料、装料、SMT、波峰焊生产线等各个环节进行全方位的监视、分析和管理，帮助用户合理地制订生产计划，安排生产制造，实现增质增效。PCB 车间数据集成化平台需要具备设备维保计划、设备故障和报警管理以及设备基础信息维护等功能，满足以下 3 点需求：

1）实现 PCB 车间生产和制造全过程的数据共享和使用，在系统发生异常时，能够及时发现出现错误的对象和具体信息。

2）实现 PCB 生产和制造全过程的数据采集，集中存储并分类。

3）实现 PCB 从订单下单、审核、安排、执行、生产和装箱，到最后订单审查、交付的整个流程的集成。

10.3 PCB 车间工位数据采集

10.3.1 工位数据采集与分析

工业数据主要来源于工业信息系统数据、机器设备数据和手动记录数据，从数据类型来看，包括但不限于数值型数据、文档数据、接口数据和图像数据。

针对 PCB 车间的 5 个工位展开数据采集，通过控制系统网口、PLC 总线和传感器等各类通道，实现对设备运行状态和参数的采集。通过对后台数据的统计分析，可以掌控设备运行效率，优化资源配置。切实研究生产数据信息、产品过站信息和温湿度等信息，进一步制定合适的数据采集及传输方式的方案。

10.3.2　生产设备参数采集

数控机床作为一种加工精度高、自动化程度高的加工设备，在目前的制造业中广泛应用，因此车间生产设备运行参数采集系统主要采集的就是数控车间数控机床的运行参数，相关的数据主要有以下 3 类。

1）机床开停状态：运行、停机、空闲和报警等。

2）机床上零件的加工状态信息：当前加工零件的程序名称、程序启动时间、程序停止时间、当前刀具号、刀具轨迹、工件实际加工时间和当前零件的加工完成量等。

3）机床的运行状态：主轴转速、主轴负载、进给速度和机床温度等。

将数控机床运行参数采集系统分为 3 个层次：车间底层、数据层和管理应用层。车间底层指直接参与加工生产的数控机床端，数据层指车间服务器端对数据的存储和管理层面，而管理应用层指上层管理者对车间的监控和生产的统计分析层面。这 3 层对应的功能分别如下。

1）车间底层：车间进行加工的数控机床，在数控机床端安装机床运行参数采集模块，以便实时采集所要的数据。

2）数据层：通过车间的网络，建立数控机床端与车间服务器端之间的实时通信，并对由车间底层采集到的数据进行存储和保护。

3）管理应用层：与车间数据库连通，对数据采集模块采集到的数控机床运行参数进行分析处理，为决策提供依据。通过这些数据可实现数控车间工件的加工工时统计分析和车间的可视化监控。

目前的生产过程涉及不同通信接口的数控机床，可按通信接口的不同分为无通信接口、串行口和以太网口 3 种，不同的通信接口决定了数控机床可以有不同的运行参数采集方法。

对于无通信接口的数控机床，由于其落后性，适用的采集方法很少，目前较常用的是利用信号点方法进行采集。

具有串行口的数控机床较先进一些，数据采集方法也较多，目前常用的是镶嵌用户宏指令的方法。这种方法通过纯软件来实现数控机床运行参数的采集，不需要进行硬件方面的设计改造，仅仅需要建立数控机床与服务器之间的连接。这种方法简单可行，可以实现绝大多数具有串行口的数控机床的数据采集，但是采集到的数据较为有限。

具有以太网口的数控机床是目前使用广泛的数控机床，由于其强大的功能使得数据采集方法也更加多样化。这种数控机床相当于计算机，通过安装 PCI/ISA（网络安全与加速/外设部件互连标准）适配器及标准以太网网卡实现网络通信。一般使用基于数控机床开发商提供的接口进行软件二次开发的方法，这种方法可以采集到的数据种类很多，几乎可以得到任何需要的信息。

10.3.3 质检工位数据采集

在车间质检点配置一台台式机——质检台数据采集中心，车间质检台是目前在制品质量信息及其生产进度信息的汇聚点，也是车间采集数据与车间数据服务器之间的桥梁。质检台数据采集系统总体结构如图 10-2 所示。

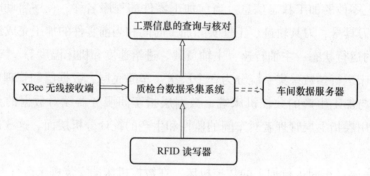

图 10-2　质检台数据采集系统总体结构

为避免在车间拉网布线，质检台可通过配置无线网络与厂域网联网，实现与车间数据服务器等的连接。

车间无线数据采集系统的无线接收端连接到质检台上，用以接收由手持无线数据采集器发送过来的数据，实现二者之间的通信，从而可在车间现场任意地点自由采集数据。

RFID（射频识别）读写器也通过 RS232 接口连接到质检台上，可以在此处读取 RFID 信息，实现对工票和工件的跟踪和数据更新。

此外，质检台数据采集系统还可实现工票信息的查询与核对功能，在一张工票全部完工之后，可在质检台处查询和核对工票的完整信息，如果有差错，可在此处进行修改和更新。

10.3.4 车间制造数据分析

车间制造数据可分为 3 类：静态数据、动态数据和中间数据。

1）静态数据：静态数据在通常情况下是不会改变的，如人员信息、设备编号信息、物料信息和产品名称信息等。

2）动态数据：动态数据是随着制造过程改变的，它是需要及时采集的数据，如计划进度信息、加工状态和加工时间等。

3）中间数据：中间数据是对静态数据和动态数据进行处理，以用于后续制造的数据。

静态数据是指在运行过程中主要作为控制或参考用的数据，它们在很长的一段时间内不会变化，一般不随运行而变化。动态数据是指在系统应用中随时间变化而改变的数据，如库存数据等。动态数据准备和系统切换的时间有直接关系。

10.3.5   数据库设计

当前常用的嵌入式数据库有 3 种：EDB、Berkeley DB 和 SQLite。其中 SQLite 是一款专用于嵌入式系统的轻量型 C 语言库，实现了独立、可嵌入和零配置的 SQL（结构化查询语言）数据库。

SQLite 可以直接移植到其他软件中，而且都是通过 API（应用程序接口）来完成对数据的所有操作，而不需要对某种语言进行解析；通过线程可以在第一时间对系统的请求做出响应；灵活性强，支持多种开发平台，预留有灵活的开发接口；可以在很多移动设备上使用；能够在较小的空间上完成对大规模存储空间数据的管理。SQLite 都是按照顺序逐一执行各种操作。顶层是标记处理器（Tokenize）和分析器（Parser）。SQLite 有高度优化的代码生成器，可以快速、高效地生成代码。底部经过优化的 B 树有助其运行在可调整的页面缓冲上时使磁盘查找时间降低到最短。数据库主要需要完成对生产参数设置表、界面显示参数设置表、工厂信息录入表、员工打卡表、实时数据存储表和报警数据存储表的管理，数据库设计功能框图如图 10-3 所示。

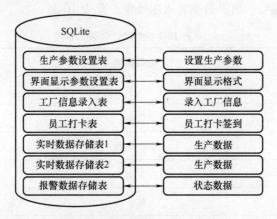

图 10-3   数据库设计功能框图

数据库设计是软件系统设计的一个重要基础，它的合理设计是系统稳定运行、满足需求（存储需求和处理需求）的保证。目前计算机主流操作系统是 Windows，SQL Server 是基于 Windows 操作系统开发的关系型数据库，考虑到数据库能够支持操作系统平台和不同的硬件结构，本系统采用 SQL Server 关系型数据库管理。设计的数据库要能适应系统的开发要求，通过对数据的采集、存储、处理、分析，确定数据库实体关系图。

根据 PCB 车间工位的数据分析，构建车间系统数据库，确定所包含的表、表内字段名称、字段类型等一系列详细信息，需要设定数据表的集合，原型系统的数据结构如图 10-4 所示。

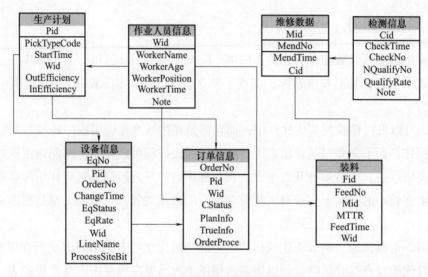

图 10-4　原型系统的数据结构

（1）生产计划表　生产计划表主要包含的字段有生产计划编号、物料拣配状态、预计开工时间、作业人员编号、出库效率和入库效率，见表 10-1。

表 10-1　生产计划表

字段名称	数据类型	说明
Pid	文本	生产计划编号
PickTypeCode	文本	物料拣配状态
StartTime	日期/时间	预计开工时间
Wid	文本	作业人员编号
OutEfficiency	数字	出库效率
InEfficiency	数字	入库效率

（2）作业人员信息表　作业人员信息表主要包含的字段有作业人员编号、姓名、年龄、职位、工作时段和备注，见表 10-2。

表 10-2 作业人员信息表

字段名称	数据类型	说明
Wid	文本	作业人员编号
WorkerName	文本	姓名
WorkerAge	数字	年龄
WorkerPosition	文本	职位
WorkerTime	日期/时间	工作时段
Note	文本	备注

（3）装料表 装料表主要包含的字段有装料编号、使用次数、维修编号、平均修复时间、Feeder 时间和作业人员编号，见表 10-3。

表 10-3 装料表

字段名称	数据类型	说明
Fid	文本	装料编号
FeedNo	数字	使用次数
Mid	文本	维修编号
MTTR	文本	平均修复时间
FeedTime	日期/时间	Feeder（贴片机）时间
Wid	文本	作业人员编号

（4）维修数据表 维修数据表主要包含的字段有维修编号、维修次数、维修时间和检测编号，见表 10-4。

表 10-4 维修数据表

字段名称	数据类型	说明
Mid	文本	维修编号
MendNo	数字	维修次数
MendTime	日期/时间	维修时间
Cid	文本	检测编号

（5）设备信息表 设备信息表主要包含的字段有设备编号、生产计划编号、订单编号、换型时间、设备状态、设备利用率、作业人员编号、生产线名称和生产工艺，见表 10-5。

表 10-5　设备信息表

字段名称	数据类型	说明
EqNo	文本	设备编号
Pid	文本	生产计划编号
OrderNo	文本	订单编号
ChangeTime	日期/时间	换型时间
EqStatus	文本	设备状态
EqRate	数字	设备利用率
Wid	文本	作业人员编号
LineName	文本	生产线名称
ProcessSiteBit	文本	生产工艺

（6）检测信息表　检测信息表主要包含的字段有检测编号、时间、终检批次数量、不合格数量、合格率和备注，见表 10-6。

表 10-6　检测信息表

字段名称	数据类型	说明
Cid	文本	检测编号
CheckTime	日期/时间	时间
CheckNo	数字	终检批次数量
NQualifyNo	数字	不合格数量
QualifyRate	数字	合格率
Note	文本	备注

（7）订单信息表　主要包含的字段有订单编号、生产计划编号、作业人员编号、完成状态、预计完成时间、实际生产时间、订单执行信息，见表 10-7。

表 10-7　订单信息表

字段名称	数据类型	说明
OrderNo	文本	订单编号
Pid	文本	生产计划编号
Wid	文本	作业人员编号
CStatus	文本	完成状态
PlanInfo	文本	预计完成时间
TrueInfo	文本	实际生产时间
OrderProce	文本	订单执行信息

10.3.6 工位数据看板信息

在生产现场可通过看板实时显示每个生产单元的数据，一行显示生产单元编号，另一行显示生产单元状态。基于数据采集与分析，可建设 PCB 车间的仓库减配料、Feeder 装料区、SMT 生产线、波峰焊生产线等工位看板。工位数据采集方案在异常信息从车间发出后，将在看板中进行计时并显示在看板中，同时以短暂的音乐进行提醒。车间现场采用平板电视显示，并通过终端嵌入式计算机与系统数据库相连接。工位数据采集方案管理端的主要功能为对系统进行管理，同时供管理人员对历史数据进行查询及分析。工位数据采集方案查询报表的主要功能为统计固定时间端内的生产单元异常次数，以及对相应持续时间进行分析。工位看板实时数据如图 10-5 所示。

图 10-5　工位看板实时数据

10.4　PCB 车间信息中心总体构架

对各个工位数据进行统计分析，计算出各个生产设备的运行效率，提出资源配置优化方案。在此基础上，整合不同模块子系统的信息链，构建信息中心的各个子模块信息结构，从而实现精益生产（LP）、准时生产（JIT）、全面质量管理（TQM）和全员生产维修（TPM）等，为产线操作工人及工艺、生产、设备、质量等现场管理部门提供实时数据共享，以及为高级管理人员提供管理信息服务。PCB 车间信息中心总体构架主要包括 6 个模块，如图 10-6 所示。

（1）生产模块　生产模块包括各生产线的生产计划总体完成情况、已完工订单完成时间与计划时间的差异、未完工订单当前工序、未完工订单预计完成时间和当前生

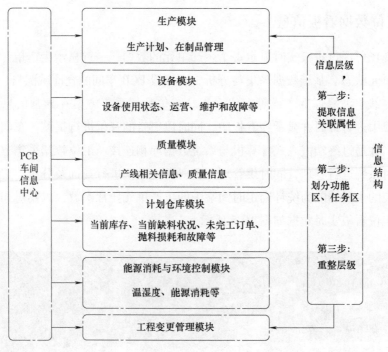

图 10-6　PCB 车间信息中心总体构架

产效率、SMT 与波峰焊之间的在制品数量、测试前的在制品数量及待包装数量。单击各生产线，系统能自动显示该线的生产状况。单击已完工订单，系统可显示实际完成时间。

（2）设备模块　设备模块包括每台设备的使用状态、停机时间、利用率、维保信息、运营参数、MTTR 和前一个月平均利用率的趋势图。另外系统要具备扩展功能，如要求单击哪台设备，系统能弹出该设备当前的生产订单信息；单击维保信息，系统能显示该设备过往的使用维护纪录以及下次保养的时间。使用状态一栏正常工作时显示绿色，维保和等待时显示黄色，有故障时显示红色，未安排生产时显示无计划。

（3）质量模块　质量模块包括当前每条产线的 FPY（一次通过率）、成品抽检合格率、不合格批次相关信息和过去 12 个月的批退率。

（4）计划仓库模块　计划仓库模块包括当前库存、当前缺料状况、未完工订单和抛料损耗。

（5）能源消耗与环境控制模块　能源消耗与环境控制模块包括当前各区域的温湿度、每条生产线的能源消耗、EHS（环境、健康、安全）信息和网板清洗废水的质量。

（6）工程变更管理模块　工程变更管理模块包括变更清单、变更来源、预计变更开始时间、影响的生产订单和变更执行状态。

10.4.1 各个子模块的信息关联属性分析

根据 PCB 车间信息中心总体构架，采用信息结构原理实现信息中心子模块系统的信息层级结构，主要步骤包括信息元分析、信息链分析和信息关联属性分析。信息元和信息关联属性组成信息链，信息链具有可伸缩性和可替换性。信息关联属性分为信息内在属性（时间关联属性、空间关联属性和功能关联属性）和信息外在属性（形式关联属性，即形式相似的信息元之间具有形式关联，如 MES 产线多站点界面的信息元大多具有相似的形式，这些信息元之间具有形式关联）。信息关联属性有 3 种表达形式，即信息元的平行关系、索引关系和跳转关系，对应操作员的同层域、逐层域和跨层域搜索行为，如图 10-7 所示。

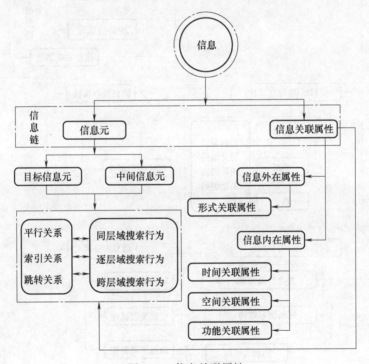

图 10-7　信息关联属性

10.4.2　构建各个子模块信息结构

在建立 PCB 车间信息中心的信息关联属性基础上，形成各个子模块的信息结构。信息结构外在设计指图符、字符、语义等信息外在属性的设计呈现，包含颜色编码、语义编码、图符编码和简化编码等内容。信息结构内在设计指信息内在属性的设计呈现，包含层内界面布局和层间信息结构。一个界面为一个层级，层间信息结构指界面数量和各界面之间的关系，层内界面布局指一个层级上的信息布局。层内界面布局和层间信息结构的信息结构种类有列表式结构、坐标式结构等 6 种。由此可获得信息与信息结构的映射关系，构建出各个子模块的信息结构，为信息可视化提供完善的信息表征素材。信息与信息结构的映射关系如图 10-8 所示。

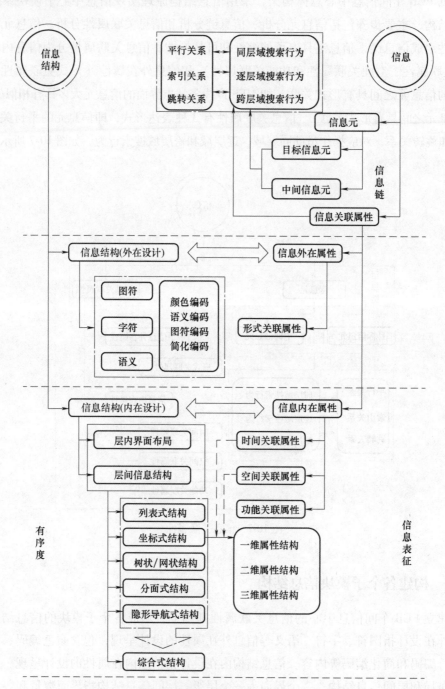

图 10-8　信息与信息结构的映射关系

10.5　工业数据集成化平台软件系统解决方案

本章案例的实现基于工业互联网整体架构设计，需要通过设备数据采集、制造应用集成和数据分析转化，最终通过工业集成平台的可视化交互技术输出。工业数据集成化平台采用处理器、存储器及射频模块，再配以扩展接口、电源和传感器等部件构成，不同平台在处理器、射频单元等元器件的选择上有所不同，本案例中将采用片上系统（SOC）构建无线传感器节点。

随着片上系统的快速发展和广泛应用，处理机制、芯片结构、算法及电路设计紧密结合在一起，在同一块芯片上可以完成整个系统的开发。因此，采用这类片上系统进行开发能极大地降低成本，简化开发过程。

（1）无线通信模块　本案例中，采用 CC2530 模块作为 ZigBee 无线网络通信模块，ESP8266 WiFi 模块作为与服务器连接的无线通信模块，使用 CC2530F256 里面嵌入的增强型 8051 微处理器，根据 ZigBee 协议栈和数据帧的单位对数据进行收发。

（2）汇聚节点　建立 ZigBee 网络的主控节点，通过 ZigBee 射频模块和 WiFi 模块，建立相应的 ZigBee 拓扑网络，连接服务网络，实现互联互通。

平台网络采用公司现有网络（单网），服务器包括实时数据库服务器、磁盘阵列、关系数据库服务器、CORBA 服务器、缓存服务器、WebService 服务器以及接口工作站。硬件环境配置见表 10-8 所示。

表 10-8　硬件环境配置

设备名称	详细配置	数量/台
实时数据库服务器	中央处理器（CPU）：高通骁龙处理器 660AIE，4 个	2
	内存：16GB	
	硬盘：15000r/min，2 块	
	HBA（主机总线适配器）卡：16GB/s，2 块	
	网卡：千兆以太网网卡，4 块	
	热插拔/冗余的电源 2 个和风扇 2 个	
	光驱：DVD-ROM，1 个	
应用服务器	CPU：高通骁龙处理器 660AIE，4 个	3
	内存：8GB	
	硬盘：15000r/min，3 块	
	网卡：千兆以太网网卡，4 块	
	热插拔/冗余的电源 2 个和风扇 2 个	
	光驱：DVD-ROM，1 个	

（续）

设备名称	详细配置	数量/台
缓存服务器	CPU：高通骁龙处理器 660AIE，4 个	1
	内存：8GB	
	硬盘：15000r/min，3 块	
	网卡：千兆以太网网卡，4 块	
	热插拔/冗余的电源 2 个和风扇 2 个	
	光驱：DVD-ROM，1 个	
接口工作站	CPU：高通骁龙处理器 660AIE，2 个	6
	内存：4GB	
	硬盘：15000r/min，3 块	
	网卡：千兆以太网网卡，4 块	
	光驱：DVD-ROM，1 个	

10.5.1　平台软件部署

平台软件部署基于 Windows 2019 操作系统、Oracle 10g 数据库软件、OSI PI 实时数据库软件和中间件 Orbix，见表 10-9。

表 10-9　平台软件部署

平台基础	软件名称	用途	数量
操作系统	Windows Sever 2019	实时数据库服务器、应用服务器操作系统，缓存服务器	与配置机器数量相同
	Windows Sever 2019	接口服务器、管理工作站操作系统开发测试工作站	
数据库	OSI PI	实时数据库管理系统	1
	Oracle	关系数据库管理系统	由结构化数据管理平台提供
中间件	Orbix	CORBA 平台	1

10.5.2　权限设置

工业数据集成化平台的权限管理功能包括两种管理模式的设置：一是编辑状态，针对模型修改，赋予用户是否可以通过创建、读取和升级等进行模块修改的权限；二是运行状态，针对数据使用，赋予用户是否可以使用数据、执行和使用数据表等权限。

权限设计的标准操作为 CRUD 操作，即通过创建、读取、更新和删除动作进行权限控制。权限可以应用在集成化平台的单个操作中，也可以广泛地应用于集合操作中，可以在单个实体级别覆盖、添加或减去这些权限。

10.6　系统软件设计与实现

PCB 车间信息管理系统软件的设计，将从车间海量数据库管理模块、无线通信协议模块、服务器管控模块以及工位客户端模块 4 个主要模块进行设计。

10.6.1　车间海量数据库管理模块的设计

车间海量数据库管理模块的工作流程如图 10-9 所示。

当车间数据发生变化时，系统根据数据通信协议将数据封装为相应的数据包，并存入另一个数据缓冲区 SendBuf 内，SendBuf 的传感器状态为置为相应位，最后通过点播发送的形式将数据包通过 ZigBee 网络发送给主控节点。其中，OSAL（操作系统抽象层）运行是一个无限循环的过程，当没有事件或者中断时，系统便不停地采用轮询的方法监测事件，直到监测到有数据更新，就进入数据处理函数。

车间海量数据库管理模块主要包括平台资源监测、报文监测、日志管理和测点查询。

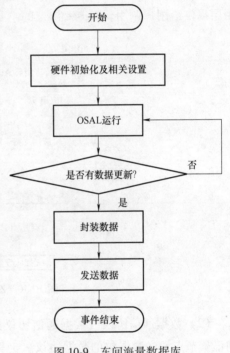

图 10-9　车间海量数据库管理模块的工作流程

（1）平台资源监测　车间海量实时数据管理平台将采用实时数据库，为车间各类实时信息的共享提供快速响应、高效存储、稳定运行和故障缓存的实时数据存储与访问技术平台，从而提高处理实时信息的效率和可靠性。为保证公司级数据资产的安全可靠，平台应能够实时监测查看各个节点服务器的 CPU、内存使用率及上载和下载的性能信息，确保各实时数据库的良好运行。

（2）报文监测　操作员应能够接收监视接口收到的网络数据包，便于发现数据包的异常（前提是该接口必须是实际存在于接口机上的接口程序，且 IP 等各项配置正确）。

（3）日志管理　平台的运行过程中会产生大量日志，这就要求操作员通过对平台的日志管理实现日志信息的查询和导出，在日志所属的接口中对该接口的系统日志进行查询并显示。

（4）测点查询　由于车间接入的测点数目多，平台应支持查询单测点、按组查询枚举测点和同时枚举所有测点的功能。

系统软件设计与实现是 PCB 工厂数据平台最重要的部分，包括无线通信协议的设计以及模块中的主要功能的实现，无线通信协议模块的设计主要包括 ZigBee 协议、TCP/IP 协议以及数据收发的相关协议。在模块的功能实现中，将针对生产信息管理系统、汇聚节点、服务器以及 PC 客户端的软件实现进行描述。

10.6.2 无线通信协议模块的设计

（1）ZigBee 协议　ZigBee 协议分成了两个部分，其中 IEEE 802.15.4 标准定义了 ZigBee 协议中物理层（PHY）和介质访问层（MAC）的规范，ZigBee 标准定义了上面的应用层（APL）和网络层（NWK）的规范。ZigBee 协议将各个层的协议集合，形成函数，并在应用层提供给用户调用。ZigBee 协议的主要结构如图 10-10 所示。

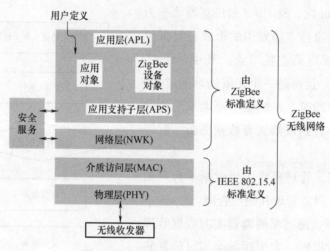

图 10-10　ZigBee 协议的主要结构

（2）数据通信协议　数据通信协议是确定 PCB 车间工位（车间工位采集原始数据）向汇聚节点发送数据包的数据协议。汇聚节点接收到数据包后直接将数据包发送给服务器，服务器对数据包进行解析。其中，数据缓冲区为 SendBuf。

10.6.3 服务器管控模块的设计

本服务器使用 Visual Studio 2012 软件 C#语言编写，主要包括主控管理模块、数据管理模块和收发汇聚点模块。服务器管控模块的工作流程如图 10-11 所示。

（1）主控管理模块　主控管理模块是管理连接到服务器各个主控设备相关功能的代码。服务器定义了 Device 抽象类表示主控节点，定义了 Device 类型的动态数组 DeviceList 储存连接上服务器的主控节点。

（2）数据管理模块　数据管理模块是管理连接到服务器相关功能的代码。服务器定义

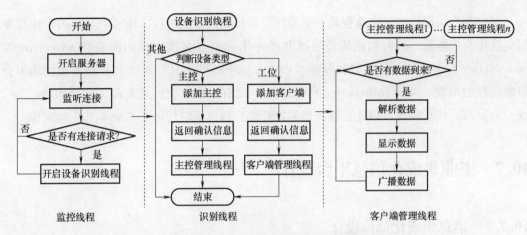

图 10-11　服务器管控模块的工作流程

了 Device 类型的动态数组 UserList 储存连接上服务器的主控节点。

（3）收发汇聚点模块　服务器在接收到数据包后，会辨别数据包是否来自系统内的主控模块，主要是辨别数据包内的第一位是否为"@"。辨别成功后，服务器根据数据包判断数据类型，并根据数据类型向工位客户端广播相关的字符串，同时在服务器的现实框内显示相应信息。

10.6.4　工位客户端模块的设计

工位客户端模块的工作流程如图 10-12 所示。

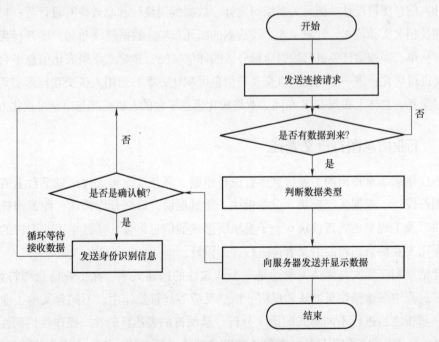

图 10-12　工位客户端模块的工作流程

工位客户端模块的工作流程是一个循环往复接收数据的过程，该模块开启的子线程专门负责接收数据流。接收数据流是通过 BufferedReader 抽象类对象内的函数 mybufferreader. readLine( ) 实现的。该函数和服务器 device. br. ReadString( ) 的工作原理类似，均为会阻塞线程的函数。当 mybufferreader. readLine( ) 没有读到数据流或者没读到结束位 "\n" 或 "\r" 时，线程阻塞。因此，服务器向客户端广播数据时均加上 "\n" 作为结束位。

10.7　工业集成化信息平台设计

10.7.1　信息集成化总体设计

工业集成化信息平台采用 B/S 开发模式，随时可以在工业集成化信息平台上实现远程管理、监控和配置；采用滤波器、时间窗口、查询及过滤，可应用于数据集，并给出开放、可扩展的架构以支持添加额外操作符。

工业集成化信息平台可视化技术的实现，需要通过对平台数据的收集、分类和整理，获得数据的集成化需求；根据生产单元实时数据的不同类别，将数据信息转化为信息元，展开不同类别信息元的可视化设计；按照信息图元关系，展开显示元素编码设计，研究其动态表达与显示方式，从而建立 PCB 车间数据信息实时共享的人机交互与信息可视化方案。

根据智能制造系统的人机交互设计原则，展开工业集成化信息平台人机交互界面的整体布局设计、信息图符设计、图元关系编码设计、数据编码设计和动效交互设计等；根据视觉认知原理及相关实验范式，针对工业产线数据的图元布局、数据模块布局，展开行为视觉生理实验，从单、多搜索任务进行数据布局分区的评估实验，并对工业集成化信息平台的数据信息布局进行优化；进一步优化人机交互与信息可视化方案，运用人机交互技术实现动态数据的实时交互，总体上实现 PCB 车间工业集成化信息平台的人机交互与信息可视化方案。

10.7.2　工业信息图符语义表征

本节应用第 3 章提出的工业信息图符设计原则，展开工业集成化信息平台上需要呈现的各类图符设计。根据生产模块、设备模块、质量模块、计划仓库模块、能源消耗与环境控制模块以及工程变更管理模块 6 个子模块所形成的信息集合，几百个工业图符的信息呈现，可采用工业信息图符的语义表征进行详细设计。

工业信息图符语义与实体关联性是一个认知性的构建关系，在工业信息图符设计中，搜寻图符过程中带给操作员的认知反应、情感反应等起首要作用。不同含义的工业信息图符需要在辨析之后进行不同形式的语义分析，从图符的表达目的性、操作性到词性都要有一个明确的认识，以便使所设计的图符达到准确的语义信息传达性。本案例将采用图 10-13

所示的工业信息图符语义与实体关联性模型以及图 10-14 所示的工业信息图符语义表征案例，展开 PCB 车间工业集成化平台信息图符的语义表征设计。

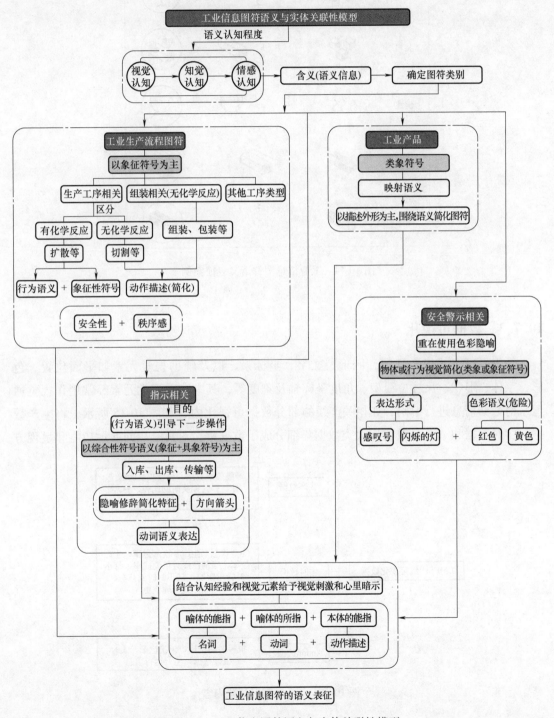

图 10-13　工业信息图符语义与实体关联性模型

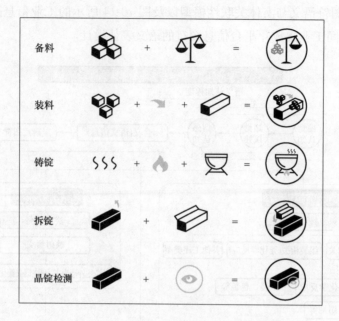

图 10-14   工业信息图符语义表征案例

10.7.3   数据可视化

数据呈现方式包含数值、图形、文字、坐标系，以及辅助视觉元素如平面位置、色彩、字体、形状、尺寸、线型、角度坐标轴及刻度等，其中辅助视觉元素经常用作视觉通道来对数据信息进行编码，如相关产线的部分数据可视化内容如图 10-15 所示。将生产数据、实时数据和 Andon 数据三大类数据集细分成子数据集，对具有相同展示功能和呈现方

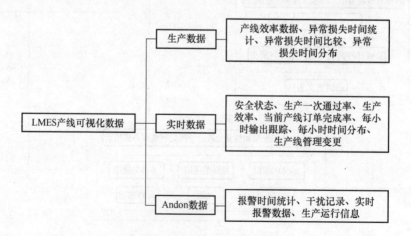

图 10-15   部分数据可视化内容

式的子数据集进行分组，提取出每类子数据的名称、状态、顺序、数值大小等数据信息元，判断数据信息元的数据类型，根据视觉通道的表现力排列顺序为每个数据信息元匹配不同的视觉通道，归纳出相对应的视觉编码设计任务。

从数据可视化、布局优化以及动态交互设计 3 个方面进行工业集成化信息平台的设计优化。通过数据可视化映射，将原本复杂枯燥的文字数据以图表化方式进行呈现，如图 10-16 所示。

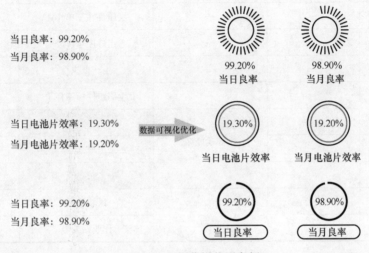

图 10-16　可视化饼状图案例

10.7.4　信息集成化设计

根据设计好的信息元进行功能区和任务区的划分，如在制品管理模块功能区和任务区划分见表 10-10。在制品管理模块中，"区域编号""区段编号""作业站编号"和"组件编号" 4 个信息元可以分别跳转，定位任一光伏组件所在位置，因此形成功能区 1（查询）；"搜寻""查询字符串""找下一个"和"区域编号"等 11 个信息元属于功能区 1 中"区域编号"跳转后的小界面，因此划分为功能区 2（区域编号）；"搜寻""查询字符串""找下一个"和"区段编号"等 12 个信息元属于功能区 1 中"区段编号"跳转后的小界面，因此划分为功能区 3（区段编号）；"搜寻""查询字符串""找下一个"和"作业站编号"等 12 个信息元属于功能区 1 中"作业站编号"跳转后的小界面，因此划分为功能区 4（作业站编号）；"组件编号""工单编号""紧急批"和"优先"等 14 个信息元属于某个生产批次的介绍，因此划分为功能区 5（生产批状态）。表 10-10 中灰色显示的部分包含动态信息（如"查询"按键）和出现在整个流程任一界面的通用信息（如"员工编号"），因此划分为次要功能区。此外，功能区 2~4 属于功能区 1

中的 3 项信息元跳转产生的小界面，因此划分为任务区 1；功能区 5 和一个次要功能区
是任务区操作完成后显示的内容，因此划分为任务区 2。任务区 1 和任务区 2 具有对应
关系。

表 10-10 在制品管理模块功能区和任务区划分（部分信息）

序号	任务区	功能区	信息元提取	呈现属性
1	—	—	生码作业	静态
2	—	—	层压件转工单作业	静态
3	—	—	组件序号作废	静态
4	—	—	生产批执行	静态
5	—	—	生码组件标签补印	静态
6	—	次要功能区	员工编号	静态
7	—		组件编号	静态
8	—		密码	静态
9	—	功能区 1：查询	区域编号	动态
10	—		作业站编号	动态

通过信息可视化、布局优化以及动态交互设计得到 PCB 车间工业集成化信息平台的
最终设计方案。图 10-17 所示为以信息中心生产模块为例进行界面功能布局，可通过认知
绩效实验分析布局的合理性。

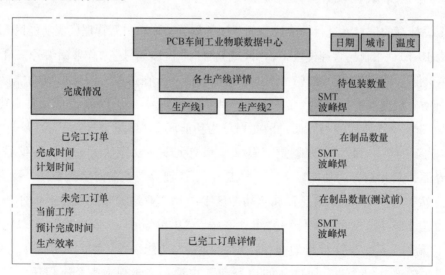

图 10-17 信息中心生产模块界面功能布局案例

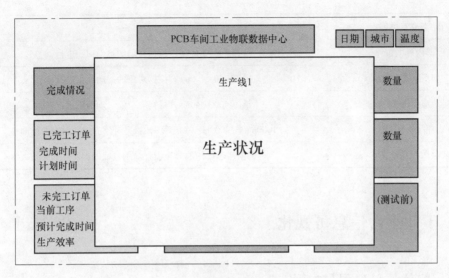

图 10-17　信息中心生产模块界面功能布局案例（续）

10.7.5　动效交互设计

动态交互设计可以直接、直观且有效地提供及时反馈和展示交互状态，引导视图焦点，提示用户操作，明确数据间的层级关系。动态交互设计的需求主要从用户特征、环境影响和体验期望 3 个方面进行分析，即对平台设计的目的和需求、使用场景和交互方式，以及用户的体验感和期望进行了解。

本方案通过合理的动态交互设计，保证信息解码正确、快速，使用户解码与设计编码高度匹配。根据用户的认知习惯，从用户的视觉认知、动态交互的注意特性，对工业集成化信息平台动态交互的视觉元素进行分析，设计集成化最终方案的呈现效果。人眼视觉对物体形状的保留大概 24 帧/s，即 0.04s 一帧。动态交互的时长做倍率增加，可以使整体动态呈现更有节奏感、舒适感。该方案采用表 10-11 所推荐的动态交互时长。

表 10-11　动态交互时长推荐

动态交互类型	推荐时长
图符、文字点击反馈	推荐 200~240ms，根据对象的运动面积进行调整
透明度出现/消失	推荐 200~240ms，根据对象的运动面积进行调整
通知弹框的弹出/恢复	推荐 240~360ms，根据对象的运动面积进行调整
对话框弹出/收起	推荐 360~400ms，根据对象的运动面积进行调整
屏幕范围内的位移	推荐 360~400ms，根据对象的运动面积进行调整

（续）

动态交互类型	推荐时长
屏幕内外的位移	推荐 500~540ms，根据对象的运动面积进行调整
切页动态交互	推荐 240~400ms，根据对象的运动面积进行调整
应用开关	推荐 400~540ms，根据对象的运动面积进行调整
呼吸循环类	1000ms 或 2000ms 一个循环，根据对象的运动面积进行调整
演示教程动态交互	根据实际操作的时长设计演示教程动态交互的时长

10.8　工业平台信息可视化

10.8.1　整体信息呈现与布局

PCB 车间工业互联平台主要包括 PCB 车间数据大屏、主管后台管理系统以及产线工位看板，3 个平台之间既有关联，又具有相对独立性。因此在信息呈现的设计上，既要有所关联，能够体现企业内部系统的一致性，又应当考虑平台的具体使用场景和用途，体现差异性。本方案主要从以下 3 个方面展开平台统一性与差异性的设计分析。

（1）整体风格设计　在开始设计之前，项目团队先对市面上常见的数据可视化平台设计风格进行了收集、汇总、比较与分析，主要分为 3 种设计风格：传统设计风格、HUD（平视显示器）设计风格和 FUI（虚构的用户界面）设计风格，如图 10-18 所示。传统设计风格是现在产线管理信息系统使用较为广泛，且接受度较高的风格；HUD 设计风格主视角的可视范围、信息层级的空间感梯度明显，常用于驾驶舱的界面设计；FUI 设计风格科技感较强，但实际落地较为困难，常用于游戏界面设计。

a) 传统设计风格　　　　　b) HUD设计风格　　　　　c) FUI设计风格

图 10-18　数据可视化平台设计风格

考虑到工业互联平台落地的可行性、用户的接受程度以及界面美观性等因素，最终确定采用传统设计风格和 HUD 设计风格相结合展开平台界面设计。采用 HUD 设计风格中常使用的点、线元素进行界面任务分区的划分等，以降低界面呈现的复杂程度，使用户注意力集中于数据信息，而不被其他无关信息干扰。因此，在 PCB 车间工业互联平台的整体设计上也以线条为主要构成元素，考虑到大屏的呈现效果，对 LOGO（标志）中的蓝色和绿色进行了一定色值的调整，作为平台的主色和辅色。工业互联平台整体风格迭代如图 10-19 所示。

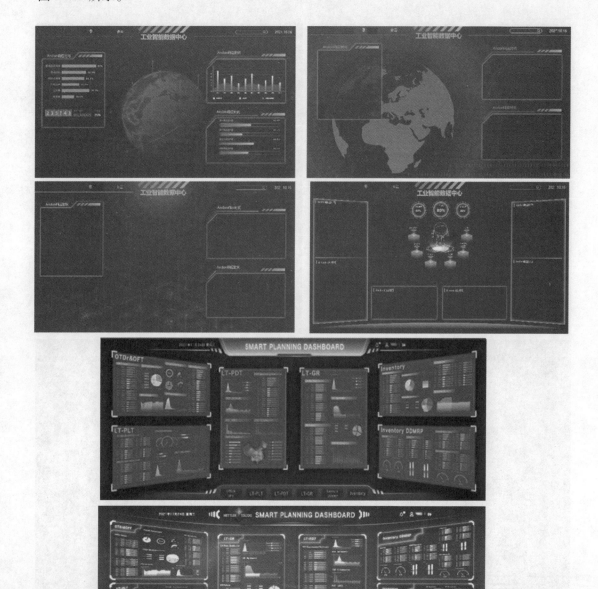

图 10-19　工业互联平台整体设计风格迭代

（2）布局设计　根据工业互联平台的需求内容及硬件尺寸来确定平台的页面布局方式，需要将设计稿的设计尺寸高度固定，地图宽度自适应，解决不同尺寸大屏展示需求的尺寸适配问题。

（3）中心元素设计　设计工业互联平台的中心元素，用于登录起始页和内部导航栏。3种工业互联平台中心元素方案展示效果如图10-20所示。

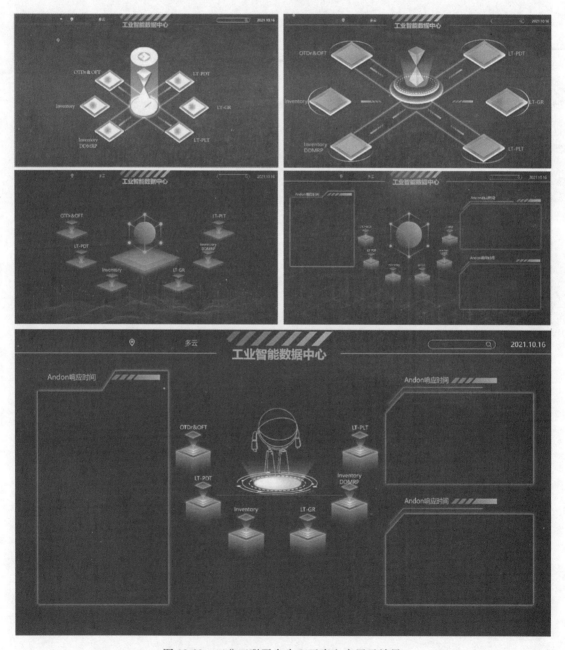

图 10-20　工业互联平台中心元素方案展示效果

10.8.2   工业数据的信息呈现

在 PCB 车间的生产和管理中，SMT 的生产制造数据是关键点。换线人员根据生产计划提前将当天所需网板配置到产线，作业员按生产计划进行作业，作业程序由系统根据产品物料号自动导出。为了最大程度提高 PCB 生产质量，对生产参数的选择必须进行严格的管控，即对生产制造过程进行实时监控，也需要对设备的工艺参数和运行状态以及报警信息等实时关注和监视，需要监视的信息或数据如下：

1）设备附属信息。

2）产能统计信息。

3）设备运行参数。

4）设备状态信息。

5）组件信息和位置状态等。

当设备的任何地方发生异常时，集成化平台就会采取"异常报警"，自动启动报警模块，并将相应的报警情况写入报警数据表中，监控人员就可以将相关异常推送给设备维护人员，提醒他们及时排查问题并解决。信息的警报提醒包括以下方式：

1）平台内的信息提醒模块。

2）产线设备看板呈现。

3）相关设备信息的提醒。

部分工业数据信息呈现见表 10-12。

表 10-12   部分工业数据信息呈现

表现形式	应用场景	举例
横向条线图	横向展示数据的具体数值并比较数据之间的差别	
纵向柱状图	纵向展示数据的具体数值并比较数据之间的差别	

（续）

表现形式	应用场景	举例
表单	用于数据管理、采集等操作	
折线图	展示一定时间内数据指标的变化趋势	
柱状图与折线图组合	展示一定时间内数据指标的具体数值和变化趋势	
纯数值	展示具体资源总数	
百分比	展示具体资源数据总数	

10.8.3　设计规范

在智能制造背景下，建立基于物联网平台的智能制造服务体系，通过物联网工具平台软件的应用，形成基于传统设备互联、现场和业务数据互通的工业互联定制化服务，不断推进产线信息系统集成化平台的应用和工业互联服务网络构建，形成数字化集成工业平台。为了更好地实现平台风格的统一，提高设计输出效率，减少无效沟通，建立数字化集成工业平台的设计规范是重要步骤。部分设计规范如图 10-21 ~ 图 10-23所示。

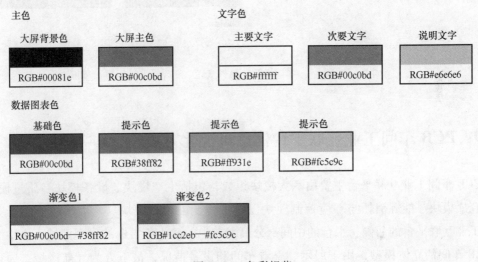

图 10-21　色彩规范

中文默认字体：微软雅黑　英文默认字体：苹方

样式	使用场景	字号	字体	描边
标准字	顶部系统名称	42px	微软雅黑	bold
标准字	大标题	24px	微软雅黑	regular
标准字	顶部菜单栏	24px	微软雅黑	light
标准字	正文	16px	微软雅黑	regular

图 10-22　文字规范

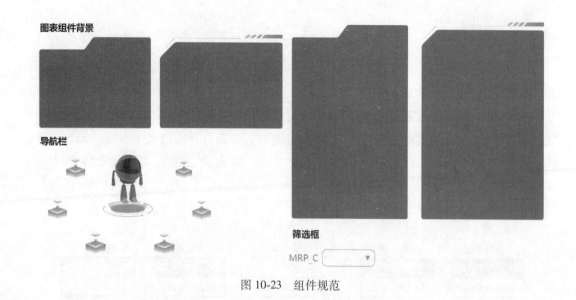

图 10-23　组件规范

10.9　PCB 车间工业互联平台信息可视化方案

PCB 车间工业互联平台主要由六大模块组成, 包括生产模块、设备模块、质量模块、计划仓库模块、能源消耗与环境控制模块以及工程变更管理模块。六大模块分布于 PCB 车间工业互联平台的两侧, 平台的中间部分最上方为关键业务指标的呈现区域, 正中间呈现 PCB 车间的立体模型, 用于展示、查看车间和设备情况, 最下方为导航区域, 通过导航区域切换页面呈现内容和视角。PCB 车间工业互联平台信息呈现方案如图 10-24 所示。

图 10-24　PCB 车间工业互联平台信息呈现方案

工业物联集成化平台完成了 PCB 车间底层设备资源的物联、工业大数据的分析以及制造应用的构建。基于该平台的建立, 形成了设备管理数字化、生产执行数字化、生产管理透明化、全面数字化质量管理、柔性计划以及智能生产物流等, 并且为产线操作工人、工艺、生产、设备和质量等现场管理部门提供实时数据共享，以及为高级管理人员提供管理信息服务。

该信息中心能够实时查看整体生产及质量相关数据，同时可以通过实时视频监控各个产线运转情况。基地现场监控大屏、产线看板能够通过数字化手段尽可能地将生产情况透明化，目前制造基地的自动化水平与日提升，生产现场运维面临少人和无人化趋势，数字化大屏及看板的普及，让少人化的大规模管理成为现实。

10.10 本章小结

本章以"智改数转"中的 PCB 车间数字化集成工业平台为例，展开了工业物联集成化平台的人机交互设计。应用本书中智能制造人机交互原理，在 PCB 车间底层设备资源的物联、工业大数据的分析以及制造应用的构建基础上，实现了工业数据集成的信息中心，体现出智能制造人机交互的重要作用。

展望篇

走向工业元宇宙

11.1　人机交互推进智能制造的协同融合

在全球第四次工业革命的浪潮下，制造业作为国民经济的"压舱石"，是我国实现创新驱动和引领发展的主力战场。一系列国家政策提出了重点打造人工智能、5G、物联网、云计算、数字孪生等核心技术群，作为经济发展新引擎。中国信息通信研究院《中国"5G+工业互联网"发展报告》指出对人、信息、物理系统等的全面连接，构建覆盖全产业链、全价值链的全新制造和服务体系；工业和信息化部《工业互联网创新发展行动计划（2021—2023 年）》强调信息技术与工业制造深度融合过程中数据的贯通，为工业、企业、产业的"智改数转"提供了新的实现途径。为落实《关于深化新一代信息技术与制造业融合发展的指导意见》《关于开展"携手行动"促进大中小企业融通创新（2022—2025年）的通知》等战略部署，在全新工业生态、新型应用模式愿景下，通过工业场景空间融合、资源跨域高效协作来引领制造产业转型升级，是全面推动工业智能转型的总体目标。

在国家战略需求背景下，更加强调智能终端对装备、原材料、零部件及生产设施等制造资源的高效管理，通过数据可视化与交互，实现信息的高效交换，驱动生产系统智能化，达成全要素虚实协同的工业元宇宙模式。面对人类、信息、物理、虚拟和数据空间形成的多元空间协作，给制造场景资源互联带来的冲突、异构问题，探寻生产、供应及服务链互联互通的人机交互与智能协同机制，探索信息感知与认知决策的动态交互机制，实现以虚促实、以虚强实的协同开放、服务和互联的工业新业态。

《"十四五"智能制造发展规划》战略部署中，为了建设智能场景、智能车间和智能工厂，打造智慧供应链，开展多场景、全链条、多层次应用示范，提出了全面建设 500 个以上引领行业发展的智能制造示范工厂的转型升级目标。通过跨域协同探索产业全链的融合集成新模式、新业态、新应用的生动实践，是推动工业场景中的智能转型、未来元宇宙格局的中国实践方案，并为工业数据空间深度应用提供"中国样本"。

11.2　工业互联网向工业元宇宙进阶

从工业制造到工业智造的演进，是数字化、网络化、智能化技术与制造基础的深度集成融合，是长期且复杂的过程。随着《"十四五"智能制造发展规划》《国家智能制造标准体系建设指南》等相关政策文件的推出，智能制造成为国家重点突破方向。随着互联网的纵深发展，全球产业结构和发展方式发生深刻变革，智能制造经历了 20 世纪 80 年代以来的数字化制造，发展到 20 世纪末的互联网+制造，现阶段演化为数字化、网络化、智能化制造，并提出了多种制造模式：企业 2.0、语义网络化制造、云制造、制造物联等。智慧制造成为现今工业革命的主导发展方向，是以智能技术为代表在制造全生命周期应用中所涉及的理论、方法、技术和应用。随着两化深度融合步入快速发展轨道，工业智能转型成效不断显现，成为促进工业制造蓬勃发展、重塑产业竞争力的关键引擎。

工业互联网向工业元宇宙的进阶，从技术、模式、业态、特征要素/流及目标等方面提供了全新的拓展。近年来，我国两化深度融合不断取得关键进展与突破，工业互联网连续五年（2018—2022 年）写入政府工作报告。2020 年工业互联网和 5G、AI 等一同被纳入国家"新基建"战略；2021 年中华人民共和国国民经济和社会发展第十四个五年规划和2035 年远景目标纲要提出，培育形成具有国际影响力的工业互联网平台，推进"工业互联网+智能制造"产业生态；工业和信息化部先后发布了《工业互联网创新发展行动计划（2021—2023 年）》《工业和信息化部办公厅关于推动工业互联网加快发展的通知》等一系列重大政策文件，我国工业互联网进入快速发展期；2022 年在世界元宇宙大会上，《工业元宇宙：模式、技术与应用初探》表示工业互联网系统必须进一步迈上快速发展的新征程，强调单元提升与集成能力，开启万物智联的"智慧工业互联网系统——工业互联网 2.0"新阶段。通过发展制造业"双创"、工业互联网平台、产业数字化转型、未来工业元宇宙等智能制造产业，促进"数字孪生""扩展现实""工业数据"等关键技术要素的升级，推动制造系统以"智能车间""未来工厂"等作为载体，向"工业智能""工业互联网""工业元宇宙"等推进发展，大力促进制造产业变革和中国经济升级与提质增效。

11.3　复杂数字工业新生态

在新发展理念指引下，以数字孪生、扩展现实、5G/6G、物联网、区块链等为代表正在支撑系统协同融合的基础体系架构。数字孪生是一种在虚拟空间对实体进行多维、多物理量和多时空尺度仿真的技术，通过对实体模型和历史运行数据的映射来反映实体的行为状态，同时通过仿真模型预测实体的发展趋势，实现对物理对象全生命周期的监控与预测，实现物理对象与数字模型的共生共存。美国高通公司首先将通向元宇宙的关键技术称为XR，即扩展现实（Extended Reality，XR），将虚拟的内容和真实场景融合，为体验者带来虚拟世界与现实世界之间无缝转换的"沉浸感"。在工业制造场景中，以智能车间、无人工厂、虚拟工厂等为代表的生产制造和监测管理平台集成载体正在承载着系统协同融合的业态角色转化和共生，工业制造领域的数字孪生可视化如图11-1所示。智能车间通过信息交互与数据共享，实现各类制造资源感知、配置、决策和学习等智能管理与控制。新型的"无人工厂"形成"智能工厂-智能产品-智能数据"闭环，实现自然的人机互动，驱动生产系统走向智能化。

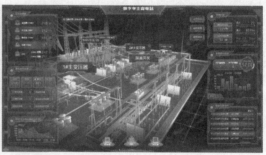

图 11-1　工业制造领域的数字孪生可视化

在数字工业新生态的环境下，工业智能、工业互联网、工业元宇宙等新时代发展重心正作为系统协同融合的关键驱动力。工业互联网的概念可追溯到2012年美国通用电气公司发表的白皮书 *Industrial Internet：Pushing the boundary of Minds and Machines*，其中指出：工业互联网是关于产业设备与IT融合的概念，基于开放、全球化的网络，将设备、人和数据分析连接起来，延展机器与人的边界。工业元宇宙被视作升级后的工业互联网。元宇宙的原始概念诞生于科幻作家尼尔·斯蒂芬森的《雪崩》一书：现实世界和虚拟世界捆绑的未来世界；2021年Roblox公司构建了元宇宙的雏形，所以2021年被称为"元宇宙元年"。工业元宇宙形成了以虚促实、以虚强实的工业全要素链、全产业链、全价值链智慧、协同开放、服务、互联的复杂数字工业经济系统，如图11-2所示。

工业智能转型作为新一轮产业革命，以数据驱动、智能技术、万物互联和虚实结合作为核心支撑，推动着信息科技带动相关产业发生巨变。面对工业场景生产任务繁多、场景多变、层次多样、链条绵长和环节耦合等特点，全面推进工业智能转型面临的重大难题和严峻挑战是自然人、机器人、信息系统和物理系统全要素的资源互联问题，以及工业场景空间的虚实映射、交互和融合问题。

图 11-2　工业元宇宙

　　如何在工业场景空间下探寻人机交互与智能协同、探索信息感知与认知决策的人机共融，开辟全场景、全要素、跨域协同的集成创新发展路径，是需要持续研究的问题。这需要通过解决人、虚拟空间与现实空间的多元空间协同与融合集成，根植于数据空间、虚实场景、人机交互和信息集成等进行融通深化，达成工业新生态下的智能制造人机交互，如图 11-3 所示。

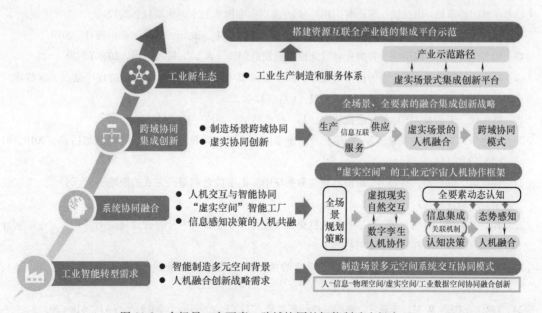

图 11-3　全场景、全要素、跨域协同的智能制造人机交互

参 考 文 献

[1] 工业和信息化部. 工业和信息化部关于印发"十四五"信息化和工业化深度融合发展规划的通知: 工信部规〔2021〕182 号〔A/OL〕. (2021-11-17)〔2023-03-01〕. https://www.gov.cn/zhengce/zhengceku/2021-12/01/content_5655208.htm.

[2] 工业和信息化部, 国家标准化管理委员会. 工业和信息化部 国家标准化管理委员会关于印发《国家智能制造标准体系建设指南: 2021 版》的通知: 工信部联科〔2021〕187 号〔R/OL〕. (2021-11-17)〔2023-03-01〕. https://www.gov.cn/zhengce/zhengceku/2021-12/09/content_5659548.htm.

[3] 工业互联网产业联盟. 工业互联网平台白皮书 2021: 平台价值篇〔R〕. 2021.

[4] 吴晓莉. 智能制造人机系统的信息呈现与认知绩效〔M〕. 武汉: 武汉大学出版社, 2023.

[5] 诺曼. 设计心理学 4: 未来设计〔M〕. 小柯, 译. 北京: 中信出版社, 2015.

[6] 陈为, 沈则潜, 陶煜波. 数据可视化〔M〕. 2 版. 北京: 电子工业出版社, 2019.

[7] 李培根, 高亮. 智能制造概论〔M〕. 北京: 清华大学出版社, 2021.

[8] 史忠植. 认知科学〔M〕. 合肥: 中国科学技术大学出版社, 2008.

[9] 王甦, 汪安圣. 认知心理学〔M〕. 北京: 北京大学出版社, 2006.

[10] 吴晓莉, 周丰. 设计认知: 研究方法与可视化表征〔M〕. 2 版. 南京: 东南大学出版社, 2020. '

[11] 吴晓莉. 复杂信息任务界面的出错-认知机理〔M〕. 北京: 科学出版社, 2017.

[12] 薛澄岐. 复杂信息系统人机交互数字界面设计方法及应用〔M〕. 南京: 东南大学出版社, 2015.

[13] 薛澄岐. 人机界面系统设计中的人因工程〔M〕. 北京: 国防工业出版社, 2022.

[14] 张洁, 秦威, 高亮. 大数据驱动的智能车间运行分析与决策方法〔M〕. 武汉: 华中科技大学出版社, 2020.

[15] 张继国, 辛格. 信息熵: 理论与应用〔M〕. 北京: 中国水利水电出版社, 2012.

[16] 张力, 戴立操, 胡鸿, 等. 数字化核电厂人因可靠性〔M〕. 北京: 国防工业出版社, 2019.

[17] 周济. 数字化、网络化、智能化并行助推智能制造创新〔N〕. 人民政协报, 2018-05-29 (5).

[18] 陈彦光, 刘继生. 基于引力模型的城市空间互相关和功率谱分析: 引力模型的理论证明、函数推广及应用实例〔J〕. 地理研究, 2002, 21 (6): 742-752.

[19] 陈永权, 邹传瑜. 图标的标准化研究〔J〕. 标准科学, 2017 (1): 15-18.

[20] 陈建华, 崔东华, 罗荣, 等. 军事指控系统多通道人机交互技术〔J〕. 指挥控制与仿真, 2019, 41 (4): 110-113.

[21] 孙林辉, 韩贝贝, 袁晓芳. 矿山瓦斯监测系统中界面参数名称呈现方式的眼动研究〔J〕. 人类工效学, 2020, 26 (2): 1-7; 18.

[22] 孙贺, 王超, 孙明, 等. 新型智能人机交互系统在工业互联网平台的研究与应用〔J〕. 工业控制计算机, 2021, 34 (10): 141-143.

[23] 崔翔宇, 许百华. 预览搜索中基于颜色的两种自上而下加工〔J〕. 心理学报, 2007, 39 (6): 977-984.

[24] 高亮, SHEN W M, 李新宇. 智能制造的新趋势〔J〕. Engineering, 2019, 5 (4): 619-620.

[25] 郭云东, 孙有朝. 基于 FBCREAM 方法的飞机驾驶人因可靠性评估模型〔J〕. 科学技术与工程,

2021, 21 (27): 11843-11849.

[26] 郝芳, 傅小兰. 视觉标记: 一种优先选择机制 [J]. 心理科学进展, 2006, 14 (1): 7-11.

[27] 洪嘉捷. 智能指挥平台中的大屏幕显示系统解决方案 [J]. 电子技术与软件工程, 2016 (10): 81.

[28] 靳慧斌, 张程嵬, 张颖, 等. 基于工作记忆的雷达管制界面信息编码设计研究 [J]. 科学技术与工程, 2017, 17 (7): 46-51.

[29] 雷学军, 金志成. 刺激范畴的激活与抑制对预搜索的影响 [J]. 心理学报, 2006, 38 (2): 170-180.

[30] 李伯虎, 柴旭东, 侯宝存, 等. 云制造系统3.0: 一种"智能+"时代的新智能制造系统 [J]. 计算机集成制造系统, 2019, 25 (12): 2997-3012.

[31] 李金波, 许百华. 人机交互过程中认知负荷的综合测评方法 [J]. 心理学报, 2009, 41 (1): 35-43.

[32] 李晶, 郁舒兰, 吴晓莉. 人机界面形状特征编码对视觉认知绩效的影响 [J]. 计算机辅助设计与图形学报, 2018, 30 (1): 163-172.

[33] 李晶, 薛澄岐, 史铭豪, 等. 基于信息多维属性的信息可视化结构 [J]. 东南大学学报 (自然科学版), 2012, 42 (6): 1094-1099.

[34] 李晶, 薛澄岐. 基于视觉感知分层的数字界面颜色编码研究 [J]. 机械工程学报, 2016, 52 (24): 201-208.

[35] 李洋, 张晓冬, 鲍远律. 基于特征模板匹配识别地图中特殊图标的方法 [J]. 电子测量与仪器学报, 2012, 26 (7): 605-609.

[36] 凌文芬, 陈思含, 彭勇, 等. 基于3D分层卷积融合的多模态生理信号情绪识别 [J]. 智能科学与技术学报, 2021, 3 (1): 76-84.

[37] 刘捷. 机载信息系统人机界面设计原则 [J]. 国防技术基础, 2007 (10): 44-47.

[38] 刘立明. 图形化用户界面图标的发展趋势探究 [J]. 中国标准化, 2019 (4): 233-234.

[39] 刘鹏, 吕曦, 李志忠. 任务复杂度对自动化意识的影响 [J]. 航空学报, 2015, 36 (11): 3678-3686.

[40] 刘锡朋, 王国辉, 何川. 面向智能制造的多工位自动生产线物流控制技术 [J]. 兵器装备工程学报, 2018, 39 (8): 173-175.

[41] 刘志方, 陈朝阳, 苏永强, 等. 飞机仪表显示系统的可用性评估: 眼动和绩效数据证据 [J]. 航天医学与医学工程, 2018, 31 (3): 341-346.

[42] 彭宁玥, 薛澄岐. 基于特征推理的图标搜索特性实验研究 [J]. 东南大学学报 (自然科学版), 2017, 47 (4): 703-709.

[43] 邵将, 薛澄岐, 王海燕, 等. 基于图标特征的头盔显示界面布局实验研究 [J]. 东南大学学报 (自然科学版), 2015, 45 (5): 865-870.

[44] 汪海波, 薛澄岐, 黄剑伟, 等. 基于认知负荷的人机交互数字界面设计和评价 [J]. 电子机械工程, 2013, 29 (5): 57-60.

[45] 王爱君, 李毕琴, 张明. 三维空间深度位置上基于空间的返回抑制 [J]. 心理学报, 2015, 47 (7): 859-868.

[46] 王海燕, 黄雅梅, 陈默, 等. 图标视觉搜索行为的ACT-R认知模型分析 [J]. 计算机辅助设计与图

形学学报，2016，28（10）：1740-1749.

[47] 王世勇，万加富，张春华，等. 面向智能产线的柔性输送系统结构设计与智能控制 [J]. 华南理工大学学报（自然科学版），2016，44（12）：30-35.

[48] 王崴，赵敏睿，高虹霓，等. 基于脑电和眼动信号的人机交互意图识别 [J]. 航空学报，2021，42（2）：286-296.

[49] 谢平，齐孟松，张园园，等. 基于多生理信息及迁移学习的驾驶疲劳评估 [J]. 仪器仪表学报，2018，39（10）：223-231.

[50] 吴晓莉，薛澄岐，GEDEON T，等. 数字化监控任务界面中信息特征的视觉搜索实验 [J]. 东南大学学报（自然科学版），2018，48（5）：807-814.

[51] 吴晓莉，GEDEON T，薛澄岐，等. 影响信息特征搜索的凝视/扫视指标与瞳孔变化幅度一致性效应比较 [J]. 计算机辅助设计与图形学学报，2019，31（9）：1636-1644.

[52] 吴晓莉，薛澄岐，汤文成，等. 雷达态势界面中目标搜索的视觉局限实验研究 [J]. 东南大学学报（自然科学版），2014，44（6）：1166-1170.

[53] 吴晓莉，晏彪，薛澄岐，等. 基于引力模型的智能制造产线信息系统的信息呈现 [J]. 东南大学学报（自然科学版），2021，51（1）：145-152.

[54] 吴晓莉，王琳琳，张伟伟，等. 工业产线控制系统中信息表征的有序度算法模型及应用 [J]. 计算机集成制造系统，2021，27（6）：1741-1748.

[55] 吴晓莉，方泽茜，刘潇，等. 工业系统的智能交互模式及人因工效研究综述 [J]. 包装工程，2022，43（4）：12-26；44.

[56] 吴晓莉，唐雨欣，薛澄岐. 不同认知难度影响因素下数据信息搜索的视觉生理反应规律 [J]. 包装工程，2021，42（4）：1-10.

[57] 吴晓莉，吴新兵. 核电厂监控系统界面功能布局优化模型及应用 [J]. 中国安全科学学报，2020，30（9）：96-101.

[58] 吴晓莉，许盼盼，江晓曼. 基于注意捕获的工业监控界面色彩层级编码研究 [J]. 工业工程与管理，2022，27（4）：32-38.

[59] 吴晓莉，李奇志，张科. 以视野位置为因素的复杂信息视觉搜索实验 [J]. 人类工效学，2020，26（6）：66-70；79.

[60] 肖远军，刘波，陈琳. 动静协同的智能制造生产控制系统网络安全框架 [J]. 通信技术，2019（1）：213-217.

[61] 薛澄岐. 人机融合、智能人机交互、自然人机交互未来人机交互技术的三大发展方向：薛澄岐谈设计与科技 [J]. 设计，2020，33（8）：52-57.

[62] 于士康，吴晓莉，冯慧慧. 核电厂监控显示界面中警示线路信息突显研究 [J]. 中国安全科学学报，2021，31（21）：106-112.

[63] 严寒，吴晓莉. 工业系统图标的语义性分析及图标可视化设计 [J]. 人类工效学，2020，26（1）：26-30.

[64] 姚锡凡，雷毅，葛动元，等. 驱动制造业从"互联网+"走向"人工智能+"的大数据之道 [J]. 中国机械工程，2019，30（2）：134-142.

[65] 杨明浩，陶建华. 多通道人机交互信息融合的智能方法 [J]. 中国科学（信息科学），2018，48

（4）：433-448.

[66] 张宝，丁敏，李燕杰. 基于视觉感知强度的人机交互界面优化设计 [J]. 中国机械工程，2016，27（16）：2196-2202.

[67] 张洁，汪俊亮，吕佑龙，等. 大数据驱动的智能制造 [J]. 中国机械工程，2019，30（2）：127-133；158.

[68] 张军，郝芳，曾艺敏. 情绪面孔搜索的不对称性：基于预览搜索范式 [J]. 心理研究，2017，10（3）：20-28.

[69] 张力，彭汇莲. 数字化人机界面操作员目标定位眼动试验 [J]. 安全与环境学报，2017，17（2）：577-581.

[70] 张力，周易川，贾惠侨，等. 数字化控制系统信息显示特征对操纵员信息捕获绩效的影响及优化研究 [J]. 中国安全生产科学技术，2016，12（10）：62-67.

[71] 张力，周易川，贾惠侨，等. 基于信息熵表征的数字化控制系统信息提供率研究 [J]. 工业工程与管理，2016，21（4）：13-19.

[72] 张明，张阳，付佳. 工作记忆对动态范式中基于客体的返回抑制的影响 [J]. 心理学报，2007，39（1）：35-42.

[73] 张曙. 工业4.0和智能制造 [J]. 机械设计与制造工程，2014，43（8）：1-5.

[74] 张伟，马靓，傅焕章，等. 基于运动跟踪和交互仿真的工作设计 [J]. 系统仿真学报，2010，22（4）：1047-1050.

[75] 张伟伟，吴晓莉，蒋孝山，等. 生产线总控系统交互界面中图标特征的实验研究 [J]. 机械设计与制造工程，2019，48（6）：51-55.

[76] 张学民，鲁学明，魏柳青. 目标与非目标数量变化对多目标追踪的选择性抑制效应 [J]. 心理科学，2011，34（6）：1295-1301.

[77] 张科，吴晓莉，王小妍. 图标风格、复杂程度及任务难度对工业图标视觉搜索的影响 [J]. 人类工效学，2021，27（3）：13-17；22.

[78] 张青. 工业设计中多重感官交互增强现实系统设计与应用 [J]. 科学技术与工程，2018，18（32）：206-211.

[79] 周济，李培根，周艳红，等. 走向新一代智能制造 [J]. Engineering，2018，4（1）：11-20.

[80] 周济. 智能制造是"中国制造2025"主攻方向 [J]. 企业观察家，2019（11）：54-55.

[81] 周蕾，薛澄岐，汤文成，等. 产品信息界面的用户感性预测模型 [J]. 计算机集成制造系统，2014，20（3）：544-554.

[82] 周蕾，薛澄岐，王海燕，等. 数字界面微观信息结构的有序度分析 [J]. 东南大学学报（自然科学版），2016，46（6）：1209-1213.

[83] 庄存波，刘检华，张雷. 工业5.0的内涵、体系架构和使能技术 [J]. 机械工程学报，2022，58（18）：75-87.

[84] 杜晶. 字符的颜色编码对平视显示器和下视显示器相容性影响研究 [D]. 天津：中国民航大学，2018.

[85] 郭霞. 软件用户界面图标的易用性设计研究 [D]. 南京：南京航空航天大学，2012.

[86] 黄晓丽. 基于任务模型的智能产线控制系统的信息呈现研究 [D]. 南京：河海大学，2021.

[87] 李安. 大数据高维信息界面数据可视化结构模型研究［D］. 南京：东南大学，2016.

[88] 李景胜. 界面信息的视觉引导机理研究［D］. 南京：东南大学，2017.

[89] 牛亚峰. 基于脑电技术的数字界面可用性评价方法研究［D］. 南京：东南大学，2015.

[90] 齐增斌. LMES 产线数据信息的呈现方式与视觉编码［D］. 南京：河海大学，2021.

[91] 唐雨欣. 影响工业制造产线数据信息认知绩效的生理测评指标研究［D］. 南京：河海大学，2020.

[92] 汪海波. 基于认知机理的数字界面信息设计及其评价方法研究［D］. 南京：东南大学，2015.

[93] 王琳琳. 智能制造产线控制系统人机交互的视觉信息结构研究［D］. 南京：河海大学，2019.

[94] 许盼盼. 基于注意捕获的核电控制系统人机界面色彩编码方法［D］. 南京：河海大学，2020.

[95] 晏彪. 智能产线信息系统的信息呈现研究［D］. 南京：河海大学，2020.

[96] 严寒. 智能化产线控制系统的图标语义认知与可视化设计［D］. 南京：河海大学，2020.

[97] 吴晓莉. 复杂信息任务界面的出错：认知机理研究［D］. 南京：东南大学，2015.

[98] 张依婷. 图形推理方法在交互界面设计中的应用研究［D］. 武汉：华中科技大学，2017.

[99] 张科. 基于视觉标记的工业图标认知规律实验及设计应用［D］. 南京：河海大学，2021.

[100] 张伟伟. 智能化产线控制系统操作员信息获取的界面可视化研究［D］. 南京：河海大学，2019.

[101] 吴晓莉. 一种人机交互界面知觉广度引导信息搜索的检测方法：CN202310251193.7［P］. 2023-06-27.

[102] 河海大学常州校区. 评价智能制造系统信息界面综合认知绩效水平的优化方法：CN201910162893.2［P］. 2023-05-16.

[103] 南京理工大学. 一种基于引力模型的信息呈现方法：CN202011420593.9［P］. 2021-03-16.

[104] 江晓曼，武愈涵，吴晓莉，等. 带产线信息管理图形用户界面的显示屏幕面板：CN202230120490.4［P］. 2022-08-16.

[105] 南京理工大学. 带产线信息图形用户界面的显示屏幕面板：CN202130134592.7［P］. 2021-08-03.

[106] 南京理工大学. 工业数据集成平台 V1.0［Z］. 2023-09-01.

[107] BREAL M，CUST N. Semantics：studies in the science of meaning［M］. London：William Heineman，2012.

[108] EVANS V，GREEN M. Cognitive linguistics：an introduction［M］. Edinburgh：Edinburgh University Press，2006.

[109] FAUCONNIER G. Mental spaces［M］. Cambridge：Cambridge University Press，1994.

[110] FISIAK J. Theoretical issues in contrastive linguistics［M］. Amsterdam：John Benjamins Publishing Company，1981.

[111] COLIN W. Visual thinking for design［M］. San Francisco：Morgan Kaufmann Publishers，2008.

[112] RUTMAN A M，CLAPP W C，CHADICK J Z，et al. Early top-down control of visual processing predicts working memory performance［J］. Journal cognitive neuroscience，2010，22（6）：1224-1234.

[113] AGTER F，DONK M. Prioritized selection in visual search through onset capture and color inhibition：evidence from a probe-dot detection task［J］. Journal of experimental psychology（human perception and performance），2005，31（4）：722-730.

[114] RYDSTROM A，BROSTROM R，BENGTSSON P. A comparison of two contemporary types of in-car multifunctional interfaces［J］. Applied ergonomics，2012，43（3）：507-514.

[115] SRINIVASAN A, DRUCKER S M, ENDERT A, et al. Augmenting visualizations with interactive data facts to facilitate interpretation and communication [J]. IEEE transactions on visualization and computer graphics, 2019, 25 (1): 672-681.

[116] ATCHLEY P, JONES S E, HOFFINAN L. Visual marking: a convergence of goal-and stimulus-driven during Visual Search [J]. Perception & psychophysics, 2003, 65 (5): 667-677.

[117] BASOLE R C, CLEAR T, HU M D. Understanding interfirm relationships in business ecosystems with interactive visualization [J]. IEEE transactions on visualization and computer graphics, 2013, 19 (12): 2526-2535.

[118] BAUERLY M, LIU Y. Computational modeling and experimental investigation of effects of compositional elements on interface and design aesthetics [J]. International journal of human-computer studies, 2006, 64 (8): 670-682.

[119] BEKKER E M, KENEMANS J L, VERBATEN M N. Source analysis of the N2 in a cued Go/NoGo task [J]. Cognitive brain research, 2005, 22 (2): 221-231.

[120] BORGHINI G, VECCHIATO G, TOPPI J, et al. Assessment of mental fatigue during car driving by using high resolution EEG activity and neurophysiologic indices [C]//2012 Annual International Conference of the IEEE Engineering in Medicine and Biology Society. New York: IEEE, 2012.

[121] BIEDERMAN I. Recognition-by-Components: a theory of human image understanding [J]. Psychologyical review, 1987, 94 (2): 115-147.

[122] BROOKS R. Search time and color coding [J]. Psychonomic science, 2014, 2 (1-12): 281-282.

[123] KIM B H, KOH S, HUH S, et al. Improved explanatory efficacy on human affect and workload through interactive process in artificial intelligence [J]. IEEE Access, 2020 (8): 189013-189024.

[124] CASTELHANO M S, HENDERSON J M. Stable individual differences across images in human saccadic eye movements [J]. Canadian journal of experimental psychology, 2008, 62 (1): 1-14.

[125] CHATURVEDI S, DUNNE C, ASHKTORAB Z, et al. Group-in-a-box meta-layouts for topological clusters and attribute-based groups: space-efficient visualizations of network communities and their ties [J]. computer graphics forum, 2014, 33 (8): 52-68.

[126] MUELLER C, MARTIN B, LUMSDAINE A. A comparison of vertex ordering algorithms for large graph visualization [C]//2007 6th International Asia-Pacific Symposium on Visualisation. New York: IEEE, 2012.

[127] XUE C Q, WU X L, NIU Y F. Brain mechanism research on visual information cognition of digital human computer interface [J]. Communications in Computer and information science, 2015 (528): 144-149.

[128] CHESHIRE J, BATTY M. Visualization tools for understanding big data [J]. Environment and planning B: planning and design, 2012, 39 (3): 413-415.

[129] CHIU M C, HSIEH M C. Latent human error analysis and efficient improvement strategies by fuzzy TOPSIS in aviation maintenance tasks [J]. Applied ergonomics, 2016, 54: 136-147.

[130] OHM C, MULLER M, LUDWIG B. Evaluating indoor pedestrian navigation interfaces using mobile eye tracking [J]. Spatial cognition & computation, 2017, 17 (1-2): 89-120.

[131] LEE C Y, YIM H B, SEONG P H. Development of a quantitative method for evaluating the efficacy of cy-

ber security controls in NPPs based on intrusion tolerant concept [J]. Annals of nuclear energy, 2018, 112: 646-654.

[132] CONNOR C E, EGETH H E, YANTIS S. Visual attention: Bottom-up versus top-down [J]. Current biology, 2004, 14 (19): 850-852.

[133] CASAROTTI M, MICHIELIN M, ZORZI M, et al. Temporal order judgment reveals how number magnitude affects visuospatial attention [J]. Cognition, 2007, 102 (1): 101-117.

[134] CHENG S Y, HSU H T. Mental fatigue measurement using EEG [J]. Risk management trends, 2011: 203-228.

[135] COURCHESNE E, HILLYARD S A, GALAMBOS R. Stimulus novelty, task relevance and the visual evoked potential in man [J]. Electroencephalography and clinical neurophysiology, 1975, 39 (2): 131-143.

[136] GRAHAM D J, JEFFERY R W. Location, location, location: eye-tracking evidence that consumers preferentially view prominently positioned nutrition information [J]. Journal of the american dietetic association, 2011, 111 (11): 1704-1711.

[137] SZAFIR D A. Modeling color difference for visualization design [J]. IEEE transactions on visualization and computer graphics, 2018, 24 (1): 392-401.

[138] NIEHORSTER D C, HESSELS R S, BENJAMINS J S. GlassesViewer: open-source software for viewing and analyzing data from the Tobii Pro Glasses 2 eye tracker [J]. Behavior research methods, 2020, 52 (3): 1244-1253.

[139] MENDOZA-HALLIDAY D, MARTINEZ-TRUJILLO J C. Neuronal population coding of perceived and memorized visual features in the lateral prefrontal cortex [J]. Nature communications, 2017, 8 (1): 141-152.

[140] LEE S D. The effect of visualizing the flow of multimedia content among and inside devices [J]. Applied ergonomics, 2009, 40 (3): 440-447.

[141] DONK M, THEEUWES J. Visual marking beside the mark: prioritizing selection by abrupt onsets [J]. Attention, perception, & psychophysics, 2001, 63 (5): 891-900.

[142] DEHAENE S, BOSSINI S, GIRAUX P. The mental representation of parity and number magnitude [J]. Journal of experiment psychology: general, 1993, 122 (3): 371-396.

[143] DOWSLAND K A, DOWSLAND W B. Packing problems [J]. European journal of operational research, 1992, 56 (1): 2-14.

[144] DESIMONE R, DUNCAN J. Neural mechanisms of selective visual attention [J]. Annual review of neuroscience, 1995, 18 (1): 193-222.

[145] LODGAARD E, DRANSFELD S. Organizational aspects for successful integration of human-machine interaction in the industry 4.0 era [J]. Procedia CIRP, 2020, 88: 218-222.

[146] EGETH H E, YANTIS S. Visual attention: control, representation, and time course [J]. Annual review of psychology, 1997, 48: 269-297.

[147] FAHRION S L, WALTERS E D, COYNE L, ALLEN T. Alterations in EEG amplitude, personality factors, and brain electrical mapping after alpna-theta brainwave training: a controlled case study of an alcoholic in recovery [J]. Alcoholism, clinical and experimental research, 1992, 16 (3): 547-552.

[148] NACHREINER F, NICKEL P, MEYER I. Human factors in process control systems: the design of human-machine interfaces [J]. Safety science, 2006, 44 (1): 5-26.

[149] GUO F, YE G Q, DUFFY V G, et al. Applying eyetracking and encephalography to evaluate the effects of placement disclosures on brand preferences [J]. Journal of consumer behavior, 2018, 17 (6): 1-13.

[150] YANG F M, HARRISON L T, RENSINK R A, et al. Correlation judgment and visualization features: a comparative study [J]. IEEE transactions on visualization and computer graphics, 2019, 25 (3): 1487-1488.

[151] FISCHER M H, CASTEL A D, DODD M D, et al. Perceiving numbers causes spatial shifts of attention [J]. Nature neuroscience, 2003, 6 (6): 555-556.

[152] FOLK C L, REMINGTON R W, JOHNSTON J C. Involuntary covert orienting is contingent on attentional control settings [J]. Journal of experimental psychology (human perception and performance), 1992, 18 (4): 1030-1044.

[153] FOLK C L, REMINGTON R W. Selectivity in distraction by irrelevant featural singletons: evidence for two forms of attentional capture [J]. Journal of experimental psychology (human perception and performance), 1998, 24 (3): 847-858.

[154] GIRET A, GARCIA E, BOTTI V. An engineering framework for service-oriented intelligent manufacturing systems [J]. Computers in industry, 2016, 81: 116-127.

[155] GOLDBERG J H, KOTVAL X P. Computer interface evaluation using eye movements: methods and constructs [J]. International journal of industrial ergonomics, 1999, 24 (6): 631-645.

[156] GOONETILLEKE R S, SHIH H M, ON H K, et al. Effects of training and representational characteristic in icon design [J]. International journal of human-computer studies, 2001, 55 (5): 741-760.

[157] KNOBLICH G, OHLSSON S, RANEY G E. An eye movement study of insight problem solving [J]. Memory & cognition, 2001, 29 (7): 1000-1009.

[158] GHORASHI S, ZUVIC S M, VISSER T, et al. Focal distraction: spatial shifts of attentional focus are not required for contingent capture [J]. Journal of experimental psychology (human perception and performance), 2003, 29 (1): 78-91.

[159] GIBSON B S. Visual quality and attentional capture: a challenge to the special role of abrupt onsets [J]. Journal of experimental psychology (human perception and performance), 1996, 22 (6): 1496-1504.

[160] GREENE H H, RAYNER K. Eye movements and familiarity effects in visual search [J]. Vision research, 2001, 41 (27): 3763-3773.

[161] ZHANG H, HUANG J, TIAN F, et al. Trajectory prediction model for crossing-based target selection [J]. Virtual reality & intelligent hardware, 2019, 1: 330-340.

[162] WÖHRLE H, TABIE M, KIM S K, et al. A hybrid FPGA-based system for EEG- and EMG-based online movement prediction [J]. Sensors, 2017, 17 (7): 1552-1559.

[163] OBERC H, PRINZ C, GLOGOWSKI P, et al. Human robot interaction-learning how to integrate collaborative robots into manual assembly lines [J]. Procedia manufacturing, 2019, 31: 26-31.

[164] HESS E H, POLT J M. Pupil size as related to interest value of visual stimuli [J]. Science, 1960, 132 (3423): 349-350.

［165］HODSOLL J, HUMPHREYS G W. Preview search and contextual cuing ［J］. Journal of experimental psychology（human perception and performance）, 2005, 31（6）: 1346-1358.

［166］HUANG C, TSAI C M. The Effect of Morphological Elements on the Icon Recognition in Smart Phones ［C］//International Conference on Usability and Internationalization. ［s. l. : s. n. ］, 2007.

［167］HUMPHREYS G W, STALMANN B J, OLIVERS C. An analysis of the time course of attention in preview search ［J］. Attention, Perception, & psychophysics, 2004, 66（5）: 713-730.

［168］BRAITHWAIT J J, HUMPHREYS G W, HODSOLL J. Effects of colour on preview search: anticipatory and inhibitory biases for colour ［J］. Spatial vision, 2004, 17（4-5）: 389-415.

［169］ALLEN H A, HUMPHREYS G W, MATTHEWS P M. A neural marker of content- specific active ignoring ［J］. Journal of experimental psychology（human perception and performance）, 2008, 34（2）: 286-297.

［170］LEE H, CHA W C. Virtual reality-based ergonomic modeling and evaluation framework for nuclear power plant operation and control ［J］. Sustainability, 2019, 11（9）: 2630.

［171］HOOGE I, VLASKAMP B N S, OVER E. Saccadic search: on the duration of a fixation ［M］//VAN GOMPEL R P G, FISCHER M H, MURRAY W S, et al. Eye movements. Amsterdam: Elsevier Science, 2007: 581-595.

［172］HOOGE I T C, ERKELENS C J. Control of fixation duration in a simple search task ［J］. Perception & psychophysics, 1996, 58: 969-976.

［173］HOOGE I T C, ERKELENS C J. Adjustment of fixation duration in visual search ［J］. Vision research, 1998, 38（9）: 1295-1302.

［174］HENDERSON J M. Eye movement control during visual object processing: effects of initial fixation position and semantic constraint ［J］. Canadian journal of experimental psychology, 1993, 47: 79-98.

［175］HARRISON S, SENGERS P, TATAR D. Making epistemological trouble: third-paradigm HCI as successor science ［J］. Interacting with computers, 2011, 23（5）: 385-392.

［176］CHEN H, LIU S, PANG L P, et al. Developing an improved ACT-R model for pilot situation awareness measurement ［J］. IEEE Access, 2021（9）: 122113-122124.

［177］CHAO H, LIU Y L. Emotion recognition from multi-channel EEG signals by exploiting the deep belief-conditional random field framework ［J］. IEEE Access, 2020（8）: 33002-33012.

［178］ISEN A M, PATRICK R. The effect of positive feelings on risk taking: when the chips are down ［J］. Organizational behavior and human performance, 1983, 31（2）: 194-202.

［179］IRWIN D E, GORDON R D. Eye movements, attention, and trans-saccadic memory ［J］. Visual cognition, 1998, 5（1-2）: 127-156.

［180］IRWIN D E, ZELINSKY G J. Eye movements and scene perception, Memory for things observed ［J］. Perception & psychophysics 2002, 64: 882-985.

［181］ISEN A M, PATRIK R. The effects of Positive feelings on risk taking: when the chips are down ［J］. Organizational behavior and human performance, 1983, 31（2）: 194 -202.

［182］KIM J, THOMAS P, SANKARANARAYANA R, et al. Eye-tracking analysis of user behaviour and performance in web search on large and small screens ［J］. Journal of the association for information science and tcechnology, 2015, 66 (3): 526-544.

[183] NACHREINER F, NICKEL P, MEYER I. Human factors in process control systems: the design of human-machine interfaces [J]. Safety science, 2006, 44 (1): 5-26.

[184] ZHOU J, ZHOU Y H, WANG B C, et al. Human-cyber-physical systems (HCPSs) in the context of new-generation intelligent manufacturing [J]. Engineering, 2019, 5 (4): 624-636.

[185] JIANG Y H, CHUN M M, MARKS L E. Visual marking: selective attention to asynchronous temporal groups [J]. Journal of experimental psychology (human perception and performan), 2002, 28 (3): 717-730.

[186] JOHNSON T L, FLETCHER S R, BAKER W, et al. How and why we need to capture tacit knowledge in manufacturing: case studies of visual inspection [J]. Applied ergonomics, 2019, 74: 1-9.

[187] KADIR R S S A, ISMAIL N, RAHMAN H A, et al. Analysis of brainwave dominant after horizontal rotation (HR) intervention using EEG for Theta and Delta frequency bands [C]//2009 5th International Colloquium on Signal Processing & Its Applications, Malaysia. New York: IEEE, 2009.

[188] KAEPPLER K. Crossmodal associations between olfaction and vision: color and shape visualizations of odors [J]. Chemosensory perception, 2018, 11: 95-111.

[189] REDA K, NALAWADE P, AARON-KOI K. Graphical Perception of Continuous Quantitative Maps: the Effects of Spatial Frequency and Colormap Design [C]//Proceedings of the 2018 CHI Conference on Human Factors in Computing Systems. [s. l. : s. n.] 2018: 272.

[190] KUNAR M A, HUMPHREYS G W. Object-based inhibitory priming in preview search: evidence from the "top-up" procedure [J]. Memory & cognition, 2006, 34 (3): 459-474.

[191] KOELEWIJN T, BRONKHORST A, THEEUWES J. Attention and the multiple stages of multisensory integration: A review of audiovisual studies [J]. Acta psychologica, 2010, 134 (3): 372-384.

[192] LICKLIDER J C R. Man-computer symbiosis [J]. IRE transactions on human factors electronics, 1960 (1): 4-11.

[193] LIM Y P, WOODS P C. Experimental color in computer icons [C]//HUANG M L, NGUYEN Q V, ZHANG K. visual information communication. Boston: Springer, 2009: 149-158.

[194] LIN R. A study of visual features for icon design [J]. Design studies, 1994, 15 (2): 185-197.

[195] CAI L, DONG J, WEI M. Multi-Modal Emotion Recognition From Speech and Facial Expression Based on Deep Learning [C]// 2020 Chinese Automation Congress (CAC). New York: IEEE, 2020.

[196] LEBER A B. Neural predictors of within-subject fluctuations in attentional control [J]. The journal of neuroscience, 2010, 30 (34): 11458-11465.

[197] LAVIE N, HIRST A, FOCKERT J W, et al. Load theory of selective attention and cognitive control [J]. Journal of experimental psychology general, 2004, 133 (3): 339-354.

[198] GARCIA M A R, ROJAS R, GUALTIERI L, et al. A human-in-the-loop cyber-physical system for collaborative assembly in smart manufacturing [J]. Procedia CIRP, 2019, 81: 600-605.

[199] PACAUX-LEMOINE M P, TRENTESAUX D, ZAMBRANO G, et al. Designing intelligent manufacturing systems through human-machine cooperation principles: a human-centered approach [J]. Computers & industrial engineering 2017, 111: 581-595.

[200] BECK R M, LOHRENZ M C, TRAFTON J G. Measuring search efficiency in complex visual search tasks: global and local clutter [J]. Journal of experimental psychology: applied, 2010, 16 (3): 238-250.

[201] VUKELI C M, LINGELBACH K, POLLMANN K, et al. Oscillatory EEG signatures of affective processes during interaction with adaptive computer systems [J]. Brain sciences, 2021, 11 (1): 35.

[202] BORING M J, RIDGEWAY K, Michael SHVARTSMAN M, et al. Continuous decoding of cognitive load from electroencephalography reveals task-general and task-specific correlates [J]. Journal of neural engineering, 2020, 17 (5): 056016.

[203] MANGUN G R, HILLYARD S A. Modulations of sensory-evoked brain potentials indicate changes in perceptual processing during visual-spatial priming [J]. Journal of experimental psychology (human perception and performance), 1991, 17 (4): 1057-1074.

[204] MOTTER B C, BELKY E J. The guidance of eye movements during active visual search [J]. Vision research, 1998, 38 (2): 1805-1815.

[205] MOTTER B C, BELKY E J. The zone of focal attention during active visual search [J]. Vision research, 1998, 38 (7): 1007-1022.

[206] MORRISON E R. Manipulation of stimulus onset delay in reading: evidence for parallel programming of saccades [J]. Journal of experimental psychology (human perception and performance), 1984, 10 (5): 667-682.

[207] ZHAO M R, GAO H N, WANG W, et al. Research on human-computer interaction intention recognition based on EEG and eye movement [J]. IEEE Access, 2020, 8: 145824-145832.

[208] NAJEMNIK J, GEISLER W S. Optimal eye movement strategies in visual search [J]. Nature, 2005, 434 (7031), 387-391.

[209] OHM C, MULLER M, LUDWIG B. Evaluating indoor pedestrian navigation interfaces using mobile eye tracking [J]. Spatial cognition & computation, 2017, 17 (1-2): 89-120.

[210] OLIVERS C N L, HUMPHREYS G W. When visual marking meets the attentional blink: more evidence for top-down, limited-capacity inhibition [J]. Journal of experimental psychology (human perception and performance), 2002, 28 (1): 22-42.

[211] OLIVERS C N L, HUMPHREYS G W. Spatio temporal segregation in visual search: evidence from parietal lesions [J]. Journal of experimental psychology (human perception and performance), 2004, 30 (4): 667-688.

[212] PAAS F, MERRIËNBOER J. Variability of worked examples and transfer of geometrical problem-solving skills: a cognitive-load approach [J]. Journal of educational psychology, 1994, 86 (1): 122-133.

[213] PATTERSON R E, BLAHA L M, GRINSTEIN G G, et al. A human cognition framework for information visualization [J]. Computers & graphics, 2014, 42: 42-58.

[214] PARSONS P. Promoting representational fluency for cognitive bias mitigation in information visualization [M]//ELLIS G. Cognitive biases in visualizations. Boston: Springer, 2018: 137-147.

[215] PAUL S, NAZARETH D. Input information complexity, perceived time pressure, and information processing in GSS based work groups: an experimental investigation using a decision schema to alleviate infor-

mation overload conditions [J]. Decision support systems, 2010, 49 (1): 31-40.

[216] WANG P, FANG W N, GUO B Y. A measure of mental workload during multitasking: using performance-based timed petri nets [J]. International journal of industrial ergonomics, 2020, 75: 102877.

[217] WITTEK P, LIU Y H, DARANYI S, et al. Risk and ambiguity in information seeking: eye gaze patterns reveal contextual behavior in dealing with uncertainty [J]. Frontiers in psychology, 2016, 7 (1790): 1-10.

[218] PFEFFERBAUM A, FORD J M, WELLER B J, et al. ERPs to response production and inhibition [J]. Electroencephalography and clinical neurophysiology, 1985, 60 (5): 423-434.

[219] SUTTON S K, DAVIDSON R J. Prefrontal brain asymmetry: a biological substrate of the behavioral approach and inhibition systems [J]. Psychological science, 1997, 8 (3): 204-210.

[220] POSNER M. Orienting of attention [J]. Quarterly journal of experimental psychology, 1980, 32 (1): 3-25.

[221] BASOLE R C, SRINIVASAN A, PARK H, et al. Ecoxight: discovery, exploration, and analysis of business ecosystems using interactive visualization [J]. ACM transactions on management information systems, 2018, 9 (2): 1-26.

[222] RAYNER K. The 35th sir frederick bartlett lecture: eye movements and attention in reading, scene perception, and visual search [J]. Quarterly journal of experimental psychology, 2009, 62 (8): 1457-1506.

[223] RAUL F R, ESSAM D, JUSTIN F, et al. Electroencephalographic workload indicators during teleoperation of an unmanned aerial vehicle shepherding a swarm of unmanned ground vehicles in contested environments [J]. Frontiers in neuroscience, 2020, 14: 40.

[224] RAYNER K, MCCONKIE G W. What guidesa reader's eye movements? [J]. Vision research, 1976, 16 (8): 829-837.

[225] RAYNER K. Eye movements and cognitive processes in reading, visual search, and scene perception [J]. Studies in visual information processing, 1995, 6: 3-22.

[226] RAYNER K, LI X, WILLIAMS C C, et al. Eye movements during information processing tasks: individual differences and cultural effects [J]. Vision research, 2007, 47 (21): 2714-2726.

[227] AJRAWI S, RAO R, SARKAR M. Cybersecurity in brain-computer interfaces: RFID-based design-theoretical framework [J]. Informatics in medicine unlocked, 2021, 22: 100489.

[228] CHEN S S, WU X L, LI Y J. Exploring the relationships between distractibility and website layout of virtual classroom design with visual saliency [J]. International journal of human-computer interaction, 2022, 38 (14): 1291-1306.

[229] SNOWBERRY K, PARKINSON S R, SISSON N. Computer display menus [J]. Ergonomics, 1998, 26 (7): 699-712.

[230] SCHRAMMEL J. Exploring new ways of utilizing automated clustering and machine learning techniques in information visualization [J]. Lecture notes in computer science, 2011, 6949: 394-397.

[231] FEW S. BizViz: the power of visual business intelligence [J]. Intelligence network, 2006, 6 (2): 1-14.

[232] SON J, PARK M. The effects of distraction type and difficulty on older drivers' performance and behav-

iour：visual vs. cognitive ［J］. International journal of automotive technology，2021，22（1）：97-108.

［233］SPENCE C, NICHOLLS M E, DRIVER J. The cost of expecting events in the wrong sensory modality ［J］. Attention，Perception，& psychophysics，2001，63（2）：330-336.

［234］SHEN H, SENGUPTA J. The crossmodal effect of attention on preferences：facilitation versus impairment ［J］. Journal of consumer research，2014，40（5）：885-903.

［235］SCHRAUF M, SONNLEITNER A, SIMON M. EEG Alpha spindles as indicators for prolonged brake reaction time during auditory secondary task in a real road driving study ［J］. Proceedings of human factors and ergonomics society annual meeting，2011，55（1）：217-221.

［236］HAN S, WANG T F, CHEN J Q, et al. Towards the human-machine interaction：strategies，design and human reliability assessment of crews' response to daily cargo ship navigation tasks ［J］. Sustainability，2021，13（15）：8173.

［237］SUN Y, XU C, LI G F, et al. Intelligent human computer interaction based on non-redundant EMG signal ［J］. Alexandria engineering Journal，2020，59（3），1149-1157.

［238］THEEUWES J, KRAMER A F, ATCHLEY P. Visual marking of old objects ［J］. Psychonomic bulletin & review，1998，5（1）：130-134.

［239］TALSMA D, WOLDORFF M G. Selective attention and multisensory integration：multiple phases effect on the evoked brain activity ［J］. Journal of cognitive neuroscience，2005，17（7）：1098-1114.

［240］TALSMA D, SENKOWSKI D, SOTO-FARACO S, et al. The multifaceted interplay between attention and multisensory integration ［J］. Trends in cognitive sciences，2010，14（9）：400-410.

［241］TIIPPANA K. What is the meGurk effect? ［J］. Frontiers in psychology，2014，5（575）：725.

［242］TALSMA D. Predictive coding and multisensory integration：an attentional account of the multisensory mind ［J］. Frontiers in integrative neuroscience，2015，9（19）：19.

［243］TANG X, WU J, SHEN Y. The interactions of multisensory integration with endogenous and exogenous attention ［J］. Neuroscience & biobehavioral reviews，2016，61：208-224.

［244］THEEUWES J. Perceptual selectivity for color and form ［J］. Attention，perception，& psychophysics，1992，51（6）：599-606.

［245］THEEUWES J. Stimulus-driven capture and attentional set setlective search for color and visual abrupt onsets ［J］. Journal of experimental psychology（human perception and performance），1994，20（4）：799-806.

［246］TURATTO M, GALFANO G. Attentional capture by color without any relevant attentional set ［J］. Perception & psychophysics，2001，63（2）：286-297.

［247］TRUKENBROD H A, ENGBERT R. Oculomotor control in a sequential search task ［J］. Vision research，2007，47（18）：2426-2443.

［248］ZHOU T Y, NIU Y F, YANG W J, et al. Method for eye-controlled interaction for digital interface function icons ［J］. Lecture notes in networks and systems，2021，261：752-760.

［249］LAAR D V. Psychological and cartographic principles for the production of visual layering effects in computer displays ［J］. Displays，2001，22（4）：125-135.

［250］VROOMEN J, BERTELSON P, GELDER B D. The ventriloquist effect does not depend on the direction of automatic visual attention [J]. Attention, perception, & psychophysics, 2001, 63 (4): 651-659.

[251] VAUGHAN J. Control of fixation duration in visual search and memory search: another look [J]. Journal of experimental psychology (human perception and performance), 1982, 8 (5): 709-723.

[252] WATSON D G, HUMPHREYS G W. Visual marking: prioritizing selection for new objects by top-down attentional inhibition [J]. Psychological review, 1997, 104 (1): 90-122.

[253] WEI W T, HONG H, WU X L. A hierarchical view pooling network for multichannel surface electromyography-based gesture recognition [J]. Computational intelligence and neuroscience, 2021: 6591035.

[254] WATSON D G, HUMPHREYS G W. Visual marking: prioritizing selection for new objects by top-down attentional inhibition of old objects [J]. Psychological review, 1997, 104 (1): 90-122.

[255] WATSON D G, HUMPHREYS G W, OLIVERS C N L. Visual marking: using time in visual selection [J]. Trends in cognitive sciences, 2003, 7 (4): 180-186.

[256] WILSCHUT A, TEEUWES J, OLIVES C N L. The time course of attention: selection is transient [J]. PLoS ONE, 2011, 6 (11): e27661.

[257] WOLFE J M, CAVE K R, FRANZEL S L. Guided search: an alternative to the feature integration model for visual search [J]. Journal of experimental psychology (human perception and performance), 1989, 15 (3): 419-433.

[258] WOLFE J M. Guided search 2.0 a revised model of visual search [J]. Psychon bull & review, 1994, 1 (2): 202-238.

[259] WU X L, HONG Z, LI Y J, et al. A function combined baby stroller design method developed by fusing kano, QFD and FAST methodologies [J]. International journal of industrial ergonomics, 2020, 75: 102867.

[260] WU X L, LI J, ZHOU F. An experimental study of features search under visual interference in radar situation-interface [J]. Chinese journal of mechanical engineering, 2018, 31 (1): 45.

[261] WU X L, QIU T T, CHEN H J. Function combined method for design innovation of children's bike [J]. Chinese journal of mechanical engineering, 2013, 26 (2): 242-247.

[262] CHEN X J, NIU Y F, DING F Q, et al. Application of electroencephalogram physiological experiment in interface design teaching: a case study of visual cognitive errors [J]. Educational sciences: theory & practice, 2018, 18 (5): 2306-2324.

[263] WU X L, YAN H, NIU J R, et al. Study on semantic-entity relevance of industrial icons and generation of metaphor design [J]. Journal of the society for information display, 2022, 30 (3): 209-223.

[264] WU X L, WEI W T, CALDWELL S, et al. Optimization method for a radar situation interface from error-cognition to information feature mapping [J]. Journal of systems engineering and electronics, 2022, 33 (4): 924-937.

[265] WU X L, HUANG X, XU R. An experimental method study of user error classification in human-computer interface [J]. Journal of software, 2013, 8 (11): 2890-2898.

[266] WU X L, YING Y T, ZHOU F. Cognitive deviations of information symbols in human-computer interface [J]. Computer modelling and new technologies, 2014, 18 (9): 160-166.

[267] YAO X F, ZHOU J J, LIN Y Z, et al. Smart manufacturing based on cyber-physical systems and beyond

［J］. Journal of intelligent manufacturing，2019，30（8）：2805-2817.

［268］WU X L，LI Q Z. Effects of visual location of information on the performance of monitoring task searhing in digital interactive interface［J］. Proceedings of the human factors and ergonomics society annual meeting. 2020，64（1）：473-479.

［269］WU X L，GEDEON T，WANG L L. The Analysis Method of Visual Information Searching in the Human-Computer Interactive Process of Intelligent Control System［C］//BAGNARA S，TARTAGLIA R，ALBO-LINO S，et al. Proceedings of the 20th Congress of the International Ergonomics Association（IEA 2018）. Boston：Springer，2018：73-84.

［270］WU X J，LI Z Z. A review of alarm system design for advanced control rooms of nuclear power plants［J］. International journal of human-computer interaction，2017，34（6）：477-490.

［271］KUROSAWA Y，MOCHIDUKI S，HOSHINO Y，et al. Measurement of fatigue based on changes in eye movement during gaze［J］. IEICE transactions on information and systems. 2020，103（5），1203-1207.

［272］YUAN J，FENG Z Q，DONG D，et al. Research on multimodal perceptual navigational virtual and real fusion intelligent experiment equipment and algorithm［J］. IEEE Access，2020（8）：43375-43390.

［273］YANTIS S，HILLSTROM A P. Stimulus-drive attentional capture：evidence from equiluminant visual objects［J］. Journal of experimental psychology（human perception and performance），1994，20（1）：95-107.

［274］YANTIS S，JONIDES J. Attentional capture by abrupt onsets：new perceptual objects or visual masking? ［J］. Journal of experimental psychology（human perception and performance），1996，22（6）：1505-1513.

［275］YANTIS S，EGETH H E. On the distinction between visual salience and stimulus-driven attentional capture ［J］. Journal of experimental psychology（human perception and performance），1999，25（3）：661-676.

［276］YANTIS S，JONIDES J. Abrupt visual onsets and selective attention：voluntary versus automatic allocation ［J］. Journal of experimental psychology（human perception and performance），1990，16（1）：121-134.

［277］YARBUS A L. Eye Movements during perception of complex objects［M］//Eye movements and vision. Boston：Springer，1967：171-211.

［278］ZHOU Y W，LI N，ZHANG B，et al. Study on the Interactive Mode of Eye Control Mode in Human-Computer Interface［C］//AHRAM T，KARWOWSKI W，STEFAN P，et al. International Conference on Human Systems Engineering and Design：Future Trends and Applications. Human Systems Engineering and Design Ⅱ. Boston：Springer，2019：1090-1094.

［279］MAMIE Z，CHAU T. The effects of visual distractors on cognitive load in a motor imagery brain-computer interface［J］. Behavioural brain research，2020，378（27）：112240.

［280］SHAO Z Y，WU J，OUYANG Q Q，et al. Multi-Layered perceptual model for haptic perception of compliance［J］. Electronics，2019，8（12）：1497.

［281］YU Z P，ZHAO J H，WANG Y C，et al. Surface EMG-based instantaneous hand gesture recognition using convolutional neural network with the transfer learning method［J］. Sensors，2021，21（7）：2540.